ul Klaus-Dieter Bär, Kurt Kettler

rundwissen Bautechnik

ernfelder 1 bis 6

rbeitsheft

uflage

stellnummer 06606

Bildungsverlag EINS
westermann

Die in diesem Werk aufgeführten Internetadressen sind auf dem Stand zum Zeitpunkt der Drucklegung. Die ständige Aktuali der Adressen kann vonseiten des Verlages nicht gewährleistet werden. Darüber hinaus übernimmt der Verlag keine Verantw tung für die Inhalte dieser Seiten.

Bildquellenverzeichnis:
geo-FENNEL GmbH, Baunatal (Seite 19)

Zeichnungen:
Siegrid Hötger
Bild und Technik - Michele Di Gaspare, Bergheim

service@bv-1.de
www.bildungsverlag1.de

Bildungsverlag EINS GmbH
Ettore-Bugatti-Straße 6-14, 51149 Köln

ISBN 978-3-427-**06606**-4

westermann GRUPPE

Hinweise für den Benutzer

Das Lernpaket „Grundwissen Bautechnik – Lernfelder 1 bis 6“ besteht aus zwei Büchern:

- **Lehrbuch**
  mit fachlichen Inhalten zu den Lernfeldern 1–6
  + Lernfeld 2 (D) Dachdecker

- **Arbeitsheft**
  Lernfelder 1–6 mit Aufgaben, Versuchen, Tests und Projekten
  + Lernfeld 2 (D) Dachdecker

Bestellnummer 06605

Das vorliegende Lehrbuch wurde unter Berücksichtigung des Rahmenlehrplans und der entsprechenden Ausbildungsverordnung nach Lernfeldern und Lernabschnitten unterteilt, um kleinere – in sich abgeschlossene Einheiten – zu bilden.

Dies ist gerade unter dem Aspekt der Zeitknappheit sinnvoll und ermöglicht gleichzeitig schwächeren Schülerinnen/Schülern ein leichteres Lernen.

Erworbenes Fachwissen wird in Handlungssituationen bzw. Lernsituationen am Projekt Ferienhaus immer wieder überprüft, ohne jedoch die pädagogische Freiheit des Lehrers für eigene Projekte einzuschränken.

Bestellnummer 06606

Fragen zu den Kapiteln der Lernfelder, ergänzende Aufgaben, Versuche, Tests und Projektvorschläge – wobei nach dem ganzheitlichen Ansatz auch die Technische Mathematik und die Technische Kommunikation einbezogen werden – vertiefen im gesonderten Arbeitsheft das Gelernte und machen die einzelnen Lernabschnitte für Schüler und Lehrer überprüfbar.

Hinweis für den Lehrer: Das Lehrerhandbuch zum Arbeitsheft enthält neben den Lösungen der Arbeitsblätter zusätzlich Vorschläge zu Klassenarbeiten, die vom Lehrer für Unterrichtszwecke kopiert werden dürfen. Die Lösungen der Klassenarbeiten finden Sie im Anhang des Lehrerhandbuchs.

Für Anregungen und Kritik sind wir dankbar.

Erläuterung zum Blattkopf :

Beispiel:

- Symbol für das Lernfeld
- Nummer des Lernfeldes (Kennfarbe)
- Lernbereich und Kapitelnummer aus Fachbuch (Hinweis)
- **A** = Aufgaben, **V** = Versuch, **I** = Information, **Ü** = Übungen, **T** = Test, **Proj** = Projektaufgabe

	Lernfeld 1:	Die Messverfahren (Kap. 6.2)	**I/A**
	Einrichten einer Baustelle	**Pythagoras (1)**	**Ma**

- Inhalt des Lernfeldes bzw. des Lernabschnittes
- Was soll geübt werden?
- **Te** = Technologie, **TK** = Technische Kommunikation, **Ma** = Technische Mathematik, 📖 = Test

Es bedeuten:

A	Te	= Hinweis auf **A**ufgaben aus dem Bereich **Te**chnologie
A	Ma	= Hinweis auf **A**ufgaben aus dem Bereich Technische **Ma**thematik
A	TK	= Hinweis auf **A**ufgaben aus dem Bereich **T**echnische **K**ommunikation
V	Te	= Hinweis auf Auswertungsbogen für einen **V**ersuch aus der **Te**chnologie
Ü	(Ma)	= **Ü**bungsaufgaben zu Schwerpunkten aus der Ma oder TK
Proj		= Verschiedene Aufgaben an einem Projekt
I		= **I**nformationen und Hilfen zu verschiedenen Bereichen (Te, Ma, TK)
T	📖	= Hinweis auf einen **T**est als Vorbereitung für eine (evtl.) Arbeit

Anhand der Farbgebung auf den Seiten sollen verdeutlicht werden:

Gelber Hintergrund
Allgemeine Informationen bzw. Hilfen
(z.B. Rechen- oder Zeichenhilfen)

Rosa Hintergrund
Wichtige Informationen
(z. B. mathematische Formeln, Merksätze usw.)

Schrift, rot — Dieses sind von Ihnen zu bearbeitende Aufgaben

Grüner Hintergrund
Grüne Linie
Grüner Rahmen
= hier können (sollten) die Aufgaben bearbeitet werden

Inhaltsverzeichnis

Anmerkung zur Dachdeckung
Das Lerngebiet „Decken eines geneigten Daches“ wird dem Lernfeld 2 (D) zugeordnet.

MAUERN EINES EINSCHALIGEN BAUKÖRPERS (Lernfeld 3) Blatt 42–79

Mauersteine

Mauermörtel

Mauerwerk

Mauerverbände

HERSTELLEN EINES STAHLBETONBAUTEILES (Lernfeld 4) Blatt-Nr. 80–105

Betonschalung

Betonbewehrung

Fliesen und Platten

DECKEN EINES GENEIGTEN DACHES (Lernfeld 2 (Dachdecker)[1]) Blatt 163–179

ANHANG

Grundrisse und Schnitte der im Arbeitsheft bearbeiteten Projekte

- **Projekt 1: Ferienhaus aus dem Fachbuch**
- **Projekt 2: Ferienhaus „Meier“**
- **Projekt 3: Ferienhaus „Huber“**

[1] Dieses Kapitel richtet sich an angehende Dachdecker/Dachdeckerinnen.

1. Das „Berechnen“ rechtwinkliger Dreiecke (Lehrsatz des Pythagoras)

Rechenhilfe:

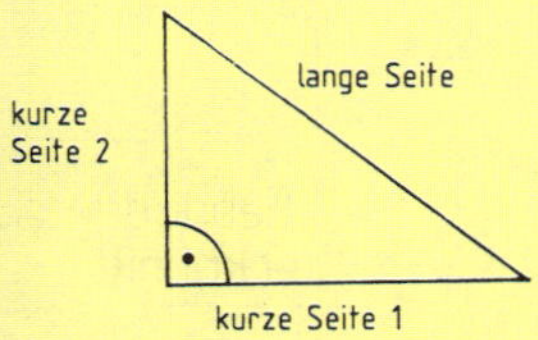

Jedes rechtwinklige Dreieck hat 2 kurze Seiten und 1 lange Seite. Kennt man die Länge von 2 Seiten, kann man die 3. Seite ausrechnen.

Regel: **(Kurze Seite 1)^2 + (Kurze Seite 2)^2 = (Lange Seite)^2**

Beispiel: Kurze Seite 1 = 3 m; Kurze Seite 2 = 4 m; Lange Seite = ? m
nach Regel oben gilt: $(3\text{ m})^2 + (4\text{ m})^2 = x^2$
$9\text{ m}^2 + 16\text{ m}^2 = 25\text{ m}^2 = x^2$
$x = \sqrt{25\text{ m}^2} = 5\text{ m}$

Merke: **2 Seiten müssen bekannt sein.**
Dann lässt sich für jedes rechtwinklige Dreieck die 3. Seite berechnen.

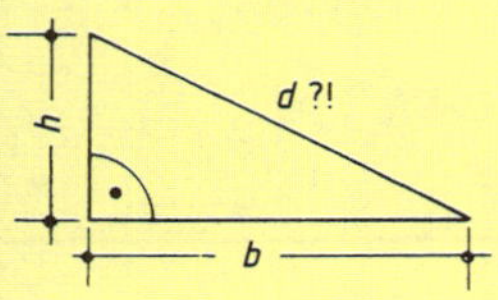

Ein ähnliches Dreieck mit Seitenbezeichnung *b*, *d*, und *h*.
Hier heißt die Regel:

$d^2 = b^2 + h^2$ Das ist der Satz des Pythagoras für die lange Seite.

$h^2 = d^2 - b^2$ bzw. $b^2 = d^2 - h^2$ für die kurzen Seiten.

Probleme, die bei der Berechnung (z. B. Prüfungsaufgaben) auftreten können:

- Die Seiten können auch *a*, *b*, *c* oder l_1, l_2, l … oder anders heißen. Nicht verwirren lassen!
- Das Dreieck kann eine ganz andere Lage haben. **Tipp**: Immer erst den rechten Winkel suchen.
- Die „lange“ Seite liegt immer gegenüber dem rechten Winkel.

Beispiele von rechtwinkligen Dreiecken mit ihren Berechnungsformeln

①
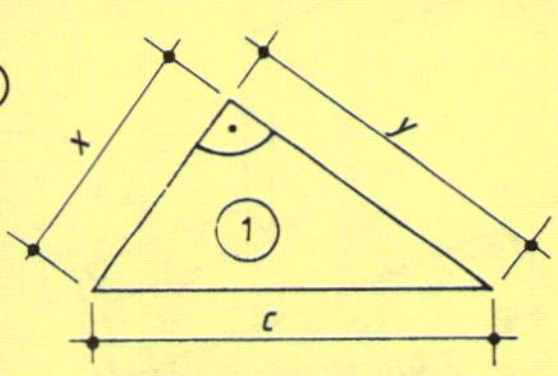

$c^2 = x^2 + y^2$

②
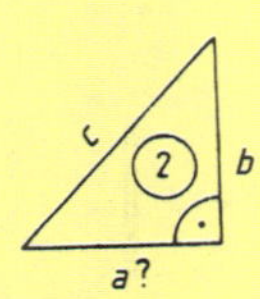

$a^2 = c^2 - b^2$

③
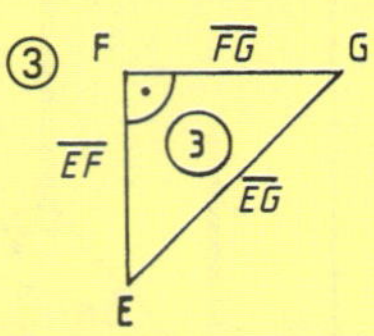

$\overline{EG}^2 = \overline{EF}^2 + \overline{FG}^2$

④
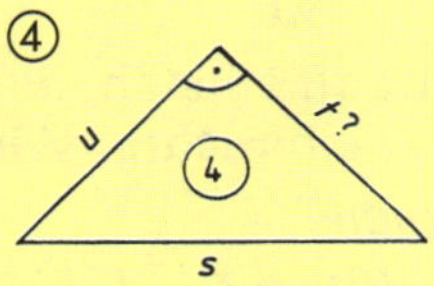

$t^2 = s^2 - u^2$

Beispiel zu ③: Strecke $\overline{EF}$ = 30 m; $\overline{FG}$ = 25 m. Wie lang ist $\overline{EG}$?

Lösung: $\overline{EG}^2 = \overline{EF}^2 + \overline{FG}^2 = (30\text{ m})^2 + (25\text{ m})^2 = 900\text{ m}^2 + 625\text{ m}^2 = 1.525\text{ m}^2$ $\overline{EG} = \sqrt{1.525\text{ m}^2} = 39{,}05\text{ m}$

Übungen für den Pythagoras anhand verschiedener Aufgaben.

1. Wie lang ist der direkte Weg von **1** nach **2**?

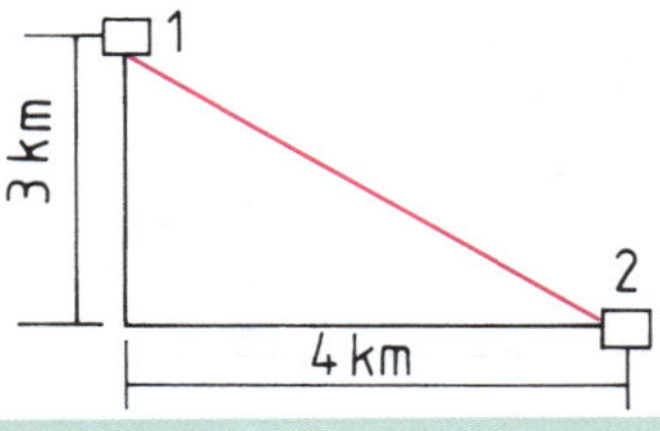

2. Wie lang sind $\overline{AB}$ und $\overline{AC}$?

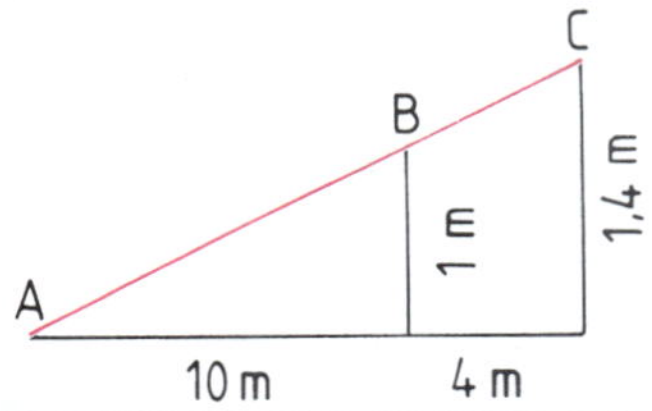

3. Wie lang wird die geplante Böschung?

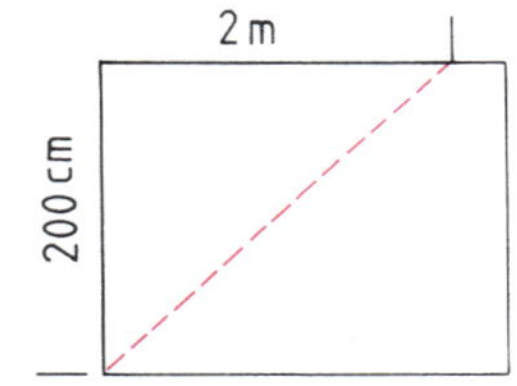

Klasse:	Name:	Datum:	1

4. Wie lang ist die schräge Seite?

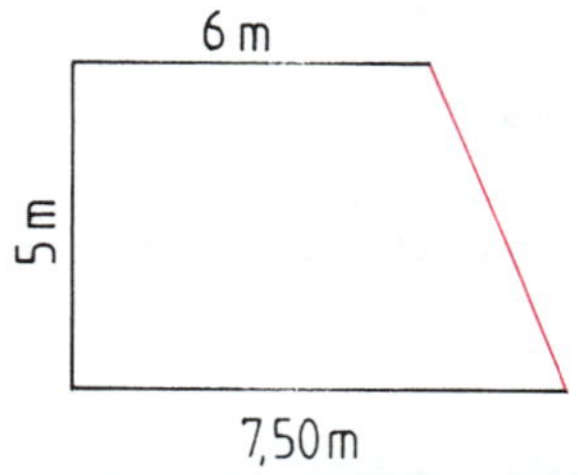

5. Besser misst man immer gleich in der gesuchten Einheit. Das geschah hier nicht.

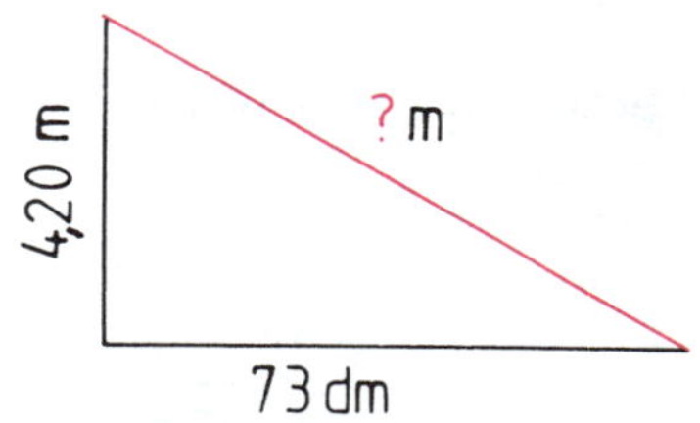

6. Wie kann man kontrollieren, dass A richtig eingemessen wurde?

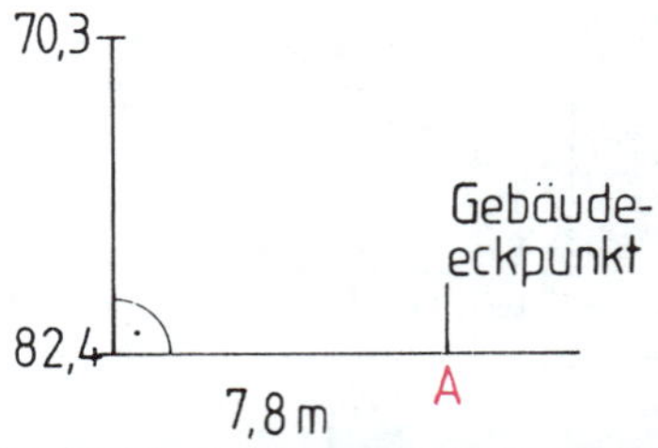

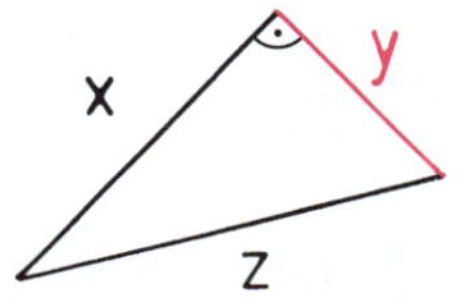

Letzte Aufgabe: Wie groß ist *y*? (*z* = 12,4 m, *x* = 8,9 m)

2. Das Seitenverhältnis 3 : 4 : 5

Sollen auf der Baustelle **rechte Winkel** abgetragen werden, wird vorwiegend eine Erkenntnis aus dem „Pythagoras“ verwendet:

Rechenhilfe:

Wenn das Seitenverhältnis

3 : 4 : 5

beträgt, entsteht automatisch ein **rechter Winkel**.

Beispiele:
***3** x (1 m) : **4** x (1 m) : **5** x (1 m)*
***Grundgröße** ist 1 m*
oder:
***3** x (40 cm) : **4** x (40 cm) : **5** x (40 cm)*
***Grundgröße** ist 40 cm*

Beispiele:

Bauteilabsteckung

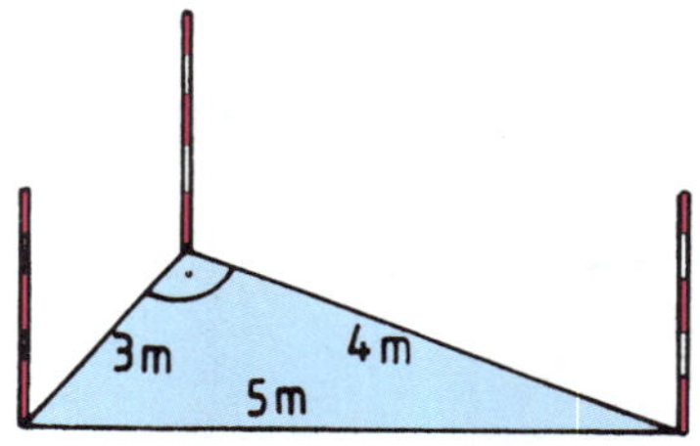

Messband

Mauerecke

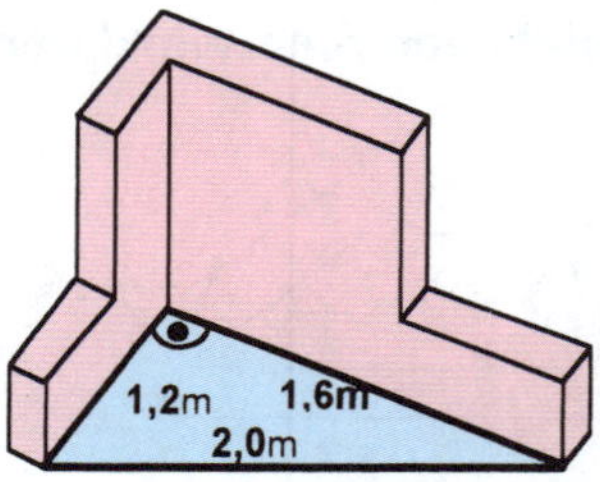

Bauwinkel

Aufgabe: Gegeben ist die Grundgröße. Wie groß müssen die anderen Seiten sein, damit ein rechter Winkel entsteht?

Grundgröße	*L1*	*L2*	*L3*
20 cm			
50 cm			
60 cm			
1,2 m			
1,5 m			

Aufgabe: Bestimmen Sie für einen Bauwinkel die restlichen Seitenlängen.

a (= 3 x ...)	***b*** (= 4 x ...)	***c*** (= 5 x ...)
15 cm		
	24 cm	
		80 cm
45 cm		
1,05 m		

Aufgabe: Wie lang sind die beiden anderen Seiten, wenn die <u>kürzeste</u> Seite eines Dreiecks 2,10 m beträgt?

Klasse:	Name:	Datum:	2

Übersicht über eine Vermessung

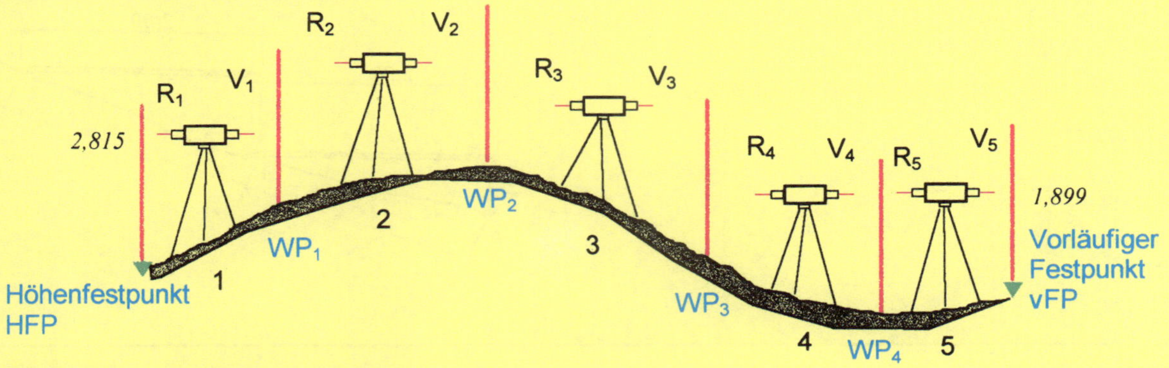

Die Abkürzungen bedeuten:

HFP = Höhenfestpunkt
WP1 = Wechselpunkt Nr. 1

R = Rückblick
V = Vorblick

vFP = vorläufiger Festpunkt
1 – 5 = Aufstellungspunkte

Und das sind die einzelnen Messergebnisse:

	1	2	3	4	5
Rückblick	**2,815**	**2,354**	**0,542**	**1,437**	**2,267**
Vorblick	**1,011**	**2,064**	**2,385**	**1,244**	**1,899**

Beachten Sie bei der Auswertung der Messergebnisse:
- Ist der Rückblick größer als der Vorblick, ergibt sich eine positive Differenz.
- Ist der Rückblick kleiner als der Vorblick, ist die Differenz negativ.
- Zur Kontrolle werden Rück- und Vorblick sowie die Differenzen addiert. Sind beide Werte gleich, liegt kein Rechenfehler vor.

Aufgaben:
1. Tragen Sie die Messergebnisse in die Tabelle ein.
2. Ermitteln Sie die Höhen über Normal-Null (NN) für alle Punkte.
   (4 Wechselpunkte und vorläufiger Festpunkt)

Punkt	Aufstellung	Rückblick	Vorblick	Differenz +	Differenz –	Höhe über NN
HFP	1	2,815				250,569
WP 1			1,011	1,804		252,373
WP 1	2					
WP 2						
WP 2	3					
WP 3						
WP 3	4					
WP 4						
WP 4	5					
vFP						
Summe						
Differenz						

(Unterschied) (Unterschied)

*Sind **beide Werte** gleich, dann haben Sie richtig gerechnet.*

Klasse:	Name:	Datum:	3

Längenmessung

Um die Länge eines Steilhanges zu messen, wird die Staffelmessung verwendet!

Berechnen Sie die Geländelängen X_1 und X_2.

„Pythagoras"

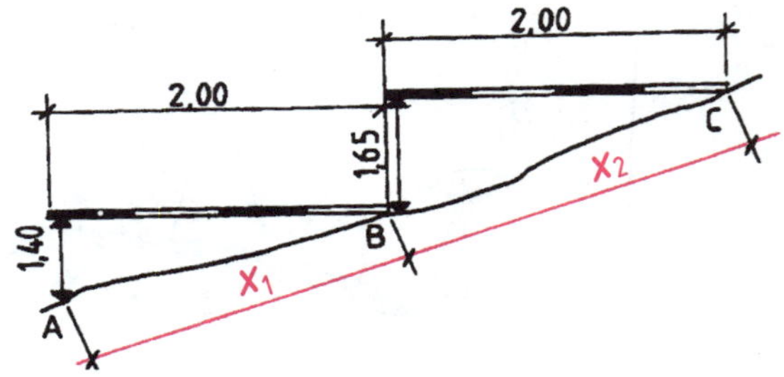

Berechnungen:

Überprüfen rechter Winkel

Das geplante Bauvorhaben wurde (hoffentlich) richtig eingemessen. Durch Diagonalmessung überprüft man die rechten Winkel!

Wie lang müssen die Diagonalen d_1 bis d_4 sein, wenn die rechten Winkel richtig abgesteckt wurden?

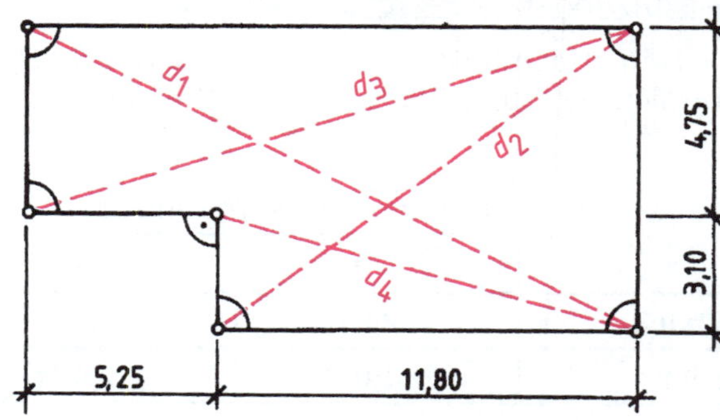

Berechnungen:

Höhenmessung

Ausgehend von eingemessenen Festpunkten, werden neue Bauwerke durch ein Nivellement mit einem Nivellierinstrument höhenmäßig berechnet.

Tragen Sie die Messergebnisse in die Tabelle ein und ermitteln Sie die Höhen über NN für alle Punkte!

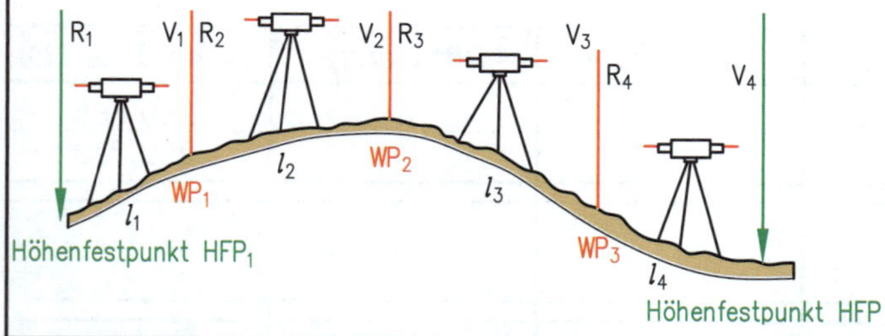

	1	2	3	4
Rückblick	2,555	2,396	1,127	1,465
Vorblick	0,984	2,075	2,332	1,288

HFP_1 = 162,355 m ü. NN

Punkt	Aufstellung	Rückblick	Vorblick	Differenz +	Differenz –	Höhe über NN
HFP WP 1	1					
WP 1 WP 2	2					
WP 2 WP 3	3					
WP 3 HFP	4					
Summe						
Differenz						

Klasse:	Name:	Datum:	4

1. Das ist die (unbedingt) erforderliche Grundausstattung:

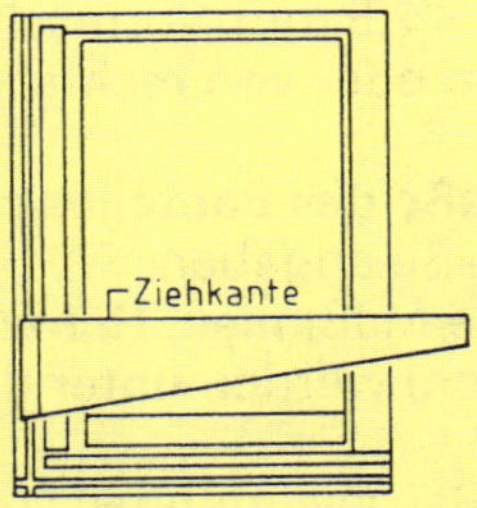

Zeichenplatte DIN A4 mit Reißschiene

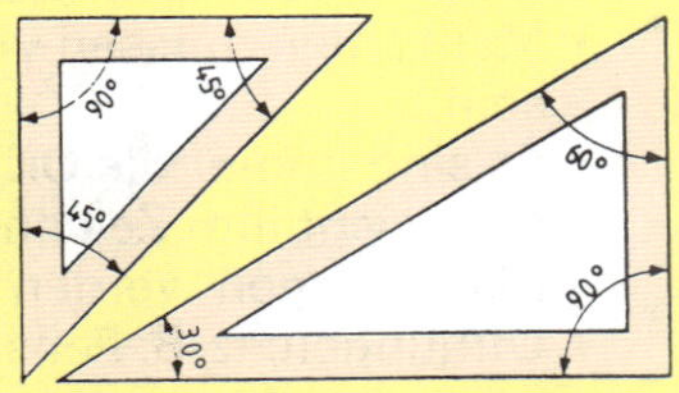

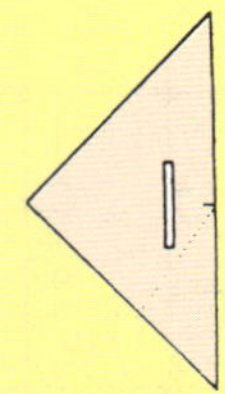

Zeichendreiecke und Geodreieck

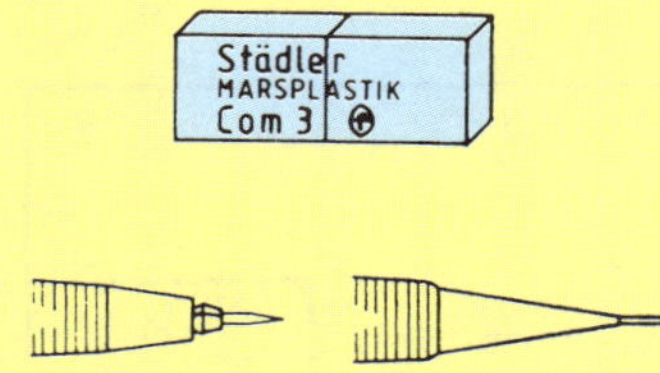

Druckbleistifte oder Feinstrichstifte und Radiergummi

2. Vorbereiten der Technischen Zeichnung:

A. DIN A4-Blatt einspannen (Blattabstand beachten!)

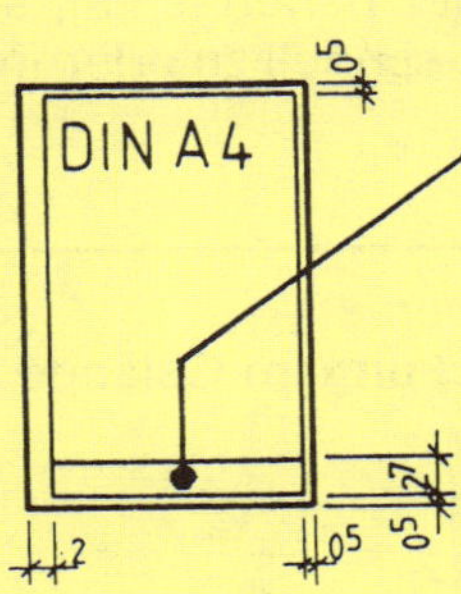

B. Vorhandenes Beschriftungsfeld in **Normschrift** ausfüllen (→ *Hilfslinien dazu verwenden)*

				Nr.
Maßstab	Geprüft	Datum	Gezeichnet	Klasse

So sieht die gerade Normschrift aus:

Ä B C D E F G H I J K L M N O P Q R S T U V W X Y Z 1 2 3 4 5 6 7 8 9 0
ä b c d e f g h i j k l m n o p q r s t u v w x y z ß ! ? & % Ø a b

So sollte das Beschriftungsfeld z. B. dann aussehen:

Bemaßungsübung				Nr. 1
Maßstab 1:50	Geprüft	Datum 17.04.	Gezeichnet Rüdiger Hoffmann	Klasse BGB-A

3. Geforderte Zeichnung im (richtigen) **Maßstab** und der (richtigen) **Linienart** im Zeichenfeld erstellen

z. B.: Umrisse eines Gebäudes

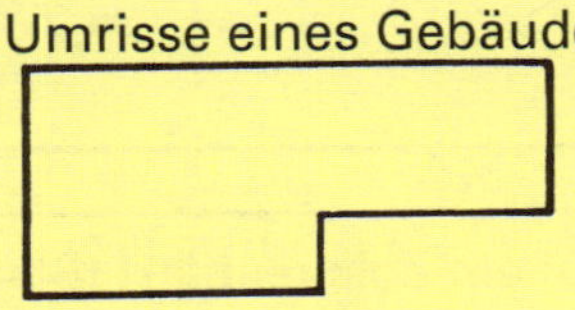

A. Maßstabsumrechnung:
M 1:50 bedeutet: Originalmaß in **cm** umrechnen und durch 50 teilen
Beispiel: 6,75 m = 675 **cm** : 50 = 13,5 cm Zeichenlänge

B. Linienarten:
- Volllinie (mit 0,5er-Stift für Umrisslinien oder sichtbare Kanten) (mit 0,3er-Stift für alle Bemaßungen, Zahlen und Schriften)
- Strichlinie (mit 0,5er-Stift für unsichtbare Kanten) (mit 0,3er-Stift für Schraffuren)
- Strich-Punkt-Linie (mit 0,7er-Stift für Schnittebenen) mit 0,5er-Stift für Achsen *(Lernen Sie noch.)*
- Freihandlinie (mit 0,3er-Stift nur für die Kennzeichnung von Holz)

4. **Jede Zeichnung** anschließend (richtig) **bemaßen**. Dazu geht man schrittweise vor.

1. Schritt:
Maßlinien zeichnen
(1. Maßlinie = 1 cm Abstand von der **äußersten Bauteillinie**; jede weitere Maßlinie = 0,7 cm)

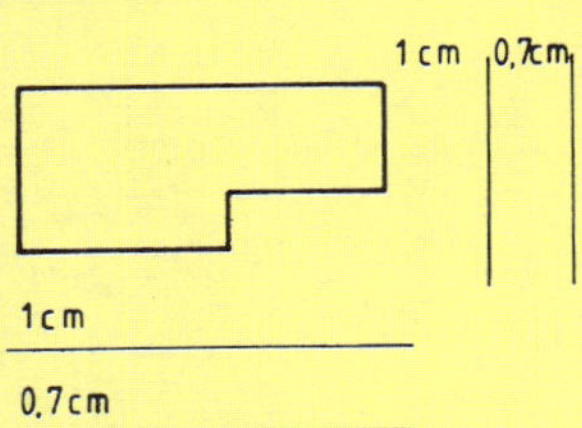

2. Schritt:
Maßhilfslinien und **Maßbegrenzungspunkte oder -schrägen** zeichnen
(Beginn der Maßhilfslinie = 2 mm **von** der äußersten Bauteillinie; Ende der Maßhilfslinie = 2 mm **unter** dem Begrenzungspunkt)

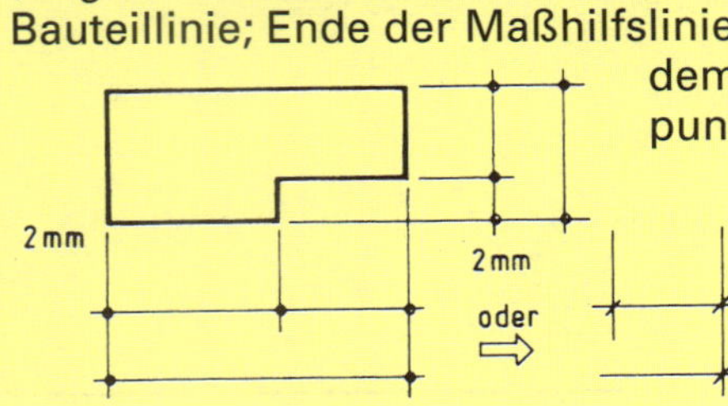

3. Schritt:
Bemaßung richtig eintragen

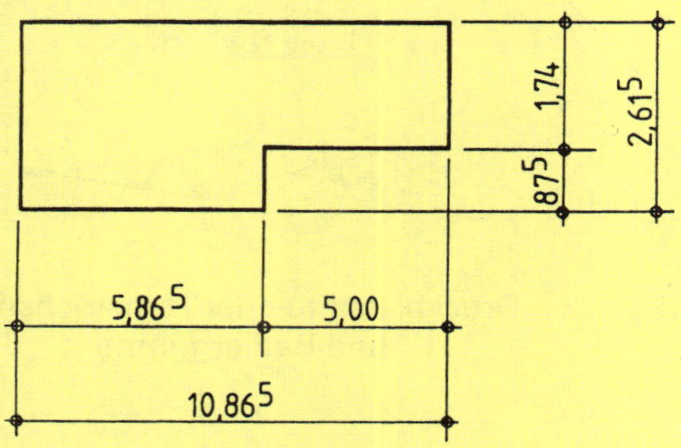

Dazu merken wir uns:
- **Mindesthöhe** der Maßzahlen = 2,5 mm Normschrift.
- Maßzahlen müssen **von unten oder von rechts** lesbar sein
- Es sind immer die **Originalmaße des Bauteiles** einzutragen, **nicht** ihre Zeichnungsmaße angeben
- Mauer**längen** werden **über** die Maßlinien, **Höhen** von Öffnungen, (z. B. Fenster, Türen) werden **unter** die Maßlinien geschrieben.

Kennzeichnung von Maßen in Bauzeichnungen
In Bauzeichnungen werden die Maße wie folgt angegeben:
Millimeter (z. B. 5 mm) *als Hochzahl* = $...^5$
Eine Länge unter einem Meter wird immer in Zentimeter **ohne** Komma angegeben! Beispiel: 87 cm 5 mm = 87^5
Eine Länge über einem Meter wird immer **mit** Komma angegeben! Beispiel: 3 m 87 cm 5 mm = $3{,}87^5$

Das Umsetzen von Darstellungen in maßstabsgerechte Zeichnungen, einschließlich der Bemaßung, ist das A und O der technischen Kommunikation (Verständigung). Wenn Sie das sicher beherrschen, sind alle weiteren Darstellungsmöglichkeiten, *z. B. Ansichten, Schnitte, Perspektiven u. a.,* schnell zu erlernen.

Anwendung der Grundkenntnisse an einem einfachen Beispiel:

Eine Garage mit einem kleinen Geräteschuppen soll gebaut werden.

Das ist der zugehörige **Absteckungsplan**

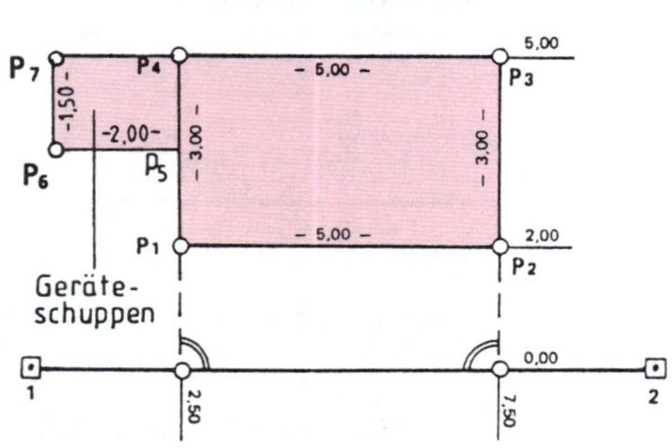

So sieht die **Absteckung** im Gelände aus

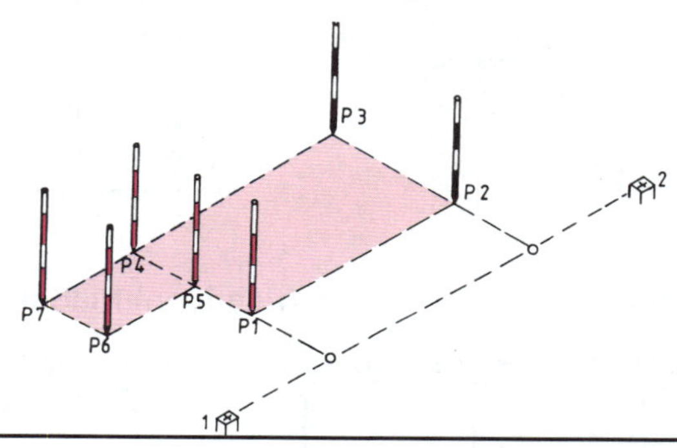

Aufgaben: a) Zeichnen Sie den Umriss des Gebäudes im Maßstab 1:50 (m) auf ein **Zeichenblatt** (Blatt quer einspannen). Hinweis: Blattaufteilung hierfür ist unten angegeben
b) Bemaßen Sie die Bauteile *so, wie Sie es oben gelernt haben.*

Zeichenhilfe:
Der Punkt P1 liegt **4 cm** von der linken Blattbegrenzung und **6 cm** vom Schriftfeld entfernt.

Zwei Garagen mit einem Abstellraum/Durchgang sollen abgesteckt werden.

Aufgaben:
1. Ergänzen Sie den (noch) unvollständigen Absteckungsplan *überall dort wo ...... sind.*
2. Zeichnen Sie:
   a) die Umrisslinien der geplanten Bauteile im M 1:100 (m, cm),
   b) die dazugehörige Bemaßung der Bauteile,
   c) Beschriften Sie in Normschrift das Beschriftungsfeld mit dem Text *„Linienarten/ Bemaßung".*

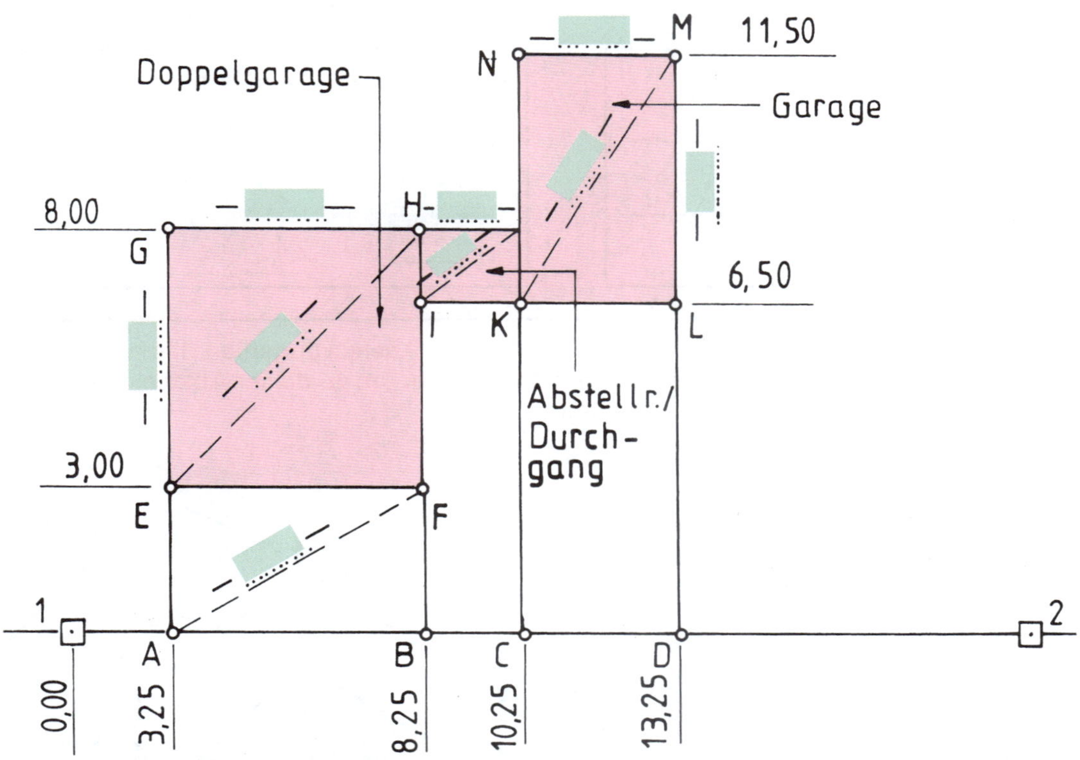

Da hat jemand versucht, den Grundriss einer Garage zu bemaßen. Leider sind ihm dabei ein paar Fehler unterlaufen.

Aufgaben:
1. Markieren Sie (mit einem Kreis) die Fehler, *bei „scharfer Kontrolle" sind es mehr als 10 Stück.*
2. Zusatzaufgabe:
   Zeichnen Sie den Grundriss im M 1:50 (m, cm) auf und bemaßen Sie diesen richtig.

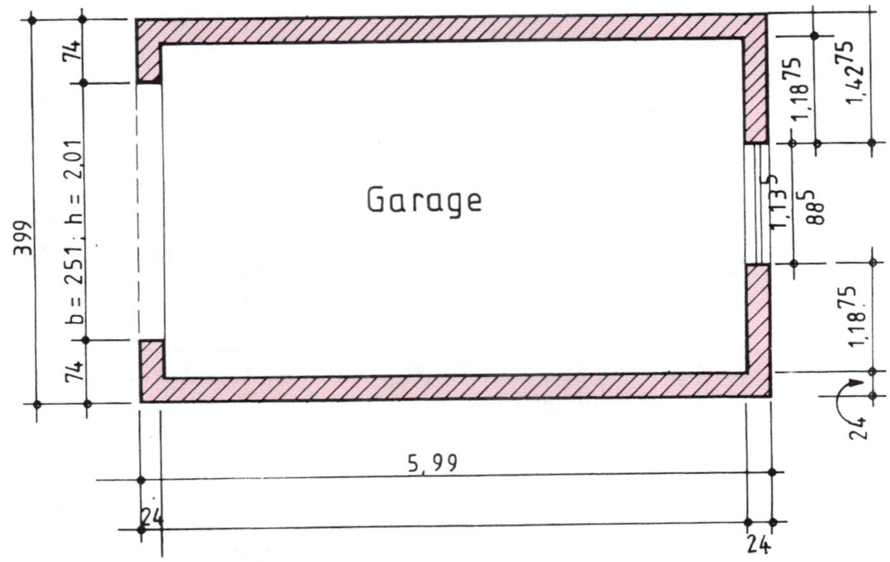

1. Wozu wird das dargestellte Gerät verwendet?

____

____

____

2. Bei welchem angegebenen Seitenverhältnis (a:b:c) ist der Bauwinkel **nicht** rechtwinklig?

	20 : 30 : 40
	3 : 4 : 5
	30 : 40 : 50
	60 : 80 : 100
	1,20 : 1,60 : 2,00

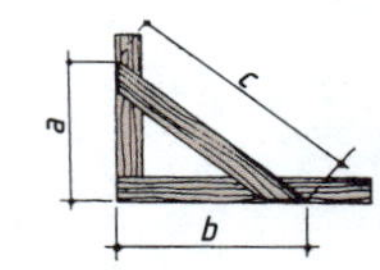

3. Welches Verfahren zum Abstecken einer Geraden ist hier dargestellt?

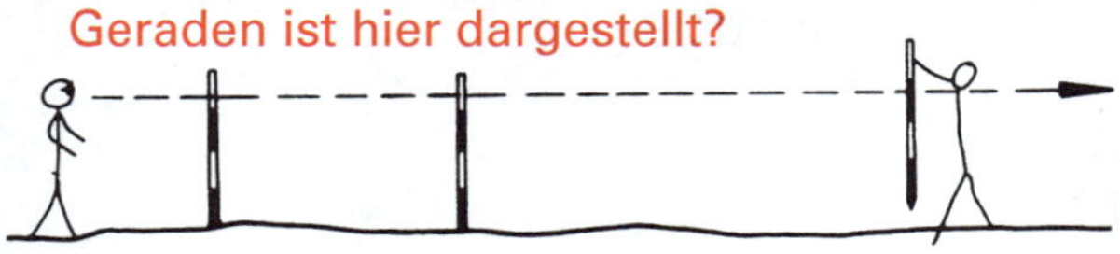

____

4. Was ist bei Arbeiten mit dem Baulaser zu beachten?

____

____

____

5. Polier Mayer und der Auszubildende Frank haben nach dem Absteckungsplan das neu zu errichtende Gebäude abgesteckt. Welche Arbeitsschritte waren notwendig, um zu dieser Absteckung zu gelangen? Beschreiben Sie diese möglichst knapp, aber genau.

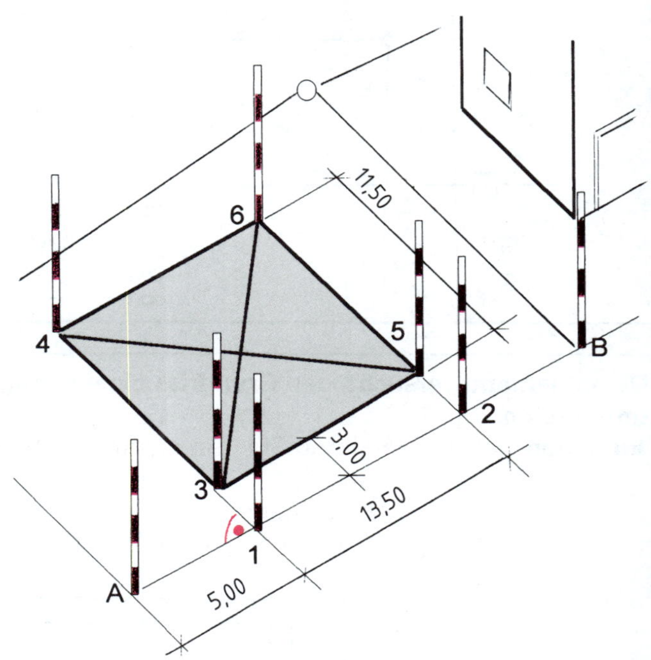

____

____

____

____

____

____

____

____

____

____

____

____

____

____

____

____

6. Ordnen Sie die Arbeitsschritte beim Abstecken eines rechten Winkels nach der Methode „angewandter Pythagoras“.

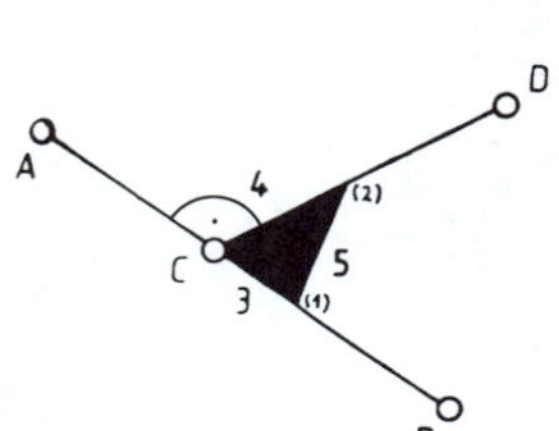

	Punkt C wird durch Längenmessung festgelegt und markiert.
	Das ausgelegte Messband wird gespannt. Im gespannten Zustand wird die 4-m-Marke bzw. 8-m-Marke durch eine Messnadel (Punkt 2) markiert.
	Um Punkt C und Punkt 1 wird das Messband 12,00 m ausgelegt. Anfang und Ende ist jeweils in Punkt C.
	Von Punkt C wird die Entfernung von 3,00 gemessen und dieser Punkt (1) eingefluchtet und markiert.
	Nach Entfernen des Messbandes kann nun über den Punkt 2 hinaus der Punkt D gemessen und eingefluchtet werden.

Klasse:	Name:	Datum:	**8**

Projekt: **Ferienhaus mit Wiesen- und Waldgelände**

Familie Meier hat die Flurstücke Nr. 176 und Nr. 177 erworben. Sie will dort später ökologischen Gartenbau betreiben. Zunächst einmal plant Sie den Bau eines Ferienhauses. Der Lageplan zeigt die geplante Baumaßnahme:

Lageplan „Ferienhaus“ (Flurstücke 176, 177); M: ohne

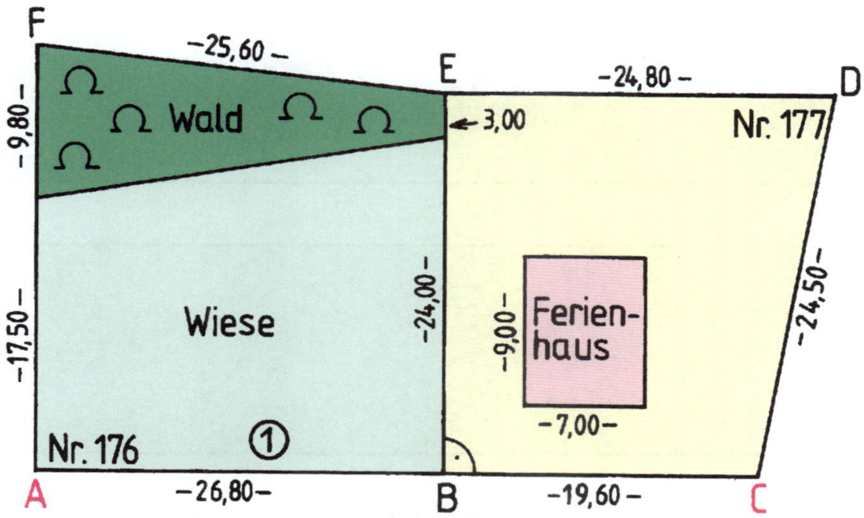

Der Bauabsteckungsplan für die Baumaßnahme sieht wie folgt aus:

Bauabsteckungsplan M 1:250 m, cm

Folgende Aufgaben hierzu sollen bearbeitet werden: (auf Blatt 10)
Durch Diagonalmessungen soll die Rechtwinkligkeit überprüft werden.

a) Ermitteln Sie die Längen der Kontrollgrößen d_1 bis d_4.

b) Größe der Grundfläche A_0 des Ferienhauses.

c) Grundstücksgröße A des Flurstückes Nr. 177.

d) Die Punkte A (Eckpunkt des Flurstücks Nr. 176), B, P_1, P_2 und C sollen höhenmäßig eingemessen werden.

Die Messergebnisse hierbei sind:

	①	②	③	④
Rückblick	1,277	1,588	1,793	1,665
Vorblick	0,755	0,948	1,143	1,342

Auf Blatt 10 ist eine Tabelle hierzu vorbereitet.

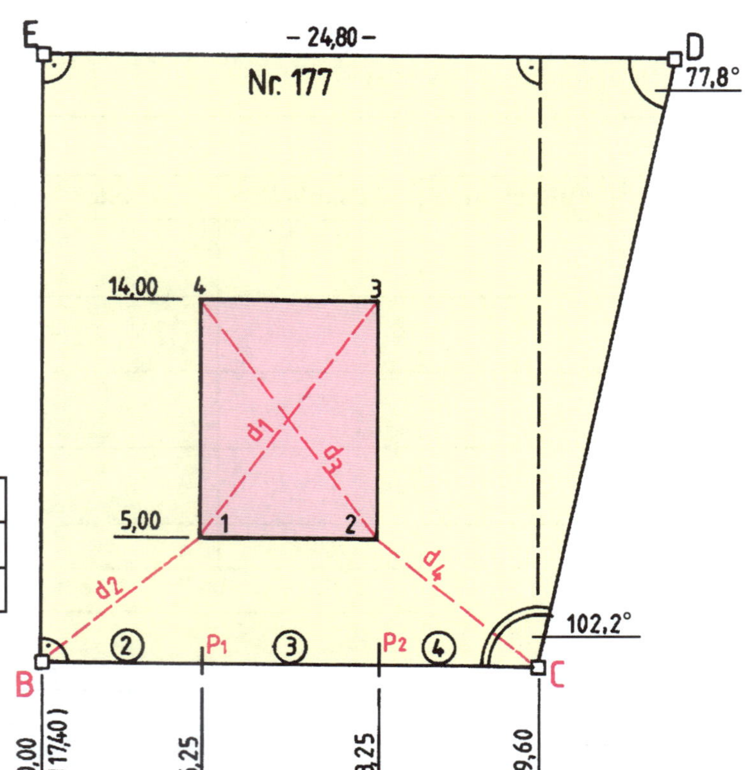

e) Welche Grundstücksgröße umfasst das gesamte Areal der Familie Meier (Flurstücke Nr. 176 und 177)?

Klasse: | Name: | Datum: | **9**

Berechnungen (Falls der vorgesehene Platz nicht ausreicht, bitte Extrablätter verwenden.)

zu a):

zu b):

zu c):

zu d):

Punkt	Aufstellung	Rückblick	Vorblick	Differenz +	Differenz –	Höhe über NN
A B	1					116,875
B P_1	2					
P_1 P_2	3					
P_2 C	4					

zu e):

Klasse:	Name:	Datum:	10

So könnte ein Test bzw. eine Klassenarbeit zum Lernfeld 1 „Einrichten einer Baustelle“ aussehen.
Hilfsmittel: Taschenrechner; Zeit: .... Minuten; Ankreuzen und freie Beantwortung

1. Wann darf mit der Bauausführung erst begonnen werden? *(Hinweis: 2 Punkte)*

____

____

____

2. Welche Möglichkeiten zum Abstecken rechter Winkel werden auf der Baustelle häufig verwendet?

____

____

____

3. Zur Kontrolle der Gebäudeabsteckung wird die Diagonale gemessen. Wie lang muss diese hier sein?

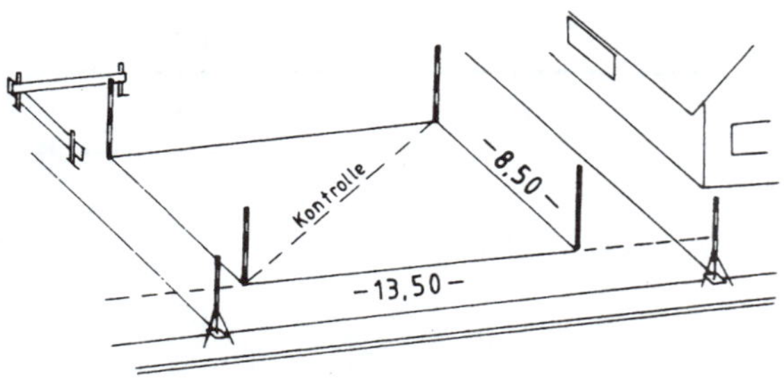

____

____

____

4. Ein Bauwinkel soll hergestellt werden. Das kürzeste Brett (*a*) ist 0,90 m. Wie lang müssen die beiden anderen Bretter sein?

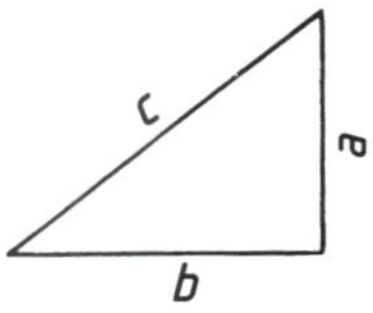

Brett (*a*) = 0,90

____

____

____

____

5. Wie heißt dieser trigonometrische Vermessungspunkt in der Praxis?

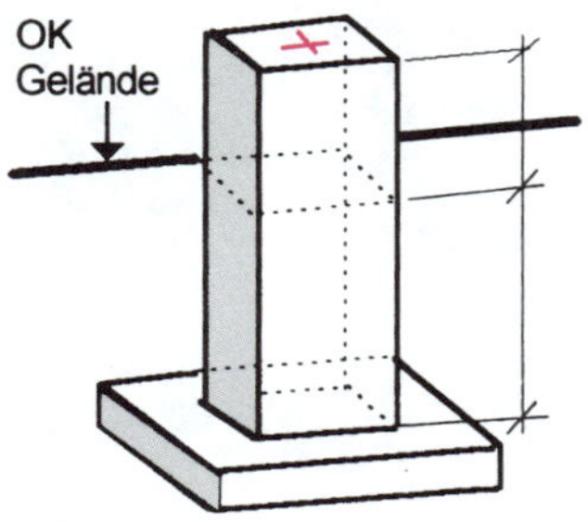

____

6. Wie bezeichnet man die beiden Vermessungsarbeiten?

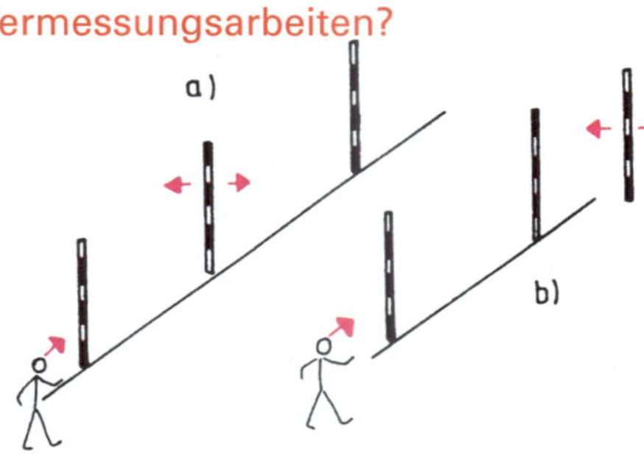

____

____

7. Welches Gerät zur Winkelmessung ist hier dargestellt?

____

8. Beantworten Sie zu dem nebenstehenden Bild folgende Fragen:

a) Welche Aufgabe hat das Schnurgerüst?

____

b) Beurteilen Sie: Warum ist diese Konstruktion eines Schnurgerüstes wohl ungeeignet?

____

____

____

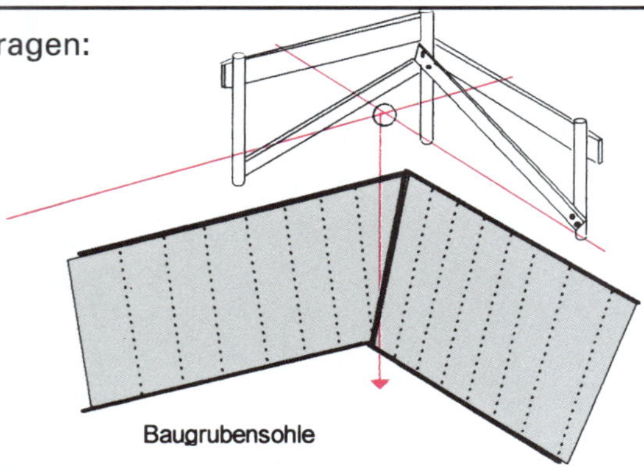

Klasse:	Name:	Datum:	11

9. Gebäudeabsteckung mit Kontrollrechnungen

Das dargestellte Gebäude (Punkte P_1 bis P_4) soll im Gelände abgesteckt werden.
Zur genauen Lage der Eckpunkte sollen berechnet werden:

a) **die Länge x_1** (Strecke $\overline{AP_1}$),

b) **die Diagonale d_1** (Strecke $\overline{P_2P_4}$),

c) **die Länge x_2** (Strecke $\overline{BP_2}$),

d) **die Länge der Strecke $\overline{AB}$,**

e) **die Grundfläche A_0 des Bauwerkes,**

f) **die Grundstücksfläche A_G des trapezförmigen Grundstückes, wenn die Strecke $\overline{CD}$ 3,65 m länger als die Strecke $\overline{AB}$ ist.**

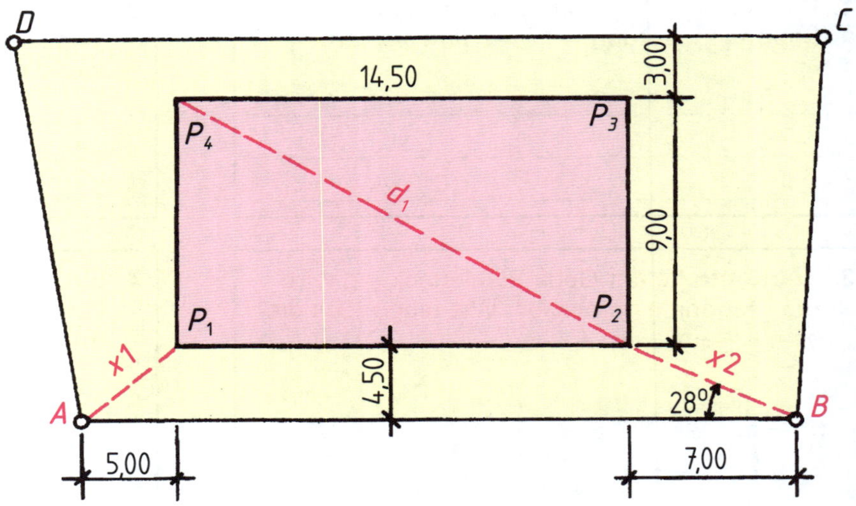

Lernfeld 2: Erschließen und Gründen eines Bauwerkes	Versuch: **Tragfähigkeitsuntersuchung bindiger und nichtbindiger Böden**	**V** **Te**

Unterschiedliche Zustandsformen von Böden (siehe Bodenbeschreibung) werden mit einem Gewicht (z. B. Mauerstein) belastet. Die Eindringtiefe kann abgelesen werden.

Feuchter, bindiger Boden wird mit einem Mauerziegel belastet.

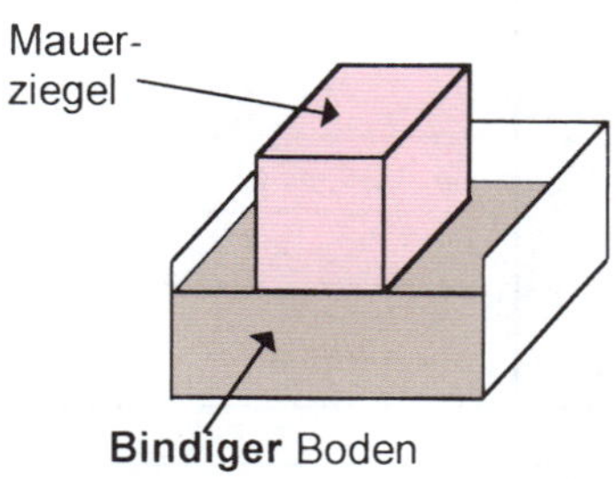

Feuchter, nicht bindiger Boden wird mit einem Mauerziegel belastet

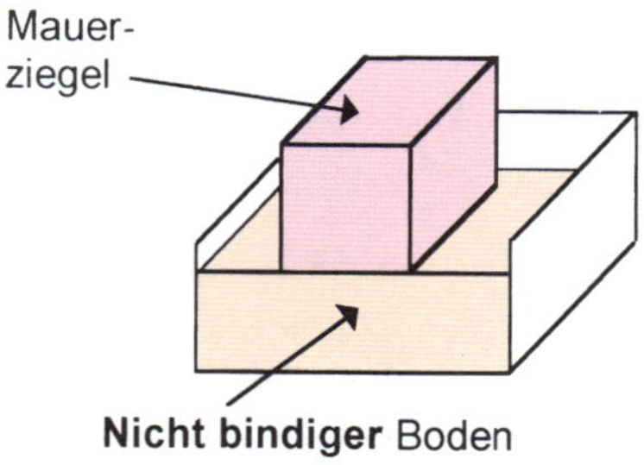

Versuch Nr.	Versuchsdarstellung	Bodenart	Bodenbeschreibung	Druckkraft in N	Druckfläche in mm²	Eindringtiefe in cm
1	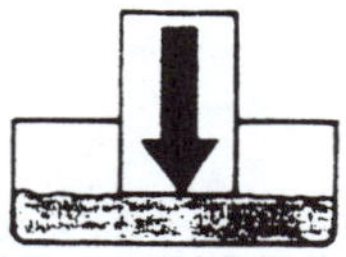	bindig	Zustandsform: steif. Der Boden ist schwer knetbar.			
2	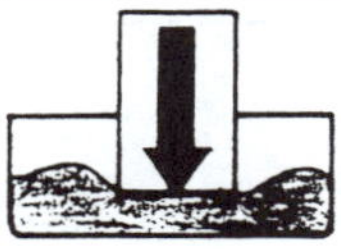	bindig	Zustandsform: weich. Der Boden lässt sich leicht kneten.			
3		bindig	Zustandsform: breiig. Der Boden quillt zwischen den Fingern hindurch.			
4	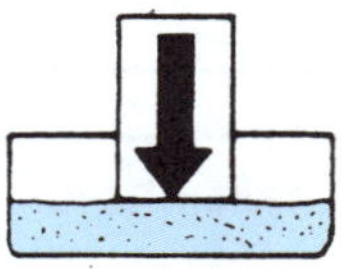	nicht bindig	Boden mit geringem Wassergehalt ca. 3 %.			
5	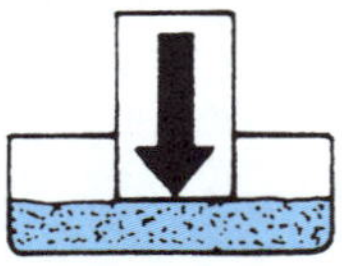	nicht bindig	Boden mit normalem Wassergehalt ca. 5–8 % (erdfeucht).			
6	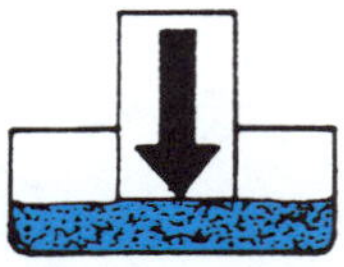	nicht bindig	Boden mit hohem Wassergehalt ca. 12 % (Wasser fließt aus).			

Aufgabe: Vergleichen Sie die Tragfähigkeit der Bodenarten. Ergänzen Sie die zwei Merksätze.

Die Tragfähigkeit von ____________ Bodenarten ist ________ vom Wassergehalt abhängig.

Je ________ der Boden, desto ____________ die Tragfähigkeit.

Die Tragfähigkeit von ______________ Bodenarten ist ________ vom Wassergehalt abhängig.

Klasse:	Name:	Datum:	13

	Lernfeld 2:	Baugrund, Baugruben und Gräben (Kap. 1) **Bodenarten (1)**	**A**
	Erschließen und Gründen eines Bauwerkes		**Te**

1. Ordnen Sie die Bodenarten nach ihrer Tragfähigkeit in die Tabelle ein.
(Lehm, Kiessand, Mergel, Löss, Fels, Schluff, Sand (> 2 mm), Torf, Steine, Sand (< 2 mm), Kies, Mutterboden, aufgeschütteter Boden)

gute Tragfähigkeit	unterschiedliche Tragfähigkeit	keine/geringe Tragfähigkeit

2. Wovon ist die Tragfähigkeit der Böden als Baugrund vorwiegend abhängig?

3. Warum ist das Setzungsverhalten von bindigen Böden von langer Dauer?

4. Wodurch können ungleichmäßige Setzungen entstehen?

5. Wann treten die möglichen Setzungen bei nicht bindigen Böden auf?

6. Skizzieren Sie in die dargestellte Kelleraußenwand mögliche Abdichtungsmaßnahmen gegen Bodenfeuchtigkeit ein.

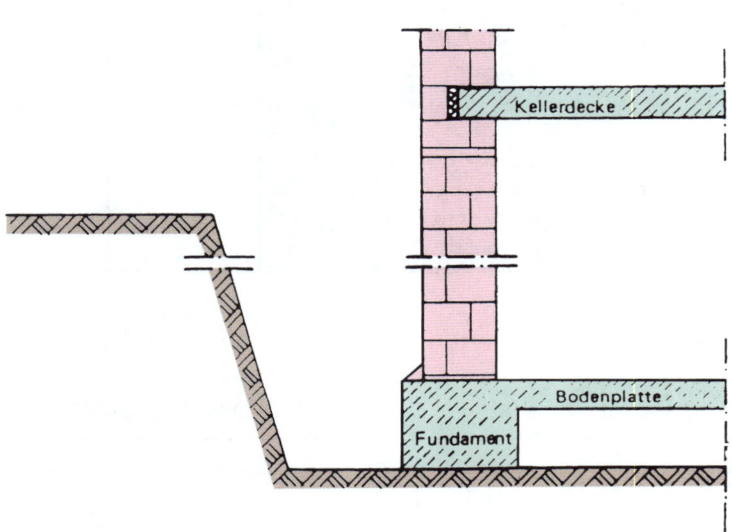

Klasse:	Name:	Datum:	**14**

7. Ergänzen Sie die beiden Merksätze richtig.

- Bindige Böden sind besonders ______________
- Nicht bindige Böden sind ______________

8. Was kann die Haarröhrchenwirkung (Kapillarwirkung) des Bodens für Auswirkungen haben?
(Hinweis: Wasserlinse, Winter)

9. Lasten müssen an den Baugrund abgeleitet werden. Welchen Lastverteilungswinkel nehmen wir vereinfacht an?

10. Schauen Sie sich die folgenden Bilder genau an!
a) Wie beurteilen Sie den Baugrund hinsichtlich seiner Tragfähigkeit für ein geplantes Bauwerk?
b) Wie beurteilen Sie das mögliche Setzungsverhalten des Baugrundes?

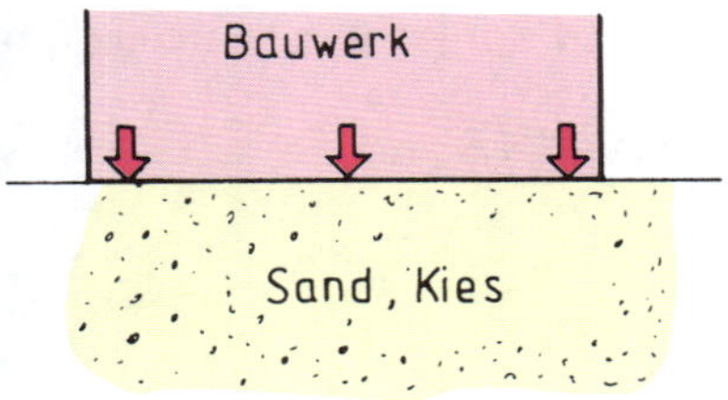

zu a)

zu b)

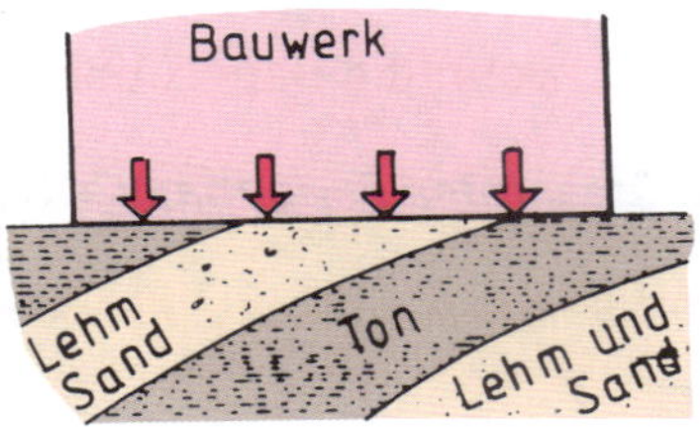

zu a)

zu b)

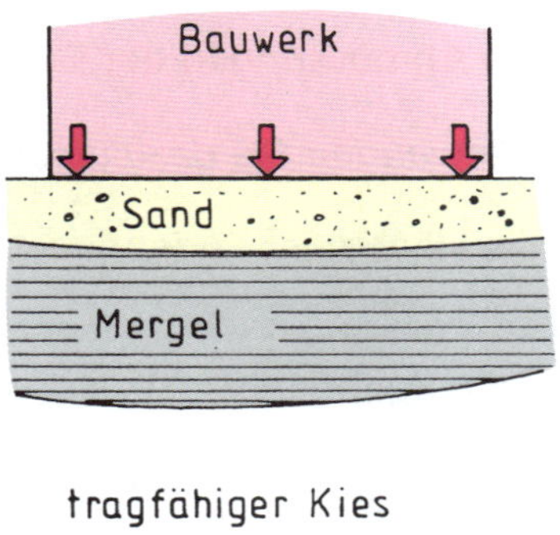

zu a)

zu b)

11. Bis zu welcher Korngröße kann Kapillarität auftreten?

12. Welche Böden sind als Baugrund immer geeignet?

Klasse:	Name:	Datum:	**15**

Rechenhilfen (für Erdarbeiten bei gemauerten Außenwänden):

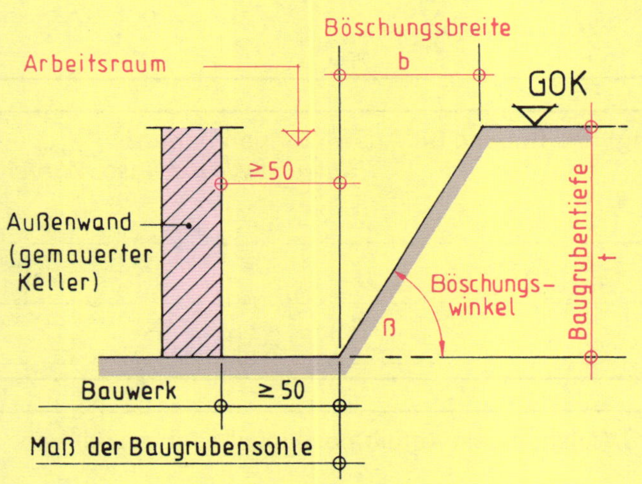

1. **Baugrubentiefe**:
   von Geländeoberkante (GOK) bis Sohle von Baugrube (oder Graben).

2. **Breite (oder Länge) der Baugrubensohle** (unten):
   Außenmaß des Bauwerks
   + 2 x Mindestbreite des Arbeitsraumes (≥ 50 cm)
   Beispiel: 17,45 m + 0,50 m + 0,50 m

3. **Breite (oder Länge) der Baugrube** (oben):
   Außenmaß des Bauwerks
   + 2 x Mindestbreite des Arbeitsraumes (≥ 50 cm)
   + 2 x errechnete Böschungsbreite *b*
   Beispiel: 17,45 m + 2 x (0,50 m + 1,20 m)

4. **Böschungswinkel β und Böschungsbreite *b***:
   sind generell abhängig von der Baugrubentiefe *t* und dem vorhandenen Baugrund
   (Hinweise hierzu finden Sie im Fachbuch, Kap. 3.1)

Aufgabe 1:

Für unser Ferienhaus (siehe hierzu Fachbuch) sind anhand der dargestellten Pläne zu berechnen:

a) die Abmessungen der Baugrubensohle, wenn die Baugrubentiefe 0,30 m und der Arbeitsraum 0,50 m beträgt.
Verwenden Sie dazu die Handskizze (gesamtes Ferienhaus + Carport) auf Blatt 17.

b) die Fläche des Ferienhauses + Carport sowie die Fläche der Baugrube.

Zusatzaufgaben:

c) die Fläche des trapezförmigen Grundstückes.

d) der Grundstückspreis, wenn 1 m² 38,00 EUR kostet.

Auszug: LAGEPLAN

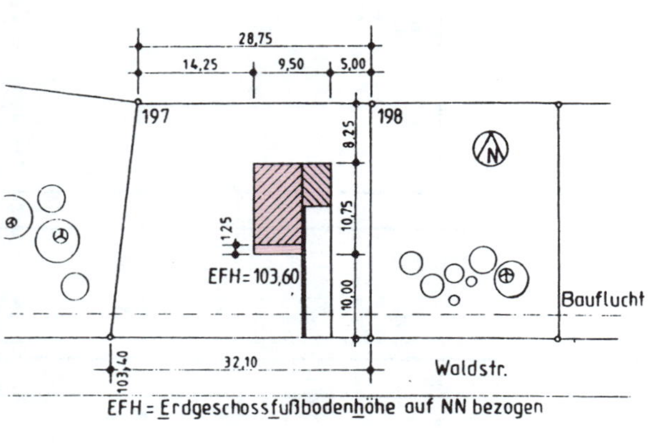

BAUABSTECKUNGSPLAN

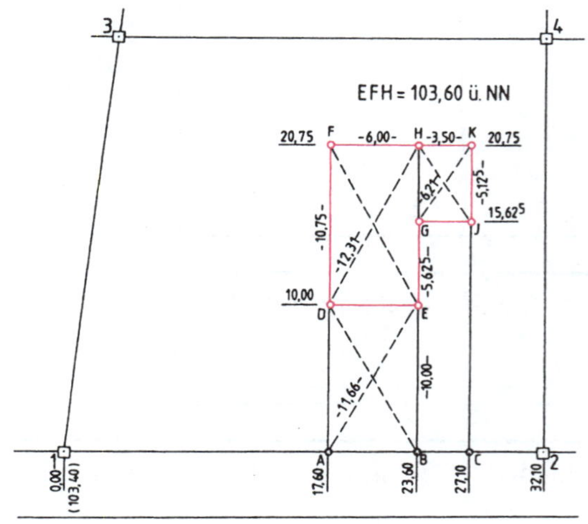

Klasse:	Name:	Datum:	16

Zu Aufgabe 1:

Zu a) Handskizze (Bemaßung eintragen)

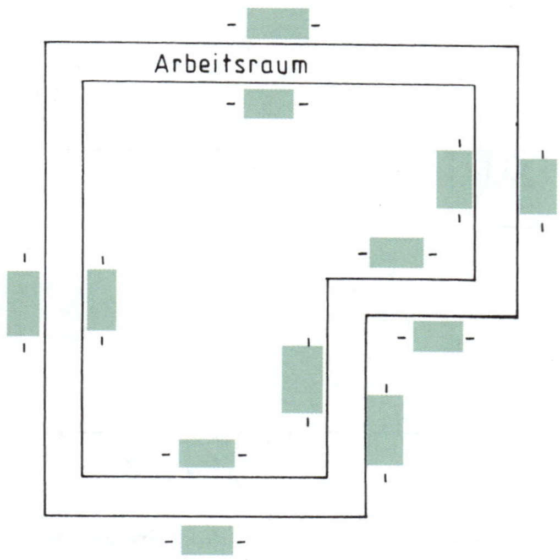

Zu b) Berechnungen:

Aufgabe 2:

Stopp! Das Bauvorhaben soll geändert werden:
Der Bauherr will das Ferienhaus unterkellern,
d. h. es wird zunächst nur die Baugrube für das Ferienhaus – ohne Terrasse – ausgehoben. Die beiden Stützen und der Carport werden später errichtet.

a) Berechnen Sie für eine Baugrubentiefe *t* von 2,50 m die Böschungsbreite *b* (vorhandene Bodenklasse: 3).

b) Berechnen Sie die Abmessungen der Baugrubensohle und die Abmessungen des Baugrubenrandes, wenn der Arbeitsraum 0,50 m beträgt.
Tragen Sie die Werte in die Handskizze ein!

Handskizze (Bemaßung eintragen)

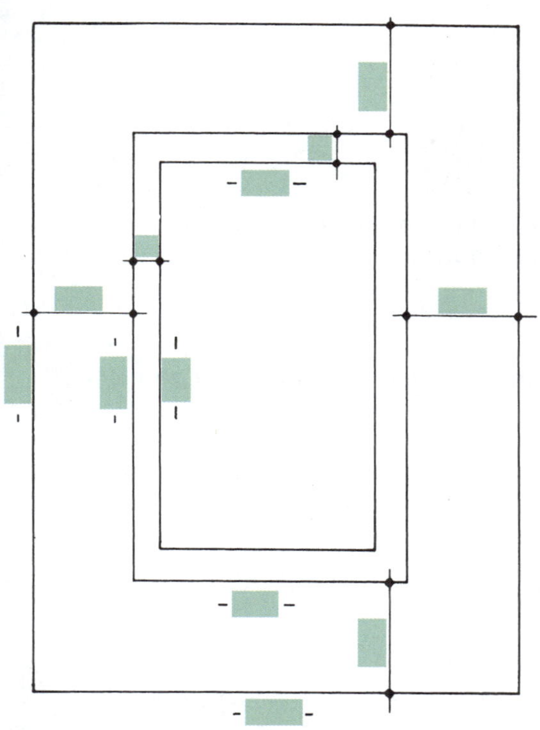

Berechnungen:

Klasse:	Name:	Datum:	17

<u>Baugruben</u>
Für unterkellerte Bauwerke wird i.d.R. eine Baugrube ausgehoben. Bei der Bemessung der Baugrube müssen die Gebäudeabmessungen, ein <u>umlaufender Arbeitsraum</u> und die <u>Abböschung oder der Verbau</u> berücksichtigt werden.
Zeichenhilfe: So könnte eine Baugrubendarstellung aussehen!

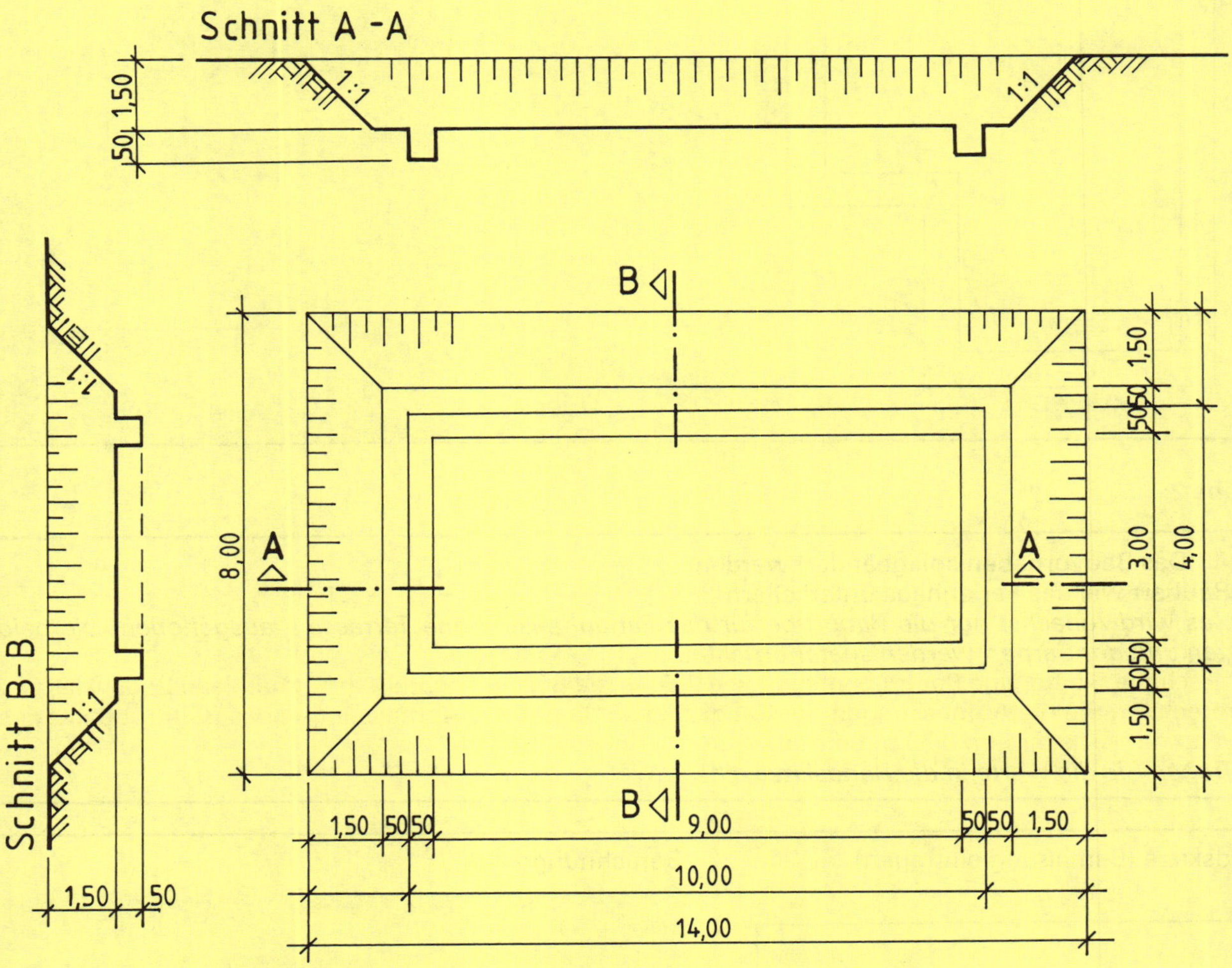

<u>Für die Darstellung gilt:</u>

1. **Gebräuchliche Darstellungsweise:**
   - <u>Draufsicht</u> der gesamten Baugrube einschl. (erforderlicher) Böschung.
   - <u>Schnitte</u> (Quer- und/oder Längsschnitt) durch die Baugrube.

2. **Darzustellen sind:**
   - geplante Gebäudeaußenkante
   - Fundamentarten *(bei Streifenfundamenten wird ein Fundamentgraben **innenliegend** gezeichnet)*
   - Arbeitsraum (≥ 50 cm)
   - Böschungsbreite (in der Draufsicht)
   - Böschungsneigung (in den Schnitten)
   - Schnittlinien kennzeichnen *(z.B. A-A)*
   - Böschungskennzeichnung *längerer Strich (≈ 5 mm)*
     kürzerer Strich (≈ 3 mm)
   - Bemaßung der Baugrube in der Draufsicht und den Schnitten

3. **Maßstäbe und Bemaßung:**
   - Maßstab i.d.R.: M = 1:100 oder M = 1:50
   - Bemaßung: wie bereits gelernt

Klasse:	Name:	Datum:	18

1. Beantworten Sie aus den Darstellungen (Blatt 18) zunächst folgende Fragen:

Gebäudeabmessungen? ____________________

Breite des Arbeitsraumes? ____________________

Abmessungen der Baugrubensohle? Breite: __________ Länge: __________

Tiefe der Baugrube: ____________________

Neigung der Böschung: ____________________

Abmessungen der Baugrubenoberkante? Breite: __________ Länge: __________

Abmessungen des Fundamentgrabens? Breite: __________ Tiefe: __________

2. Zeichnen und bemaßen Sie im M 1:100 (m, cm) für das in den Umrissen (rote Linie) dargestellte Gebäude:

gestrichelte Linie = Fundamentgraben

a) **die Baugrube in der Draufsicht (DS)**
b) **den Schnitt A-B der Baugrube.**

Vorgaben:
- Fundamentgraben: (Breite: 40 cm, Tiefe: 40 cm)
- Arbeitsraum: 50 cm
- Baugrubentiefe: 1,80 m
- Böschungsneigung: 60°

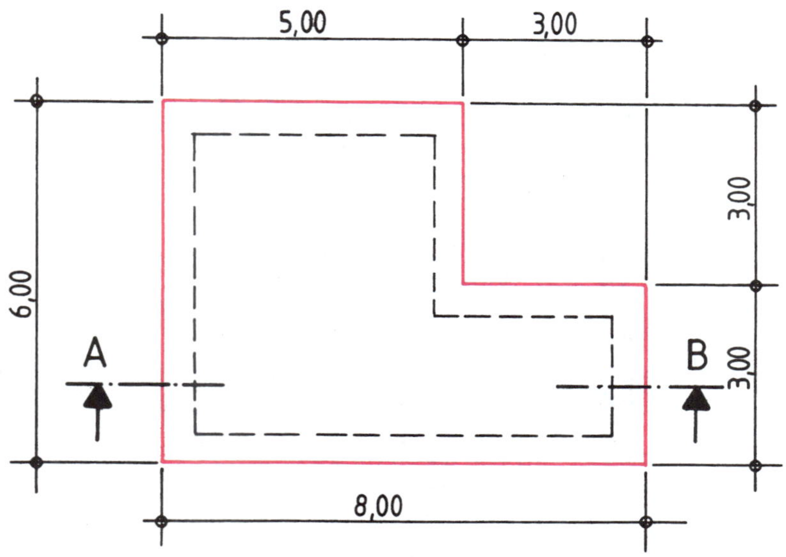

3. Zeichnen und bemaßen Sie im M 1:100 (m, cm) das gemäß Bauabsteckungsplan (rote Linie) dargestellte Gebäude:
a) **die Baugrube in der Draufsicht (DS),**
b) **den Schnitt A-B der Baugrube.**

Vorgaben:
- Fundamentgraben: (Breite: 50 cm, Tiefe: 50 cm)
- Arbeitsraum: 70 cm
- Baugrubentiefe: 1,65 m (teilweise abböschen unter 45°)

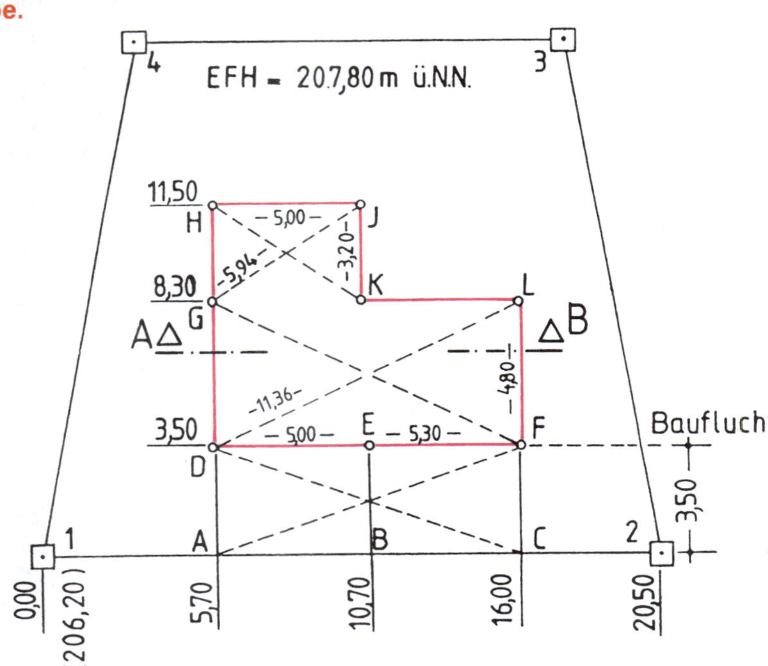

Klasse:	Name:	Datum:	19

Baugruben müssen nicht nur dargestellt, sondern auch der Erdaushub muss berechnet werden können. Um Berechnungen hierzu durchführen zu können, dienen die nachfolgenden Rechenhilfen.

Rechenhilfe: Trapezberechnungen
Eine Baugrube hat i. d. R. die Form eines auf den Kopf gestellten Pyramidenstumpfes *(siehe auch Formelsammlung „Stumpfe Körper")*.
Das Volumen (= Inhalt) eines solchen Körpers kann nach verschiedenen Verfahren berechnet werden. Die einfachste Vorgehensweise ist folgende:

Volumen = $\frac{\textbf{(Fläche unten + Fläche oben)}}{2}$ **x Tiefe** *als Formel:* $V = \frac{(A_u + A_o)}{2} \times t$

Formeln, die wir noch brauchen:

Fläche allgemein: $A = a \times b$ $A_u = a_u + b_u$ $A_o = a_o + b_o$ $A_m = \frac{(A_u + A_o)}{2}$

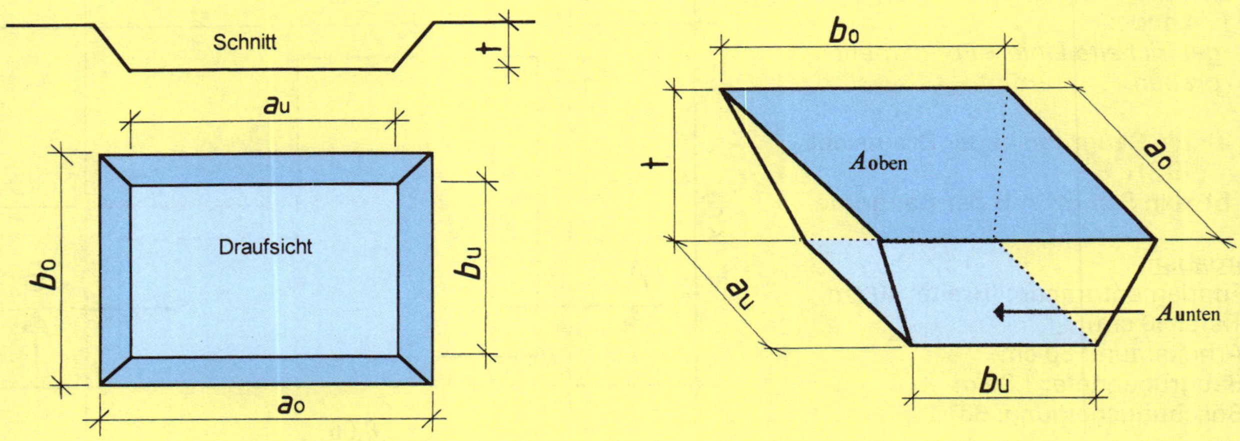

Wir wiederholen. Um die einzelnen Längen berechnen zu können, muss man Folgendes berücksichtigen: Rechenhilfen (für Erdarbeiten bei gemauerten Außenwänden), *siehe hierzu auch Seite 16*:

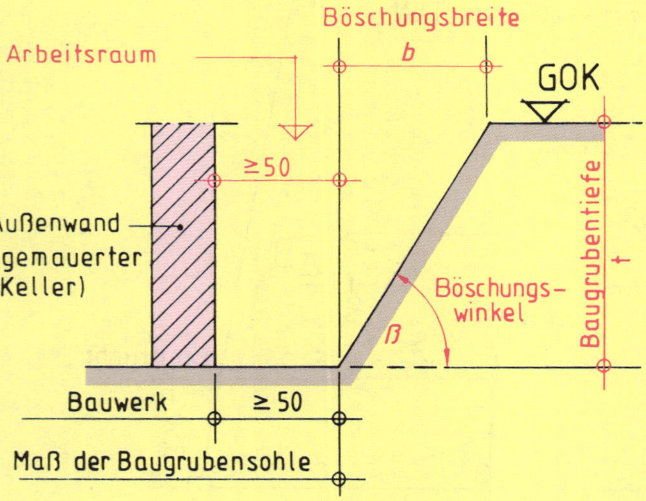

1. <u>Baugrubentiefe:</u>
   von Geländeoberkante (GOK) bis Sohle von Baugrube (oder Graben).
2. <u>Untere Breite (oder Länge) der Baugrubensohle:</u>
   Außenmaß des Bauwerks
   + 2 x Mindestbreite des Arbeitsraumes
   (≥ 50 cm)
   Beispiel: 17,45 m + 0,50 m + 0,50 m
3. <u>Obere Breite (oder Länge) der Baugrube:</u>
   Außenmaß des Bauwerks
   + 2 x Mindestbreite des Arbeitsraumes
   (≥ 50 cm)
   + 2 x errechnete Böschungsbreite *b*
   Beispiel: 17,45 m + 2 x (0,50 m + 1,20 m)
4. <u>Böschungswinkel β und Böschungsbreite *b*:</u>
   sind generell abhängig von der Baugrubentiefe *t* und dem vorhandenen Baugrund
   (Hinweise hierzu finden Sie im Fachbuch, Kap. 3.1)

Aufgabe 1:
Auf Blatt 17, Aufgabe 2 wurde das Bauvorhaben unseres Ferienhauses geändert. Dazu sollten Sie eine Handskizze der Baugrube erstellen. So wäre Ihre Zeichnung richtig gewesen.

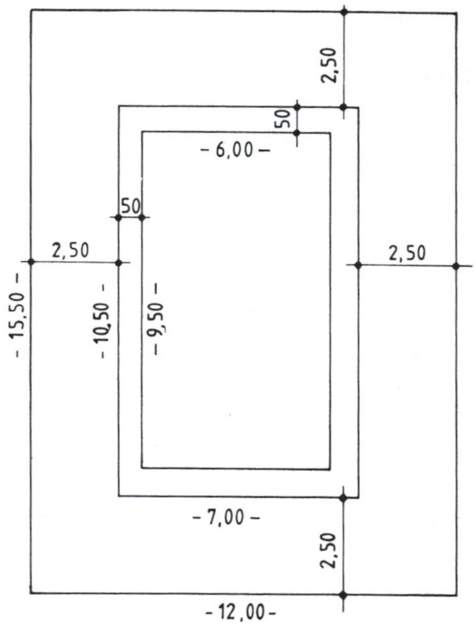

a) Berechnen Sie für die dargestellte trapezförmige Baugrube das Volumen nach der Näherungsformel.
Baugrubentiefe = 2,50 m

b) Wie viel Lkw-Ladungen an Erde müssen abgefahren werden, wenn auf einen Lkw 6 m^3 transportiert werden können?

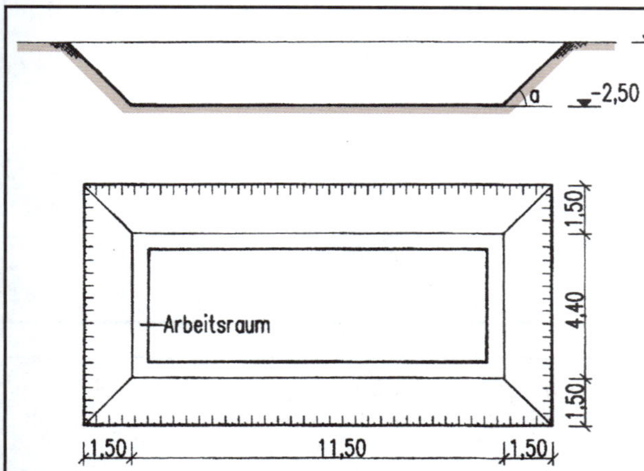

Aufgabe 2:
Für die dargestellte Baugrube sind zu berechnen:

a) das auszuhebende Erdreich in m^3
(Der Arbeitsraum ist schon berücksichtigt.)

b) für „Könner“: das auszuhebende Erdreich nach der Formel für den Pyramidenstumpf oder nach der Formel von „Simpson“.
Vergleichen Sie die Ergebnisse mit a).

c) die Arbeitszeit eines Baggers, der je Löffel etwa 0,5 m^3 Erdreich ausheben kann und dazu jeweils 45 sec benötigt.
(Anm.: Gehen Sie von der Erdaushubberechnung von Aufgabe a) aus.)

	Lernfeld 2:	Baugrund, Baugruben und Gräben: (Kap. 3.1) **Erdarbeiten**	**A**
	Erschließen und Gründen eines Bauwerkes		**Te**

1. Welche Sicherheitsvorschriften sind beim Aushub von Baugruben und Gräben zu beachten? Ergänzen Sie die Skizzen (da wo ▭ sind).

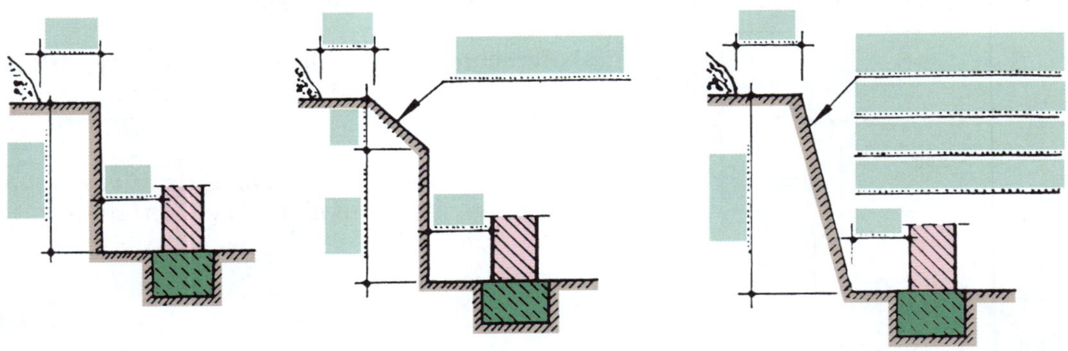

2. Wo darf der Bodenaushub einer Baugrube erst gelagert werden?

3. Welche Breite ist für den Arbeitsraum in Baugruben und Rohrleitungsgräben vorgesehen?

4. Berechnen Sie die Böschungsbreite und tragen Sie diese in die Skizzen ein (da wo ▭ sind).

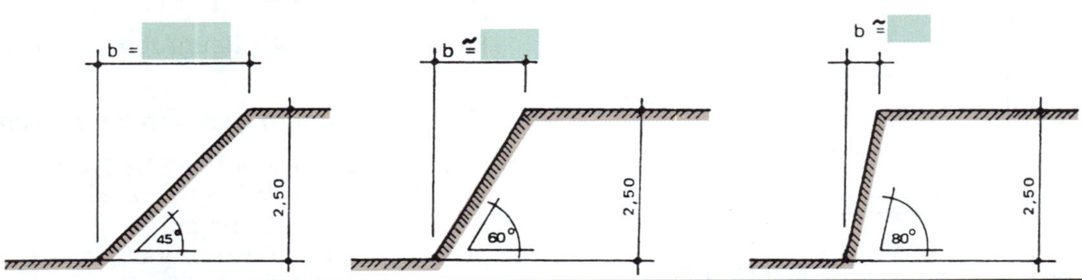

5. Der natürliche Grundwasserspiegel liegt bei 1,80 m. Eine Baugrube von 2,60 m Tiefe soll durch Grundwasserabsenkung „wasserfrei" gemacht werden. Wie weit muss der Grundwasserspiegel abgesenkt werden?

6. Welche Mindestgrabenbreite ist einzuhalten, wenn gegeben sind: Rohrdurchmesser 90 cm, Böschungswinkel 60°, Grabentiefe 3,20 m *(Verwenden Sie hierzu das Fachbuch!)*

7. Wovon ist die Breite der Grabensohle bei Leitungsgräben abhängig? *3 Punkte*

8. Berechnen Sie die Böschungsbreite für folgende Bodenarten: *Achtung! Baugrubentiefe beachten*

Bodenart:	Leichter Fels	Leichter Boden	Breiiger Boden	Fester Boden	Schwerer Fels
Baugrubentiefe:	2,00 m	1,60 m	2,50 m	1,20 m	3,25 m
Böschungsbreite:					

Klasse:	Name:	Datum:	22

So könnte ein Test bzw. eine Klassenarbeit zum Lernabschnitt „Baugrund" aussehen!
Hilfsmittel: keine; Zeit: .... Minuten; Ankreuzen und freie Beantwortung

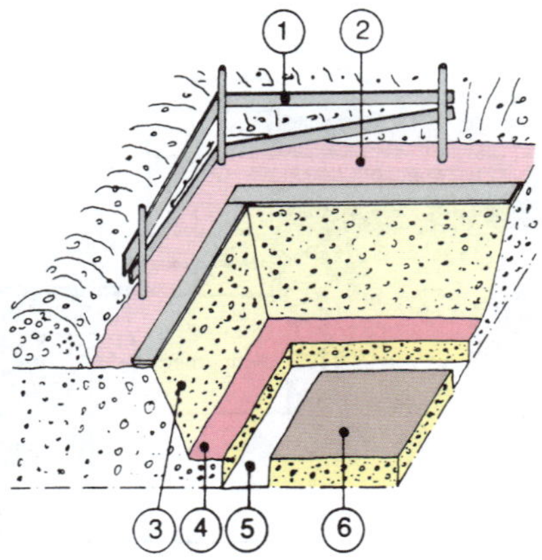

1. Wie werden die dargestellten Punkte bei einer Baugrube bezeichnet?

① ______________________

② ______________________

③ ______________________

④ ______________________

⑤ ______________________

⑥ ______________________

2. Welche Mindestmaße sind bei den Punkten ② und ④ in Aufgabe 1 einzuhalten?

____

3. Welche Aussagen sind richtig? (Mehrfachankreuzungen möglich)

- ☐ Bindige Böden sind kapillar wirksam, setzen sich stark und sind frostgefährdet.
- ☐ Je nach Bodenklasse sind verschiedene Böschungswinkel vorgeschrieben.
- ☐ Böden unterscheidet man nach Arbeitsaufwand und einzusetzenden Arbeitsmitteln in 7 Bodenarten.
- ☐ In gemischten Böden wird die Tragfähigkeit durch Wasser nicht beeinträchtigt.
- ☐ Fundamente müssen frostfrei gegründet werden.
- ☐ Durch Bauteile erzeugte Druckspannungen werden unter 60° an den Baugrund weitergeleitet!

4. Bis zu welcher Korngröße sind Böden kapillar wirksam? *(d. h.: Wasser kann aufsteigen)*

____

5. In welchen Bodenarten können Eislinsen auftreten?

____

6. Wie beurteilen Sie die Tragfähigkeit folgender Böden im nassen Zustand?

Lehm = ______________________

Grobsand = ______________________

Ton/Sand Gemisch = ______________________

7. Woran kann man bindige und nicht bindige Böden sofort erkennen?

____

____

____

8. Wie groß ist das Volumen *V* (in m³) der dargestellten Baugrube?

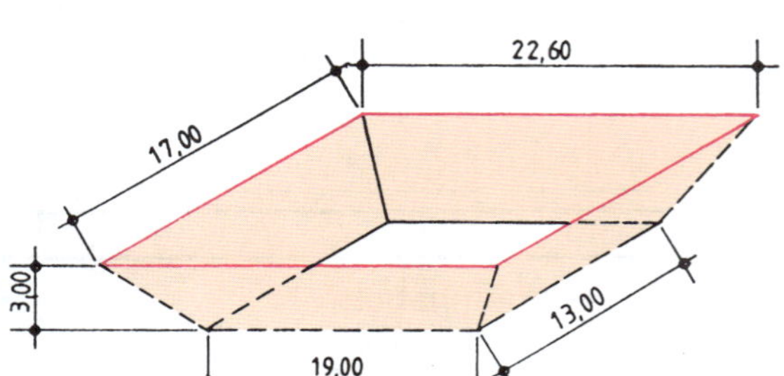

9. Bauwerke müssen vor Wasser geschützt werden.
Welche 4 Möglichkeiten wurden an dieser Kelleraußenwand genutzt?

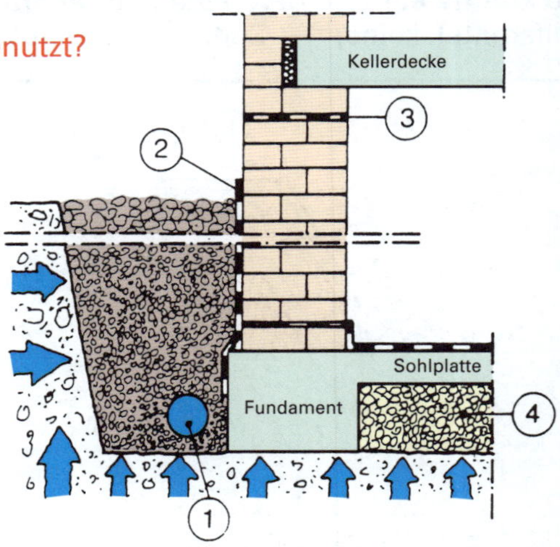

① = ______________________

② = ______________________

③ = ______________________

④ = ______________________

10. Die Baugrube für unser Ferienhaus (Projekt 1) wird ausgehoben. Da nur 0,30 m auszuheben sind, entfällt das Abböschen. Der Arbeitsraum beträgt 50 cm.
Berechnen Sie anhand der fertigen Skizze den Erdaushub.

(Die Aufteilung in die Flächen A1 und A2 sind Berechnungshilfen.)

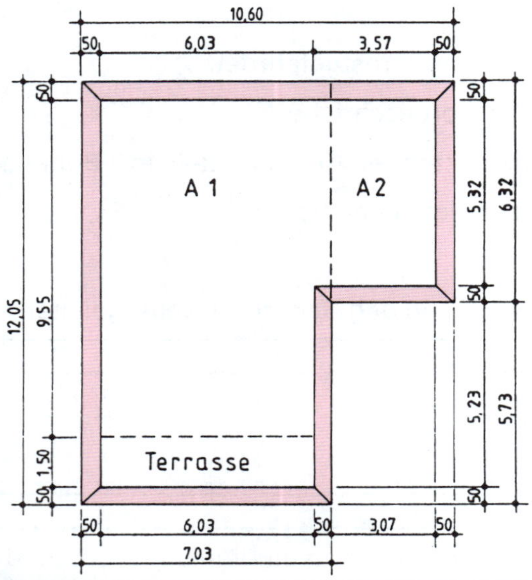

11. Was verstehen Sie unter dem Begriff „Wasserhaltung"?

____

____

12. Wovon ist die Breite der Grabensohle bei Leitungsgräben abhängig?

____

____

13. Umweltschutz: Welchen Mindestabstand soll eine Baugrube von Bäumen haben?

____

Klasse:	Name:	Datum:	24

1. Welche Aufgaben erfüllen die Fundamente?

2. Begründen Sie, warum die Fundamentsohle eben und frostfrei gegründet sein soll.

3. Was sind die Kennzeichen für a) Flachgründungen und b) Tiefgründungen?

4. Wie groß ist der Druckverteilungswinkel bei Fundamentbeton anzusetzen?

5. Um was für Gründungsarten handelt es sich bei den dargestellten Abbildungen?

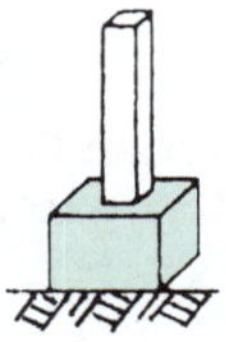

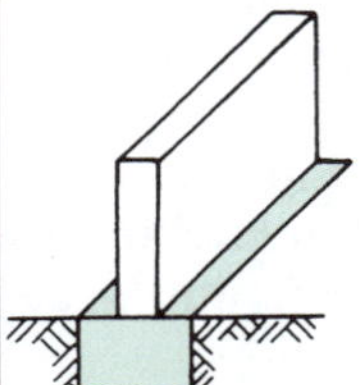

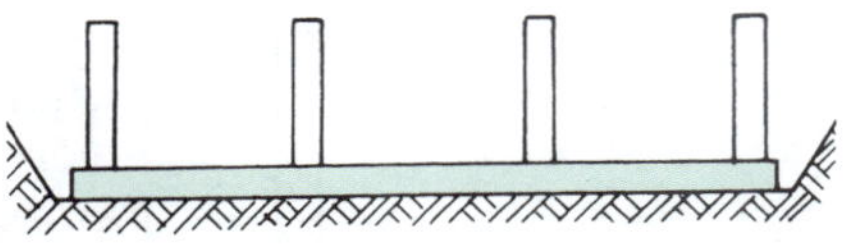

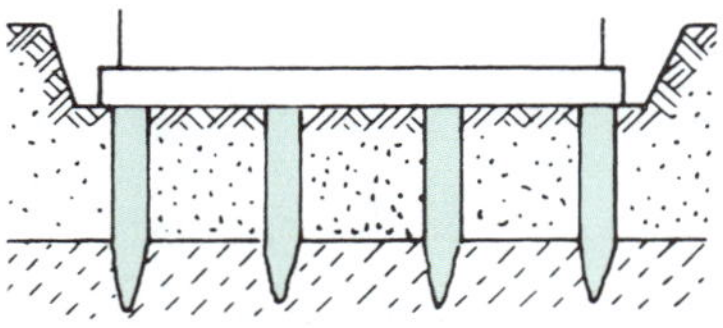

6. Ab welcher Tiefe sind i. d. R. Fundamente „frostfrei“ gegründet?

- Ab etwa 2,00 m unter GOK
- Hängt von der Größe des Bauteils ab
- Etwa 0,80 m bis 1,20 m unter GOK
- Etwa 40 cm unter GOK

7. Überlegen Sie. Unter einem Fundament besteht die Gefahr der Eislinsenbildung. Was könnte passieren?

8. Wie werden Wände i. d. R. gegründet? *(2 Möglichkeiten)*

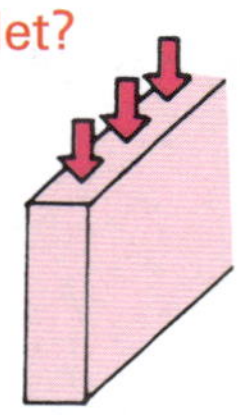

- Auf Plattenfundamenten
- Auf Einzelfundamenten
- Mittels einer Tiefgründung
- Auf Streifenfundamenten
- Auf Blockfundamenten

9. Wie beurteilen Sie die dargestellte Fundamentform?

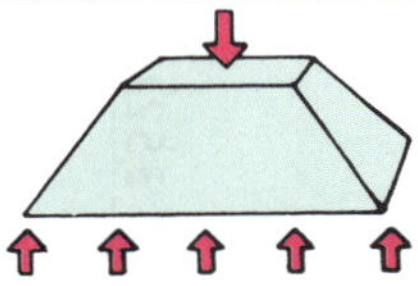

- Unnötig
- Unbrauchbar
- Gut, aber die Fundamenthöhe ist zu klein
- Schlecht, da die Druckspannungen gleich bleiben
- Gut, aber schwer herzustellen.

10. Streifenfundamente werden im lockeren Sandboden ausgehoben. Was ist bei der Herstellung der Fundamente zu beachten?

Klasse:	Name:	Datum:	25

Zeichen- und Rechenhilfe:

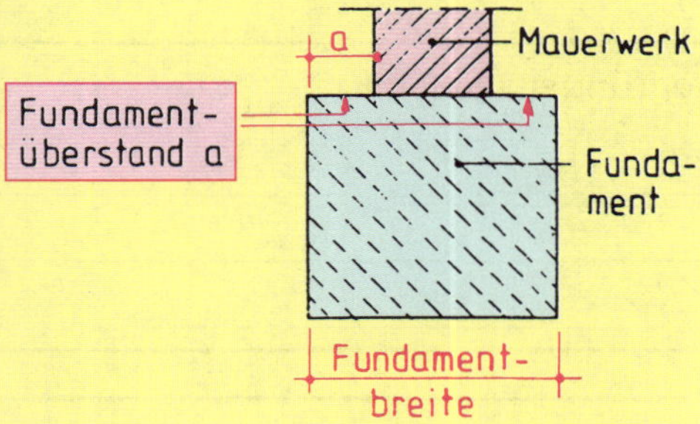

Der Fundamentplan hat die Aufgabe, die Abmessungen der Fundamente festzulegen. Ausgehend vom geplanten Grundriss des Gebäudes werden unter Berücksichtigung des Fundamentüberstandes *a* mit den Mauerwerksabmessungen die Fundamentabmessungen (Längen und Breiten) bestimmt.

Macht der Tragwerksplaner.

$$a = \frac{\textbf{(Fundamentbreite – Mauerwerksbreite)}}{2}$$

Beispiel: Fundamentbreite = 50 cm; Mauerwerksbreite = 24 cm

$$\text{Fundamentüberstand } a = \frac{(50\text{ cm} - 24\text{ cm})}{2} = 13\text{ cm}$$

Dieser Fundamentüberstand ist auf beiden Seiten gleich.

Eine Garage soll gebaut werden. Dazu liegt der Grundriss als Ausführungszeichnung M 1:50 vor.

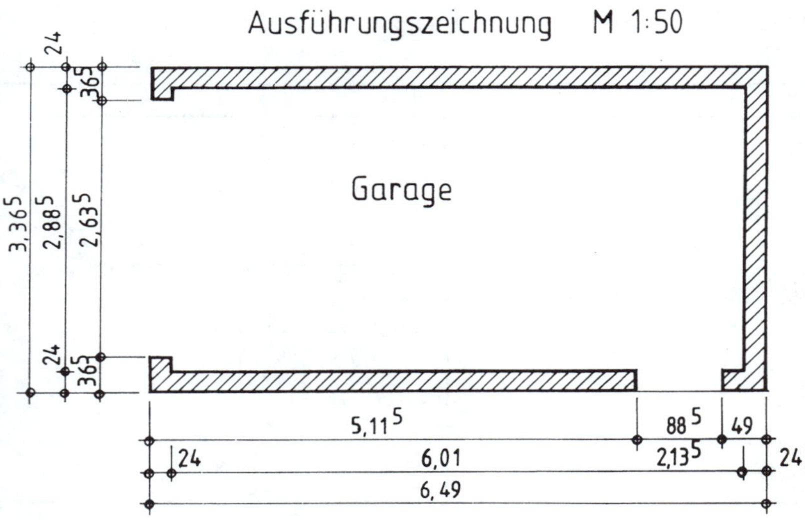

Der Polier hat den dazugehörigen Fundamentplan kurz aufgezeichnet, aber noch nicht vollständig gezeichnet und bemaßt. „Den Rest machst du", waren seine letzten Worte und dann war er verschwunden.

Aufgabe:
Zeichnen Sie den angefangenen Fundamentplan (siehe unten) fertig und bemaßen Sie ihn *(u. a. die ▭).*

Vorgaben:
- Mauerwerk mittig auf dem Streifenfundament
- **Fundamentbreite: 40 cm**

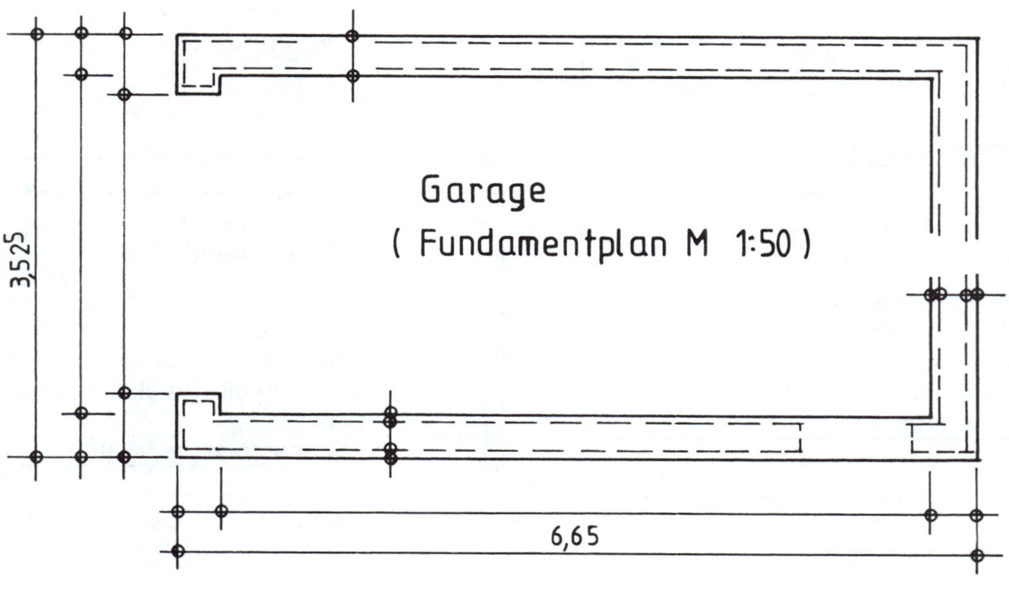

Klasse:	Name:	Datum:	**26**

Fundamente müssen unter allen tragenden Bauteilen angeordnet werden. Darüber gibt der Fundamentplan Aufschluss. Am Beispiel vom „Ferienhaus Meier" soll das geübt werden.

Zur Erinnerung.

Lageplan: M 1:200 (m, cm) (verkleinert)

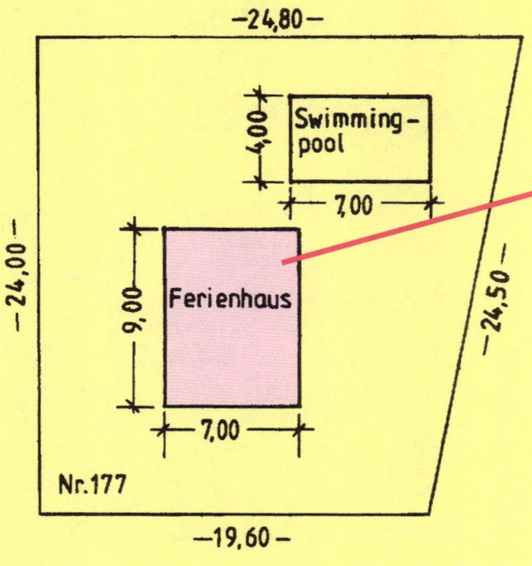

Das ist der zugehörige Fundamentplan.

Fundamentplan M 1:100 (m, cm) (verkleinert)

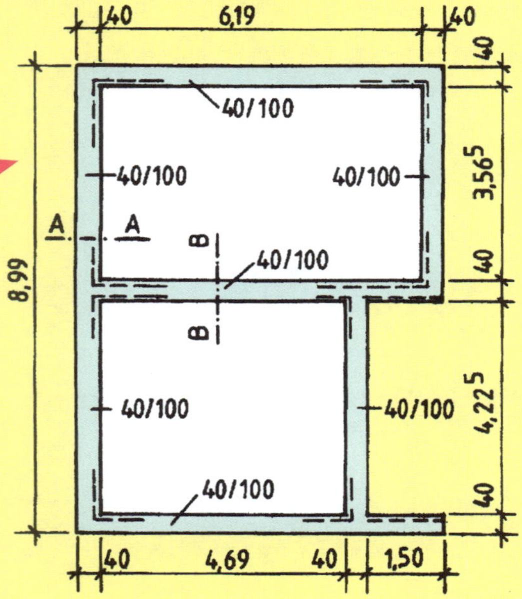

Erklärung:
40/100 = Breite und Gesamttiefe des Fundamentes

So sollen die Fundamente später im Einzelnen aussehen.

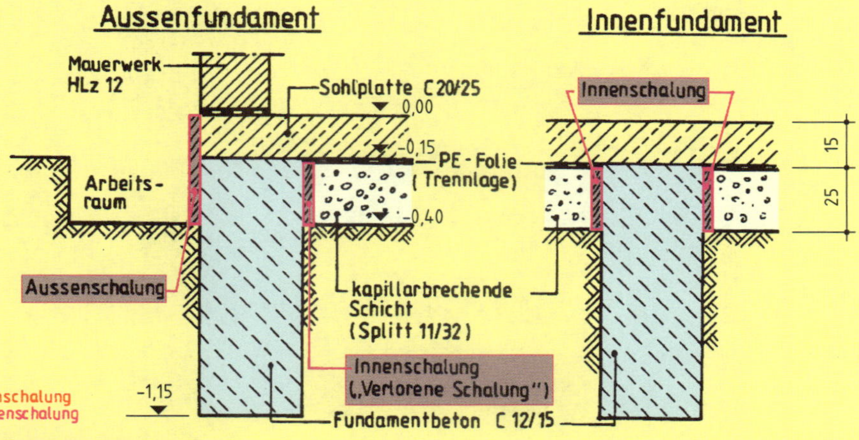

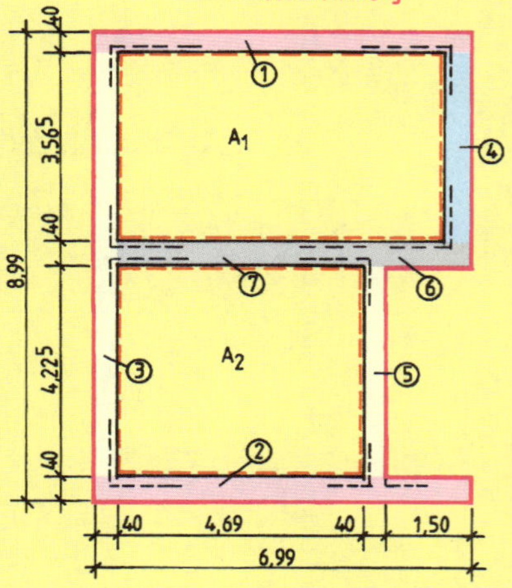

Zeichen- und Rechenhilfe:

Um den Aushub der Fundamente und auch den eventuell benötigten Bedarf an Schalmaterial (Außen- und Innenschalung) berechnen zu können, empfiehlt sich folgende Vorgehensweise:

1. Um die Fundamentgräben (besonders die Ecken) nicht doppelt zu berechnen, begrenzt man die Gräben, legt diese evtl. farbig an und nummeriert sie. *Ist in der nebenstehenden Skizze schon einmal gemacht.*
2. Die Außen- und die Innenschalung werden unterschiedlich gekennzeichnet.
   Dadurch kann der Materialbedarf leichter ermittelt werden.

Klasse:	Name:	Datum:	27

Und nun sollen Sie anhand der Vorgaben auf Blatt 27 folgende Aufgaben lösen:

1. Wie viel m^3 Gesteinsmaterial sind für die Fundamentgräben auszuheben?

Überlegen Sie zunächst: Wie tief müssen die Fundamente noch ausgehoben werden, wenn die Baugrube einschließlich Arbeitsraum schon ausgehoben wurde?

2. Wie viel m^2 Außenschalung sind für die Fundamente zu erstellen?

3. Wie viel m^2 Innenschalung sind als sog. „Verlorene Schalung" (= kann später nicht mehr ausgeschalt werden) einzubauen?

4. Zwischen den noch zu betonierenden Fundamentgräben wird eine kapillarbrechende Schicht eingebaut! Wie viel m^3 Splitt 11/32 sind anzuliefern und wie viel m^2 PE-Folie sind als Trennlage auszulegen?

Klasse:	Name:	Datum:	**28**

So könnte ein Test bzw. eine Klassenarbeit zum Lernabschnitt „Gründungen" aussehen.
Hilfsmittel: Taschenrechner Zeit: .... Minuten; Ankreuzen und freie Beantwortung

1. Wozu dienen hauptsächlich die Fundamente?

- [ ] Zur Aufnahme der Bauwerkslasten
- [ ] Zur Vergrößerung der Druckfläche
- [ ] Zum Verhindern von Setzungen des Baugrundes
- [ ] Zur Verbindung des Bauwerkes mit dem Baugrund

2. Wann müssen Tiefgründungen hergestellt werden?

3. Ein Haus wird auf einem Plattenfundament gegründet. Wie dick muss diese Platte mindestens sein?

- [ ] 10 cm
- [ ] 20 cm
- [ ] Hängt von den Bauwerkslasten ab
- [ ] Größer als 10 cm, aber kleiner als 30 cm
- [ ] 30 cm

4. Welches Fundament gehört zu den Tiefgründungen?

- [ ] Wannengründung
- [ ] Pfahlgründung
- [ ] Einzelfundament
- [ ] Streifenfundament
- [ ] Plattenfundament

5. Welche Fundamentausführungen liegen hier vor? Benennen Sie diese!

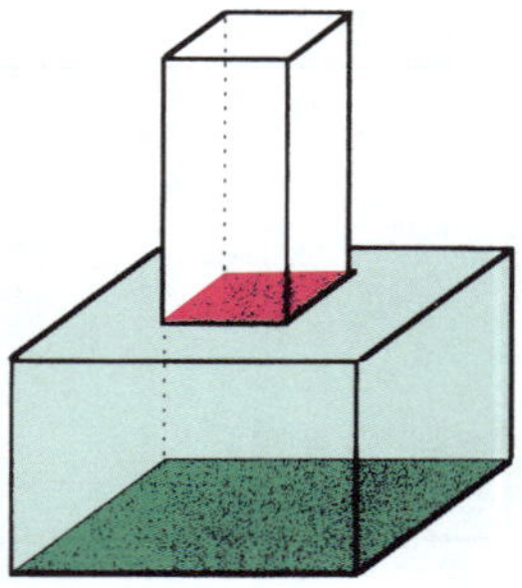

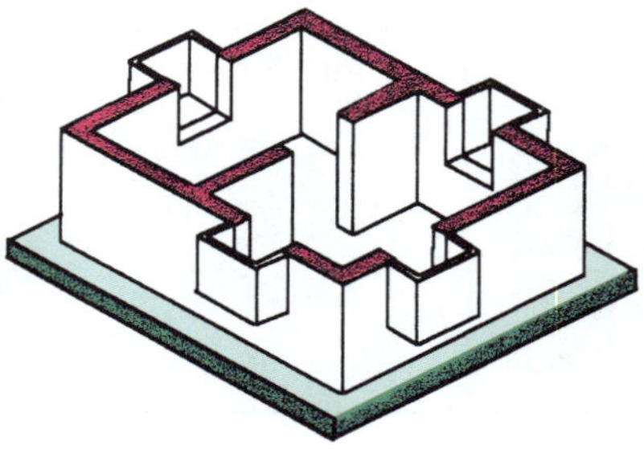

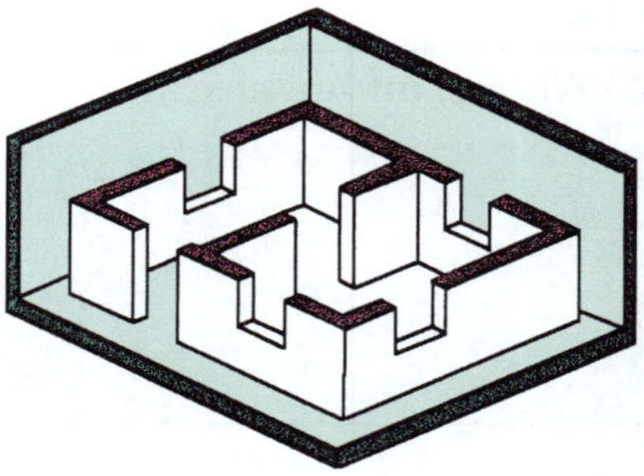

6. Unter welchem Winkel verteilen sich die Lasten in einem unbewehrten Streifenfundament?

7. Zu dem dargestellten Grundriss und den angegebenen Fundamentbreiten sind die Gesamtabmessungen
a) der Fundamentlänge und
b) der Fundamentbreite für den Fundamentplan zu bestimmen.

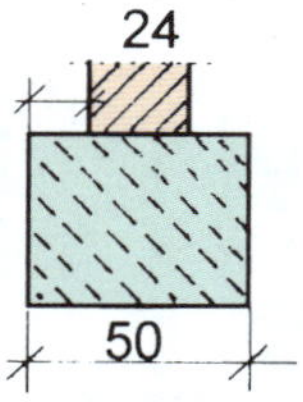

Innenfundament

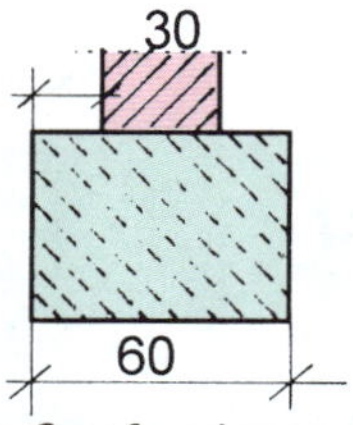

Außenfundament

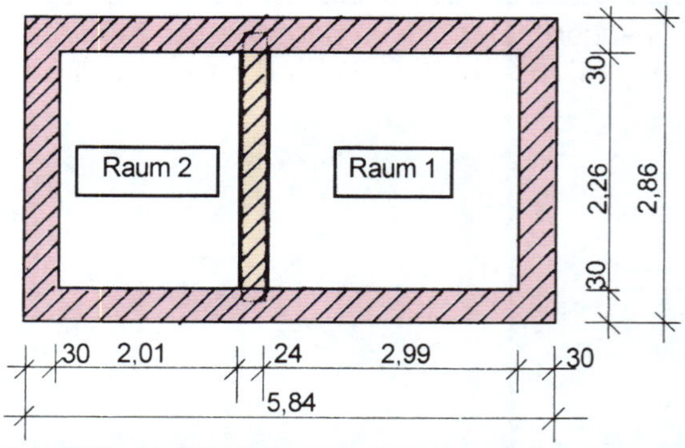

Schnitt und Fundamentplan o. M.

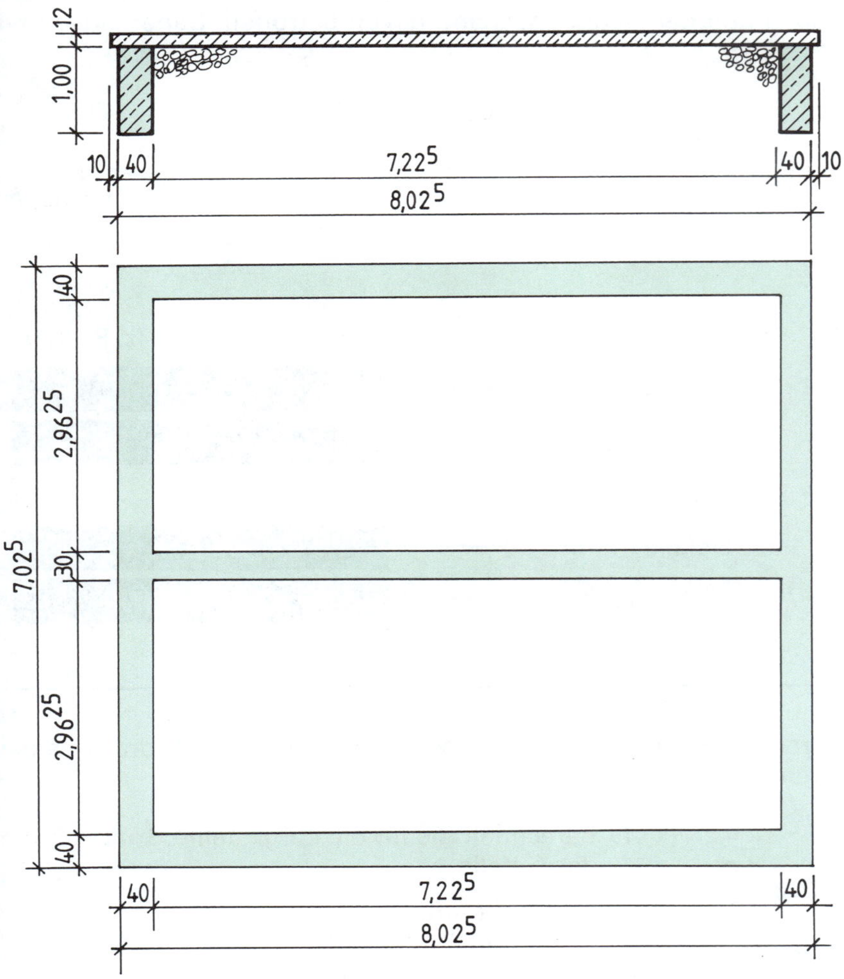

Aufgaben:

Zu dem vorliegenden Fundamentplan für die Streifenfundamente sollen berechnet werden:

a) der Mutterbodenabtrag (12 cm = Dicke der Sohlplatte) in m³, wenn ringsherum ein Arbeitsraum von 0,60 m verläuft,

b) der Aushub für die Streifenfundamente in m³ (Außen- und Innenfundamente),

c) der Bedarf an Filterkies, der mit einer Dicke von 20 cm zwischen den Fundamenten eingebracht wird.

Berechnungen:

Klasse:	Name:	Datum:	30

Rechenhilfe:
Gefälle (oder Neigungen) und Steigungen kommen in Bauzeichnungen und damit in der Baupraxis sehr häufig vor. Besonders der Rohrleitungsbau und der Straßenbau sind davon betroffen. Daher wollen wir dieses hier üben.

Gegeben oder gesucht sind dabei: *p* – z. B. 5 % oder **1 : *n*** – z. B. 1:20

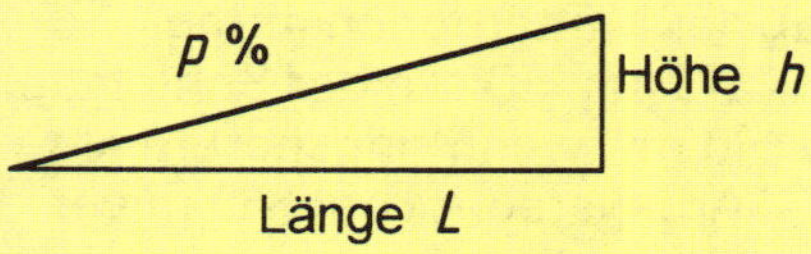

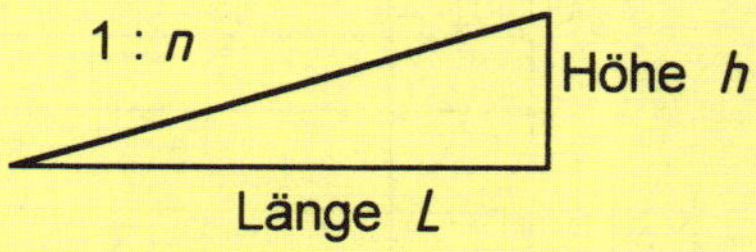

als **Prozentsatz** (z. B.: **7 %**)	**gesucht:**	als **Verhältniszahl** (z. B.: **1:7**)
$h = L \times p : 100$	**Höhe *h***	$h = L : n$
$L = h \times 100 : p$	**Länge *L***	$L = h \times n$
$p = h \times 100 : L$	**Gefälle** in %	
	Gefälle mit ***n***	$n = L : h$
$p\,(\%) = 100\,\% : n$	***p* ? und *n* ?**	$n = 100 : p\,(\%)$

Gefälleberechnungen
Die Grundleitungen (= alle wasserabführenden Rohre für Regen- und Schmutzwasser ins Erdreich) eines Gebäudes müssen mit Gefälle verlegt werden.

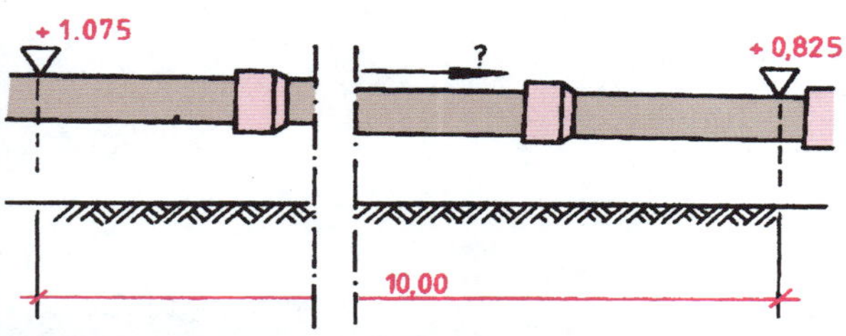

1. Berechnen Sie für die dargestellte Grundleitung das Gefälle

a) **als Verhältniszahl (*n*),**
b) **als Prozentsatz (*p*),**
c) **in Abhängigkeit von *n* zu *p*.**

siehe auch Formelsammlung „Gefälle"

2. Auf dem dargestellten Verkehrszeichen ist eine Steigung von 12 % angegeben.

Wie groß ist das Steigungsverhältnis *n*?

<u>Rohrleitungen</u>
Rohrleitungen werden je nach Wasserart (Schmutz- oder Regenwasser) mit unterschiedlichem Gefälle verlegt. Diese Leitungen heißen <u>Grundleitungen</u>. Damit die einzelnen Leitungspunkte auch das vorgesehene Gefälle haben, muss die Höhenlage aller Punkte berechnet werden.

Beispiel einer Grundleitung

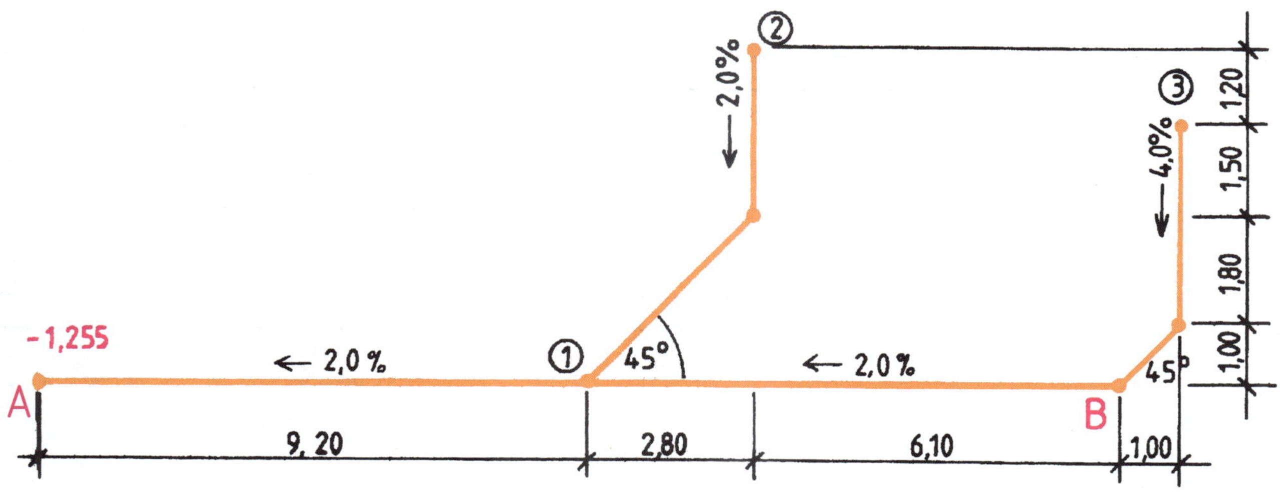

Für die dargestellte Schmutzwasserleitung sollen berechnet werden:

a) der Höhenunterschied zwischen den Punkten A und B,

Formelsammlung: „Steigung und Gefälle"

zu a):

b) die Länge der gesamten Grundleitung,

zu b):

c) die Höhenlage der Punkte ①, ② und ③,

zu c):

d) die ungefähren Herstellungskosten, wenn der lfd. Meter Rohrleitung (incl. Formstücke) mit 8,00 EUR veranschlagt wird.

zu d):

Klasse:	Name:	Datum:	32

1. Welche Leitungsteile gehören zur Haus- und Grundstücksentwässerung?

2. Welche Nachteile hat das Mischsystem?

3. Aus welchen Materialien bestehen die Entwässerungsrohre?

4. Welche Leitungsteile müssen vor dem Betonieren der Grundplatte verlegt sein? Warum wohl?

5. Was muss grundsätzlich im Entwässerungsplan festgehalten werden?

6. Geben Sie das Mindestgefälle einer Schmutzwasserleitung an.

7. Was bedeutet die Bezeichnung „DN 150"?

8. Vervollständigen Sie den angefangenen Entwässerungsplan richtig.
Beachten Sie: 1. Abzweigungen / Einführungen unter 45°; 2. Bögen ebenfalls unter 45°
● = Schmutzwasserfall-Leitungen; ○ = Regenrohrleitung (RR); KS = Kontrollschacht

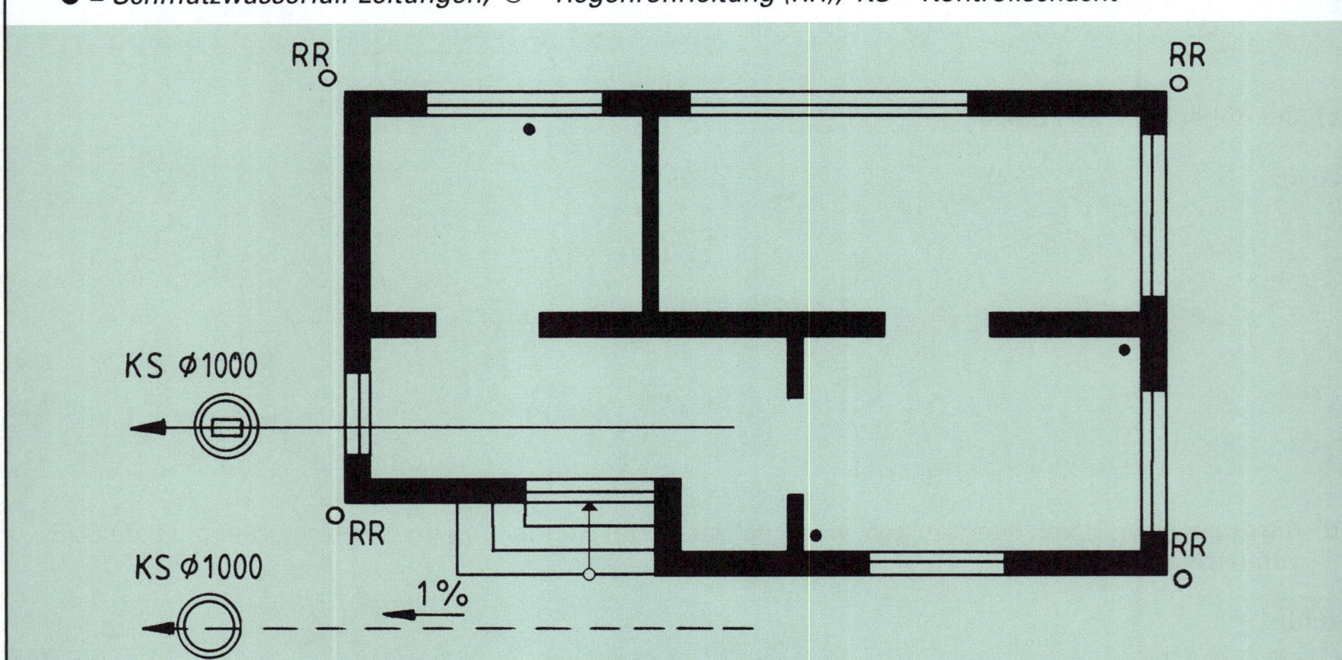

1. Benennen Sie die Leitungsteile der dargestellten Grundleitung.
(Überlegen Sie, wie die Teile wohl heißen könnten.)

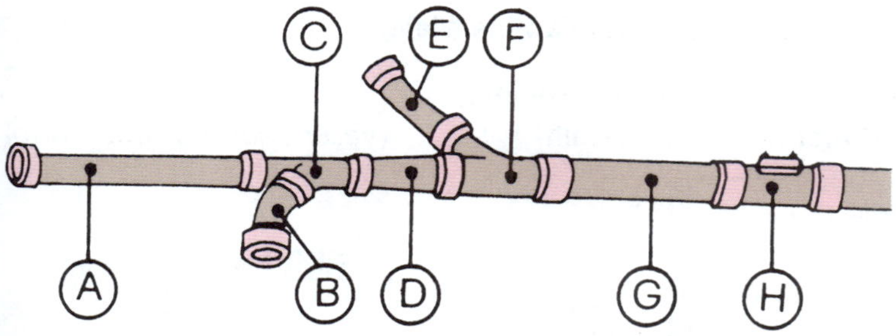

2. Welche Verlegeregeln sind bei Grundleitungen und Anschlusskanälen unbedingt zu beachten? (Nennen Sie mindestens 5 Regeln.)

3. Welche Aufgabe soll die Dränage erfüllen?

4. Die dargestellte Kelleraußenwand soll durch eine Abdichtung gesperrt werden. Gleichzeitig soll eine Dränageleitung verlegt werden.

a) Zeichnen Sie die Abdichtung, Dränage und die Baugrubenverfüllung ein (Freihandskizze).

b) Welche Abmessungen gelten für das Verlegen der Dränage?
Tragen Sie die Maße auf Maßlinien ein.

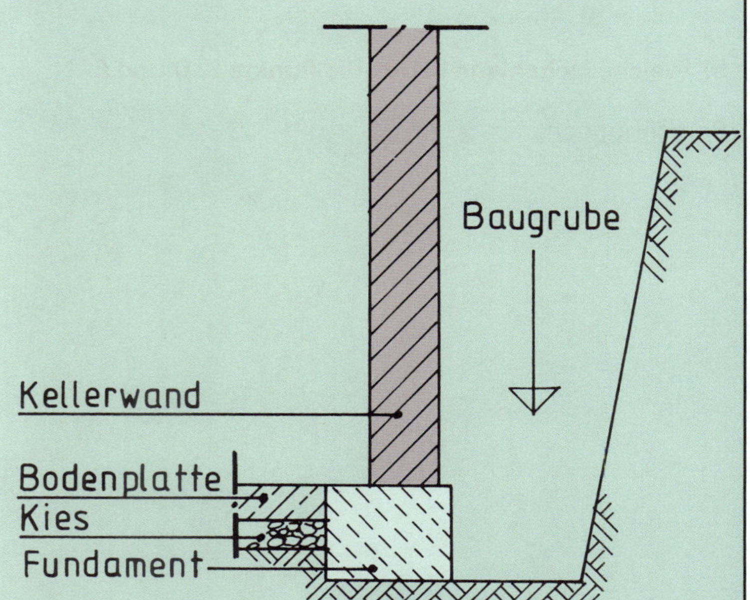

Klasse:	Name:	Datum:	**34**

Ganz wichtig! Vor den Betonierarbeiten für die Fundamente und die Sohlplatte müssen die Grundleitungen für Schmutz- und Regenwasser verlegt sein. Über die Lage dieser Leitungen gibt der Entwässerungsplan Aufschluss.

Das ist der zugehörige Entwässerungsplan für das Ferienhaus der Familie Meier:

Entwässerungsplan M 1:100 (m, cm) (verkleinert)
(Anmerkungen: die 45° schrägen Abzweige sind hier nicht dargestellt) *(vereinfachte Darstellung)*

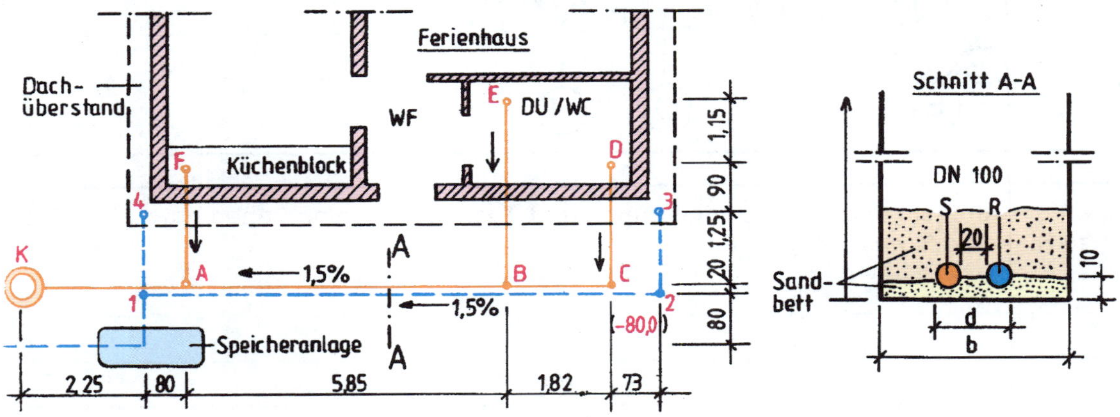

Vorgaben:
- Gefälle für alle Grundleitungen 1,5 %,
- Gemeinsamer Graben für Schmutz- und Regenwasser (Trennsystem),
- alle Leitungen in PVC DN 100,
- Abzweige unter 45°; Bögen unter 45°,
- Höhenlage von **Punkt 2**: 80 cm **unter EFH** (Erdgeschossfußbodenhöhe) = –0,80 m.

Folgende Aufgaben sollen hinsichtlich der Entwässerung von Ihnen bearbeitet werden:

a) Welche Höhenlage unter EFH (Erdgeschoßfußbodenhöhe) hat der Kontrollschacht K?

siehe hierzu auch: *Formelsammlung „Steigung und Gefälle, Maßstab"*

Berechnungen:

b) Welche Höhenlage haben die Punkte 3, D und E?

Berechnungen:

Auf der nächsten Seite geht es weiter.

c) Welche Breite muss der Hauptgraben (Schnitt A–A) haben?

siehe hierzu auch: *Formelsammlung „Erdarbeiten 2"*

Berechnungen:

d) Wie viel m³ Erdreich sind für den Hauptgraben von K nach Punkt 2 auszuschachten? Machen Sie eine Skizze! (Gelände verläuft waagerecht! = Trapezberechnung?)

Erdreich Hauptgraben *(Skizze)*

Berechnungen *(als Trapez)*:

e) Wie viel lfd. Meter Rohrleitung werden für die Herstellung der Grundleitungen bis zum Kontrollschacht bzw. bis zum Regenwasserspeicher insgesamt benötigt?
Vernachlässigen Sie dabei alle Rohrkrümmungen. Für die senkrechte Rohrführung in den Endpunkten rechnen Sie jeweils 1 m Rohrleitung hinzu.

Berechnungen:

f) Wie viel Abzweige und Bögen werden für Schmutz- und Regenwasserleitung (bis zum Kontrollschacht bzw. zur Speicheranlage) insgesamt gebraucht?
Beachten Sie:
- An den Abzweigen wird auch noch 1 Bogen (45°) benötigt.
- An den jeweiligen Endpunkten der Leitungen werden nochmals 2 Bögen benötigt, um senkrecht in die Höhe zu gelangen.

Berechnungen:

g) Welche Kosten entstehen für die Herstellung der Rohrleitungen (Schmutz- und Regenwasser)**, wenn für 1 m Grabenlänge einschl. Ausschachten, Einbringen des Sandbettes, Rohrmaterialien, Rohrverlegungen und Verfüllen 45,00 EUR veranschlagt werden?**
(„Abzweiggräbenlängen" insg. ≈ 12,00 m)

Berechnungen:

Klasse:	Name:	Datum:	36

So könnte ein Test bzw. eine Klassenarbeit zum Lernabschnitt „Bewässerung" aussehen.
Hilfsmittel: keine; Zeit: .... Minuten; <u>Ankreuzen und freie Beantwortung</u>

1. Welche Arbeitsschritte sind beim Herstellen und Verlegen von Grundleitungen durchzuführen? (Ordnen Sie diese durch die Zahlen 1–5.)		Einbetten der Leitung
		Verlegen der Rohre
		Aushub der Gräben
		Verfüllen der Rohrgräben
		Festlegen der Rohre

2. Welche Leitungsteile müssen vor dem Betonieren der Grundplatte verlegt sein?		Anschlusskanäle
		Anschlussleitungen
		Grundleitungen
		Kontrollschächte außerhalb des Hauses
		Fall-Leitungen

3. Erklären Sie die dargestellten Zeichen und Symbole.

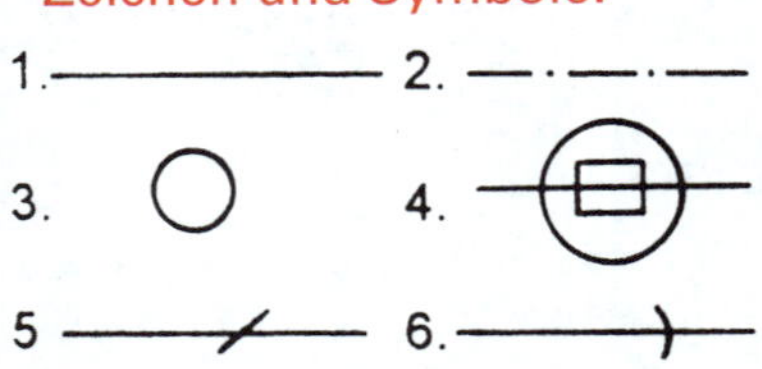

	Schmutzwasserleitung
	Mischwasserleitung
	Fall-Leitungen
	Reinigungsschacht mit geschlossenem Durchfluss
	Querschnittsänderung der Rohrleitung
	Werkstoffwechsel

4. Welche Aussagen über Grundleitungen und Dränagen sind <u>richtig</u>? (Richtige ankreuzen)		Übergang von Fall- in Grundleitungen durch Übergangsstücke.
		Rohrmuffen liegen stets gegen die Fließrichtung.
		Richtungsänderungen nur mit Bögen (15°–45°) ausführen.
		Reinigungsrohre sind bei Grundleitungen nach 20 m vorzusehen.
		Gefälle der Dränage etwa 1 %.
		Baugrubenverfüllung über der Dränage etwa 50 cm.

5. Erklären Sie den Unterschied zwischen Trenn- und Mischsystem.	

6. Wie groß ist das Höchstgefälle bei Grundleitungen?	3 %	5 %	2 %	10 %

7. Zwei Grundleitungen werden zusammengeführt. Was ist dabei zu beachten?	

8. Worüber muss der Entwässerungsplan Aufschluss geben?	1.	
	2.	
	3.	

9. Was bedeutet die Kurzbezeichnung DN 100?	

Tipp: Sie sollten noch einmal die Berechnungen im Rohrleitungsbau üben.

Klasse:	Name:	Datum:	37

1. Wie heißen die dargestellten Verlegearten?

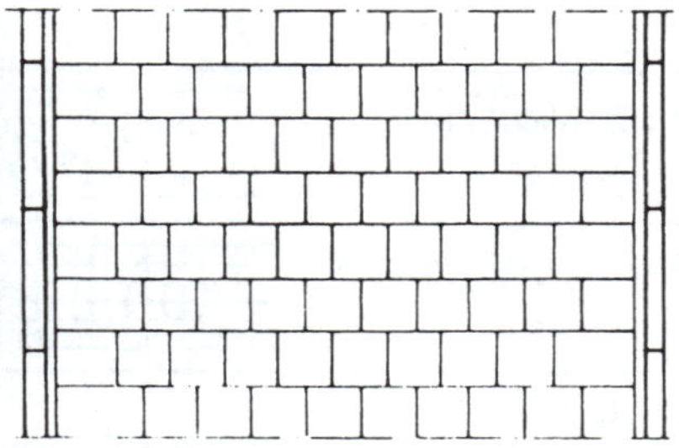

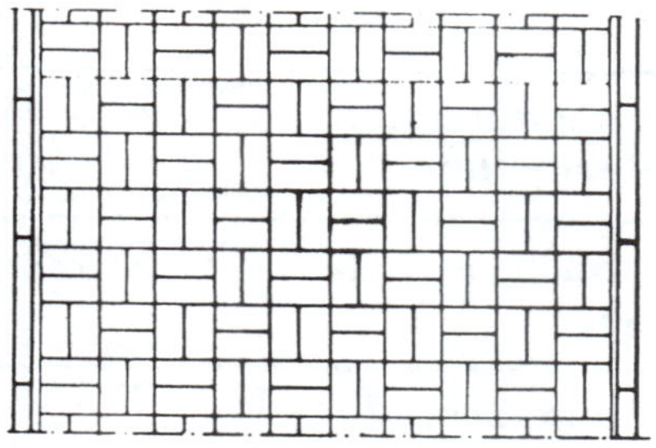

2. Skizzieren Sie in die dargestellten Flächen die geforderten Verlegemuster:

a) Gehwegplatten 30/30 (= 2/2 Karos) im Kreuzverband *(d. h. auf Fugenschnitt)*

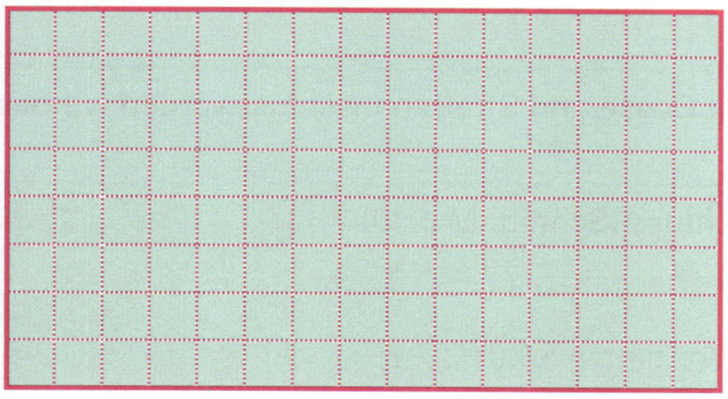

b) Gehwegplatten 30/30 (= 2/2 Karos) im Halbverband *(d. h. im Fugenverband)*

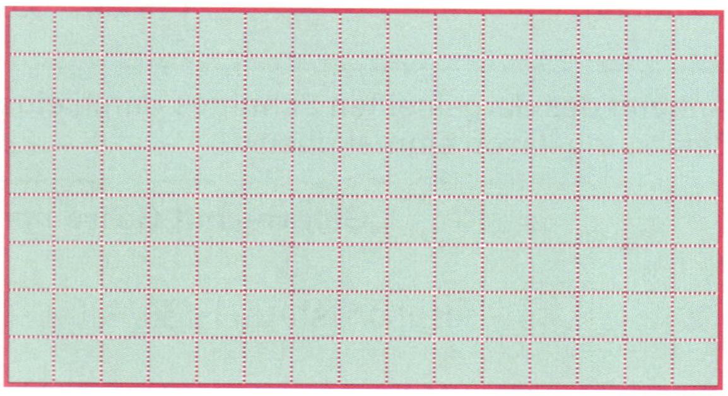

c) Rechtecksteine 10/20 (= 1/2 Karos) im Fischgrätverband *(nur ergänzen).*

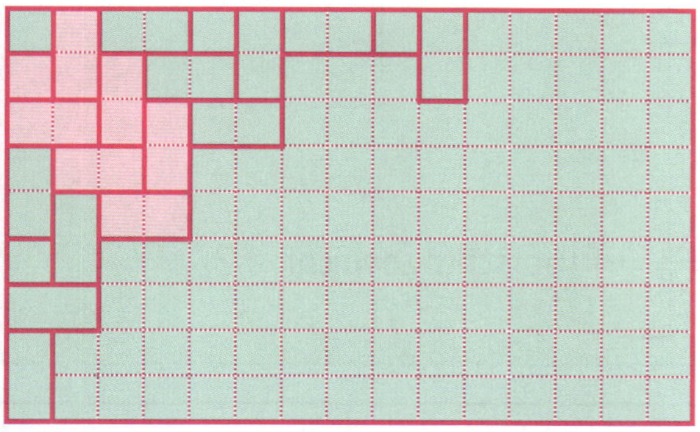

d) Betonsteine 20/20 (=2/2 Karos), 20/10 (2/1 Karos) und 10/10 (1/1 Karos) als gemischten Verband, jedoch sollte ein Muster erkennbar sein *(Anfang vorgegeben)*

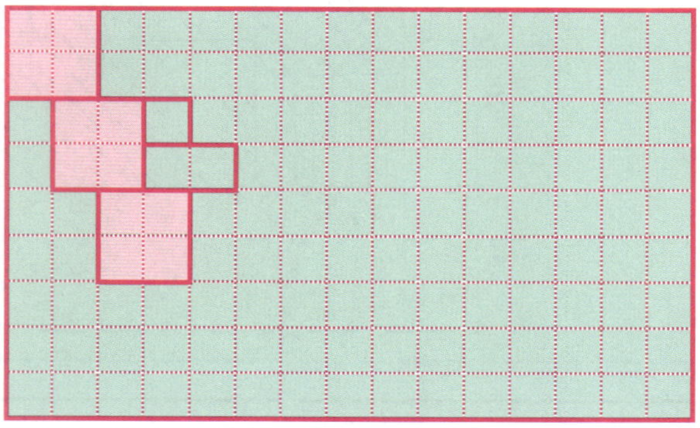

3. Aus welchen Materialien werden Pflasterbeläge i. d. R. ausgeführt?

4. Nennen Sie 4 Voraussetzungen, die für die Dauerhaftigkeit eines Pflasterbelages von Bedeutung sind!

Klasse:	Name:	Datum:	**38**

	Lernfeld 2: Erschließen und Gründen eines Bauwerkes	Einfassungen und Beläge: (Kap. 7, 8) **Zeichnungslesen: Gehwegsaufbau**	**I/A** TK

Zeichenhilfe (Erkennen von Baustoffen und Bauteilen in Bauzeichnungen):
Anhand von Sinnbildern und Schraffuren erkennen Bauleute die einzelnen Baustoffe und Bauteile.
Das sind die Erkennungszeichen:

Mauerwerk aus künstl. Steinen	Bewehrter Beton (Stahlbeton)	Putz, Mörtel
Unbewehrter Beton	Gewachsener Boden	Betonfertigteil
Holz im Schnitt (quer zur Faser)	Holz im Schnitt (längs zur Faser)	Abdichtung (Sperrschicht)
Für den Straßenbau und den Tiefbau gelten weiterhin:		
Bituminöse Deckschicht	Binderschicht	Bituminöse Tragschicht
Frostsicheres Material (Sandbett)	Frostsicheres Material (Kies + Sand)	Tragschicht aus Schotter

Anhand des dargestellten Schnittes durch einen Gehweg mit Gosse und Straßenanschluss wollen wir das Zeichnungslesen einmal üben.

Gehweg mit Gosse und Straßenanschluss (Schnitt: M 1:10)

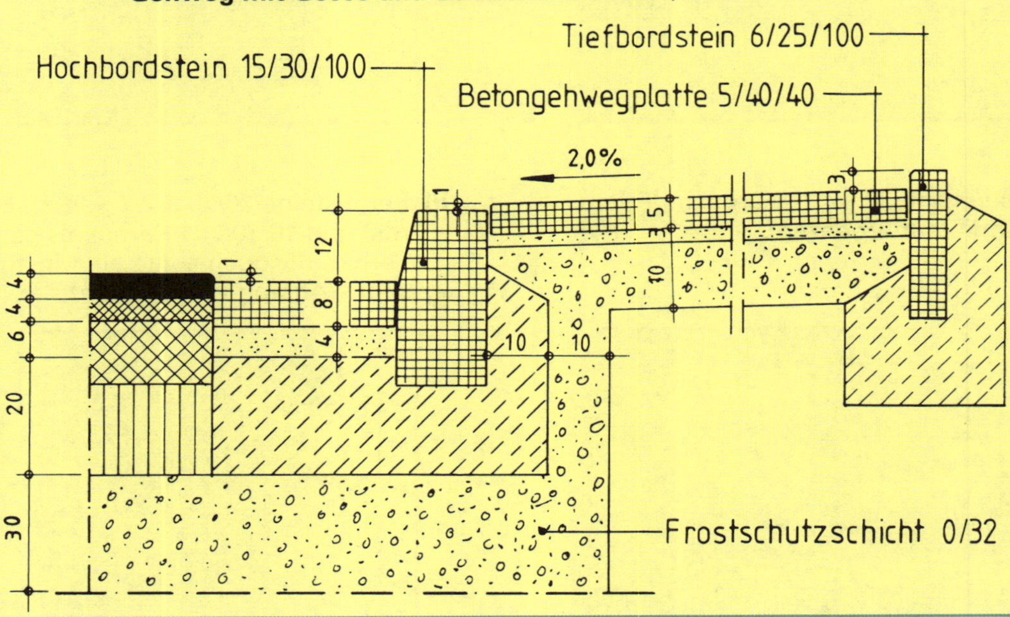

Aufgabe: Entnehmen Sie die verlangten Angaben aus der Zeichnung.

1. Gefälle des Gehweges	2. Pflasterbettdicke beim Gehweg	3. Breite des Tiefbordsteines
4. Dicke der Deckschicht	5. Dicke der Binderschicht	6. Material der Bordsteine
7. Material der Gehwegplatten	8. Höhe der Gossensteine	9. Material der Rückenstützen

Klasse:	Name:	Datum:	39

Randbefestigungen
Die Regelausführung bei Gehwegen ist die Ausführung mit Hoch- und Tiefbordsteinen.
Dazu sollten Sie wissen:

Tiefbordstein (T)

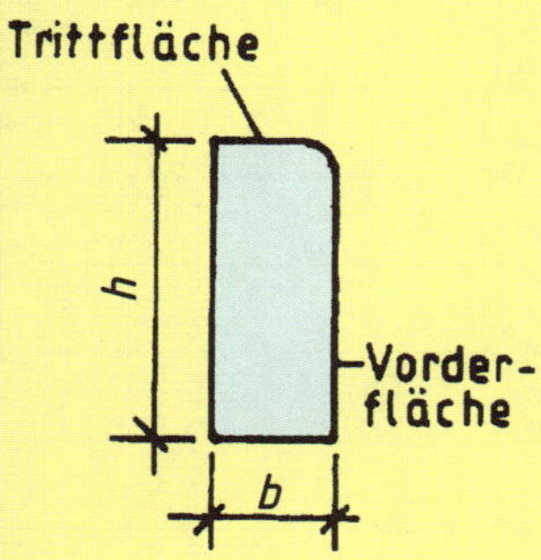

Angaben der Abmessungen:
- Gesamtbreite *b* in cm
- Gesamthöhe *h* in cm
- Länge *l* in cm

Hochbordstein (H)

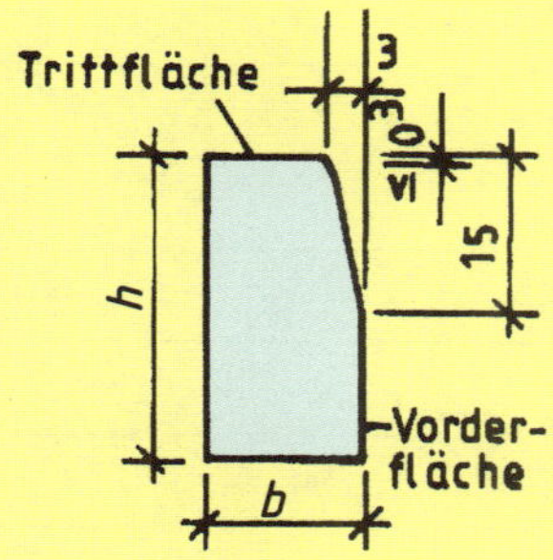

Angaben der Abmessungen:
- Trittflächenbreite in cm
- Gesamtbreite *b* in cm
- Gesamthöhe *h* in cm
- Länge *l* in cm

Beispiel: Abmessungen Hochbordstein H 12

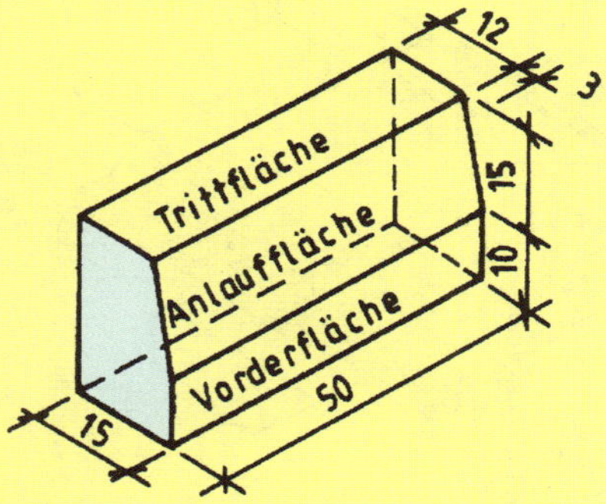

Beispiel: **Hochbordstein H 12 / 15 / 25 / 50**
Erläuterung zu den Angaben:
- **H** = Hochbordstein,
- **12** = Trittflächenbreite in cm,
- **15** = Gesamtbreite *b* in cm,
- **25** = Gesamthöhe *h* in cm,
- **50** = Länge *l* in cm

1. Erklären Sie den Begriff **T 10/20/50.**

2. Wie viel beträgt die Masse (= Gewicht) eines
a) Hochbordsteines H 12/15/25/100 cm bei einer Rohdichte von 2,3 kg/dm³,
b) Tiefbordsteines T 10/20/50 cm bei ebenfalls einer Rohdichte von 2,3 kg/dm³?
(vereinfacht nur als Rechteck)

Tipp: Rechnen Sie am besten in dm.

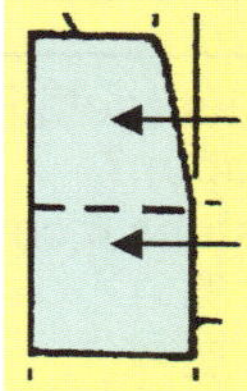

Hilfe:
A_2 = Trapez
A_1 = Rechteck

Berechnungen:

3. Wie viel Betongehwegplatten 30/30 cm und 30/15 cm sind erforderlich für eine 3,60 m lange und 1,80 m breite Gehwegfläche, wenn diese im Halbverband verlegt wird?
(jede 2. Reihe beginnt und endet mit einer halben Platte)

Berechnung:

Klasse:	Name:	Datum:	**40**

So könnte ein Test bzw. eine Klassenarbeit zum Lernabschnitt „Einfassungen und Beläge" aussehen!
Hilfsmittel: keine; Zeit: .... Minuten; Ankreuzen und freie Beantwortung

1. Benennen Sie die Teile des dargestellten Gehweges!

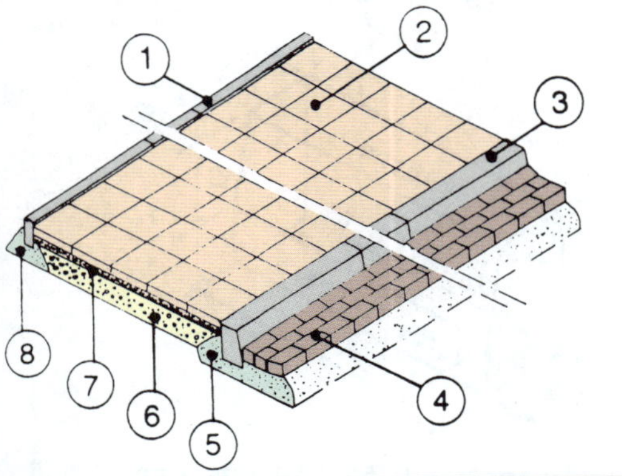

① ______________________
② ______________________
③ ______________________
④ ______________________
⑤ ______________________
⑥ ______________________
⑦ ______________________
⑧ ______________________

2. Ordnen Sie die Arbeitsschritte für die Herstellung eines Gehwegbelages nach der Reihenfolge des Vorgehens. *(Nummerieren Sie die Arbeitsschritte.)*

- ☐ Pflastern der Gosse.
- ☐ Pflaster verdichten und verfugen.
- ☐ Planungs- und Vermessungsarbeiten durchführen.
- ☐ Verlegen des Pflasterbelages.
- ☐ Tragschicht (Grobplanum) und Pflasterbett (Feinplanum) aufbringen.
- ☐ Erdplanum für Gehweg, Bordrillen und Gosse erstellen und verdichten.
- ☐ Versetzen der Bordsteine.

3. Welches Quergefälle sollen gepflasterte Flächen haben?

- ☐ mindestens 4 cm
- ☐ 1 % – 2 %
- ☐ 2 % – 3 %
- ☐ 1 cm je laufenden Pflastermeter

4. Welche 3 Teile eines Gehweges sind sorgfältig zu verdichten?

____
____
____

5. Wovon ist der Höhenunterschied zwischen Hochbord- und Tiefbordstein abhängig? (Mehrfachankreuzungen möglich.)

- ☐ Höhe des Gehwegpflasters.
- ☐ Längsgefälle der Bordrinne.
- ☐ Vom Ausklinkmaß.
- ☐ Anschlag am Tiefbordstein.
- ☐ Dicke der Tragschicht.
- ☐ Quergefälle des Gehwegs.
- ☐ Der Verdichtung des Erdplanums.
- ☐ Überstand des Gehwegbelages am Hochbordstein.

6. Erklären Sie die Bedeutung der nachstehenden Signaturen!

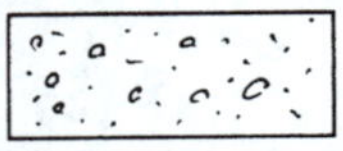		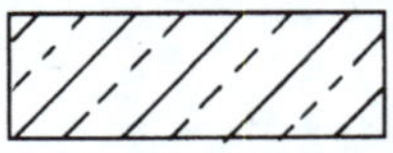	
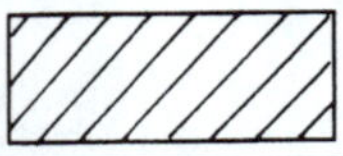		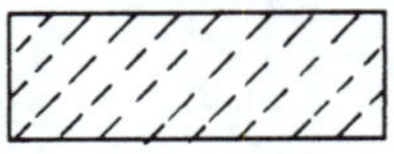	

Möglicherweise empfiehlt es sich, noch einmal die Berechnungen für Material- und Pflasterbedarf zu üben.

Klasse:	Name:	Datum:	41

	Lernfeld 3: Mauern eines einschaligen Baukörpers	Mauersteine **Ermittlung von Rohdichte und Druckfestigkeit bei Mauersteinen** Versuch	V Te

Drei völlig getrocknete Prüfkörper verschiedener Mauersteine, aber gleichen Steinformats werden geprüft.

1. Ermittlung der Rohdichte:

Zur Erinnerung

Und so macht man das:

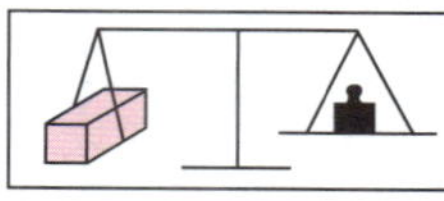

wiegen.
= wie viel kg?

ergibt die Masse

$\frac{m}{V} = \frac{?\ kg}{?\ dm^3}$

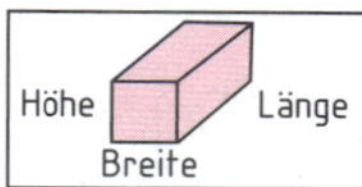

Maße aus Formattabelle (in dm) und dann:
$l \times b = h$
= wie viel dm^3?

ergibt das Volumen

Prüfkörper	Steinabmessungen in dm			Volumen in dm^3	Masse (Gewicht)	Rohdichte: $\frac{\text{Masse in kg}}{\text{Volumen in dm}^3}$
	l	*b*	*h*	*l* x *b* x *h*	in kg	
Mz				=		=
KS				=		=
Klinker				=		=

2. Ermittlung der Druckfestigkeit:

Zur Erinnerung

Und so macht man das:

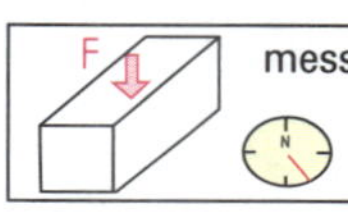

messen: Bruchlast F in N (Newton)
Manometer (Prüfpresse)
= wie viel Newton?

ergibt die Bruchlast

$\frac{F}{A} = \frac{?\ N}{?\ mm^2}$

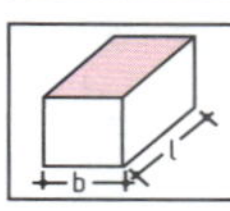

Druckfläche A
messen (in mm)
l x *b*
= wie viel mm^2?

ergibt die Druckfläche

Prüfkörper	Druckfläche in mm^2			Bruchlast in *N*	Druckfestigkeit: $\frac{\text{Bruchlast in } N}{\text{Druckfläche in mm}^2}$
	l	*b*	*l* x *b*		
Mz				=	=
KS				=	=
Klinker				=	=

3. Merksatz:

Ergänzen Sie den Merksatz:

Je höher die Rohdichte, desto ____________ ist die Druckfestigkeit!

(kleiner, größer)

Klasse:	Name:	Datum:	42

Längeneinheiten

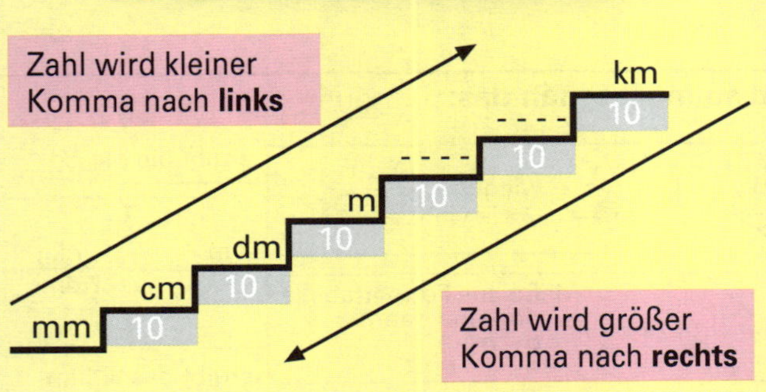

Merke: Bei **Längen**umrechnungen „wandert" das Komma bei **jeder Stufe um 1 Stelle.**

Beispiel 1: **271,5 cm = ? m**

Überlegung:
von cm zu m = 2 Stufen
= 2 x 1 = 2 (Komma)-Stellen nach links
271,5 cm = **2,715 m**

Beispiel 2: **3,855 km = ? m**

von km zu m = 3 Stufen
= 3 x 1 = 3 (Komma)-Stellen nach rechts
3,855 km = **3855,0 m**

Flächeneinheiten

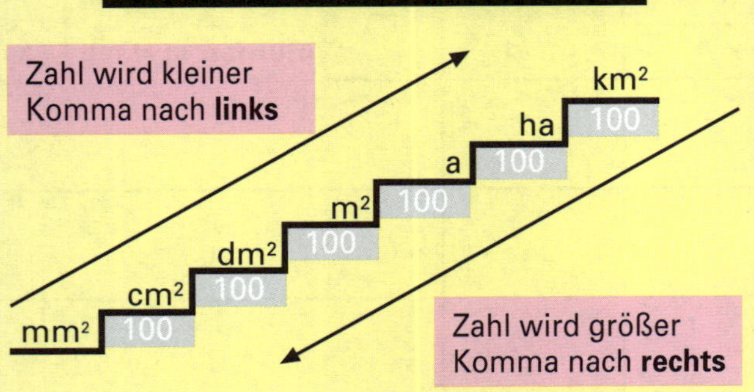

Merke: Bei **Flächen**umrechnungen „wandert" das Komma bei **jeder Stufe um 2 Stellen.**

Beispiel 1: **271,5 cm^2 = ? m^2**

Überlegung:
von cm^2 zu m^2 = 2 Stufen
= 2 x 2 = 4 (Komma)-Stellen nach links
271,5 cm^2 = **0,02715 m^2**

Beispiel 2: **3,855 km^2 = ? m^2**

von km^2 zu m^2 = 3 Stufen
= 3 x 2 = 6 (Komma)-Stellen nach rechts
3,855 km^2 = **3855000,0 m^2**

Volumeneinheiten

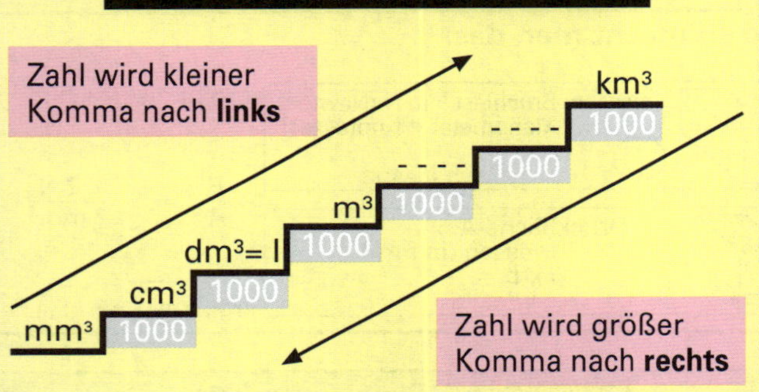

Merke: Bei **Volumen**umrechnungen „wandert" das Komma bei **jeder Stufe um 3 Stellen.**

Beispiel 1: **271,5 cm^3 = ? m^3**

Überlegung:
von cm^3 zu m^3 = 2 Stufen
= 2 x 3 = 6 (Komma)-Stellen nach links
271,5 cm^3 = **0,0002715 m^3**

Beispiel 2: **3,855 km^3 = ? m^3**

von km^3 zu m^3 = 3 Stufen
= 3 x 3 = 9 (Komma)-Stellen nach rechts
3,855 km^3 = **3855000000,0 m^3**

Rechenhilfe:
*Hat ein Zahlenwert **kein Komma**, setzt man es hinter die letzte Zahl und fügt „Nullen" an!* *z. B.: 312 = **312,0000***
*Reichen die Zahlenstellen nach „vorne" **nicht aus**, setzt man einfach „Nullen" davor!* *z. B.: 7,35 = **0007,35***

Aufgabe: Wandeln Sie die folgenden Einheiten um:

Längen		Flächen		Volumen	
in km	in dm	in m^2	in cm^2	in dm^3	in mm^3
256 m	15,3 km	12,6 a	120 dm^2	1,5 m^3	12 Liter
25600 mm	260 mm	2,56 cm^2	0,44 a	0,45 cm^3	3,5 cm^3
326 dm	0,067 m	0,066 ha	1230 mm^2	12,56 mm^3	0,05 m^3
1,23 m	25,5 cm	355 mm^2	56 m^2	0,35 Liter	21,6 dm^2

Klasse:	Name:	Datum:	43

1. Wir unterscheiden gebrannte und ungebrannte Mauersteine. Zu welcher Gruppe gehören sie?

- [ ] Künstliche Naturgesteine
- [ ] Natursteine
- [ ] Natürliche Mauersteine
- [ ] Künstliche Mauersteine

2. Welches Kennzeichen trifft für die Verarbeitung der natürlichen Rohstoffe zu?

- [ ] Es entstehen neue Stoffe mit gleichen Eigenschaften
- [ ] Es entstehen neue Stoffe mit neuen Eigenschaften
- [ ] Es entstehen andere Stoffe ohne Eigenschaften
- [ ] Es entstehen die alten Stoffe mit neuen Eigenschaften

3. Was sind „Einhandsteine"?

4. Ab welchem Gewicht dürfen Mauersteine nicht mehr mit der Hand versetzt werden?

5. Tragen Sie in die Tabelle die Formatbezeichnungen und die Abmessungen der Vorzugsformate ein. *Möglichst aus dem Kopf*

Formatbezeichnung	Maße in cm Länge	Breite	Höhe

6. Auf einem Lieferschein steht als Materialangabe: DIN 105 - HLz - 20 - 1,4 - 3 DF Erklären Sie die Kürzel.

DIN 105	
HLz	
20	
1,4	
3 DF	

7. Was bedeutet die Bezeichnung „NF"?

8. Welche der folgenden Aussagen ist richtig? Kreuzen Sie die richtige an!

- [ ] Die Mauersteine haben Poren und Hohlräume. Diese werden bei der Berechnung der Rohdichte abgezogen.
- [ ] Die Mauersteine haben Poren und Hohlräume. Diese werden bei der Berechnung des Volumens mitgerechnet. Diese Dichte wird als Rohdichte bezeichnet.
- [ ] Die Mauersteine haben keine Poren und Hohlräume. Das bezeichnet man als Rohdichte.

9. Bestimmen Sie die Rohdichte eines Steines, wenn gegeben sind:

Masse = **4,0 kg** Volumen = **3,2 dm³**

10. Was versteht man unter der Druckfestigkeit eines Steines?

11. Zwei Mauerziegel sollen verglichen werden.

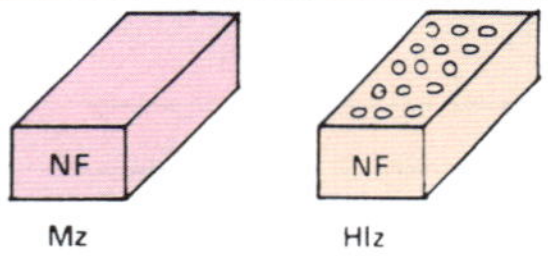

Welche Aussagen über Rohdichte und Druckfestigkeit sind richtig? (Mehrfachankreuzungen)

- [ ] Die Rohdichte des Mz ist größer.
- [ ] Die Masse beider Steine ist gleich.
- [ ] Das Volumen beider Steine ist gleich.
- [ ] Die Rohdichte des Mz ist bedingt durch die höhere Masse größer.
- [ ] Die Druckfestigkeit des Mz ist kleiner.
- [ ] Die Druckfestigkeit beider Steine ist gleich.
- [ ] Die Druckfestigkeit des Mz ist größer.
- [ ] Die Druckfestigkeit des Mz ist bedingt durch die Rohdichte größer.

Klasse:	Name:	Datum:	44

1. Wodurch unterscheiden sich die Kalksandsteine und die Mauerziegel in der <u>Herstellung</u>?

2. Worin liegt der Unterschied zwischen Mauerziegeln und Klinkern?

3. Aus welchen Ausgangsstoffen werden Mauerziegel hergestellt?

- Aus Sand und Wasser
- Aus Ton und Lehm
- Aus Ton und Zement
- Aus Lehm, Bindemitteln und Sand
- Aus fein gemahlenen Sandsteinplatten

4. Welche Eigenschaft kann man aus der Farbmarkierung der künstlichen Mauersteine erkennen? (Vgl. Projekt Ferienhaus)

- Rohdichte
- Steinabmessungen
- Herstellung
- Schalldämmung
- Druckfestigkeit

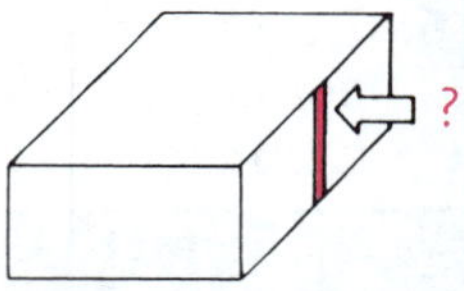

5. Was verstehen Sie unter dem Begriff „Sintern"?

- Brennen bei 100 °C
- Die Poren im Stein verschmelzen
- Die Poren im Stein füllen sich mit Wasser
- Farbe auf die Ziegel auftragen
- Brennen bei 500 °C

6. Welcher Stein ist kein künstlicher Mauerstein?

- Hüttenstein
- Porenbetonstein
- Leichtziegel
- Kalksandstein
- Naturstein

Zur Wiederholung und Verfestigung.

7. Tragen Sie in die Skizzen der Vorzugsformate
   a) die Steinformate und
   b) die Abmessungen der Steine ein!

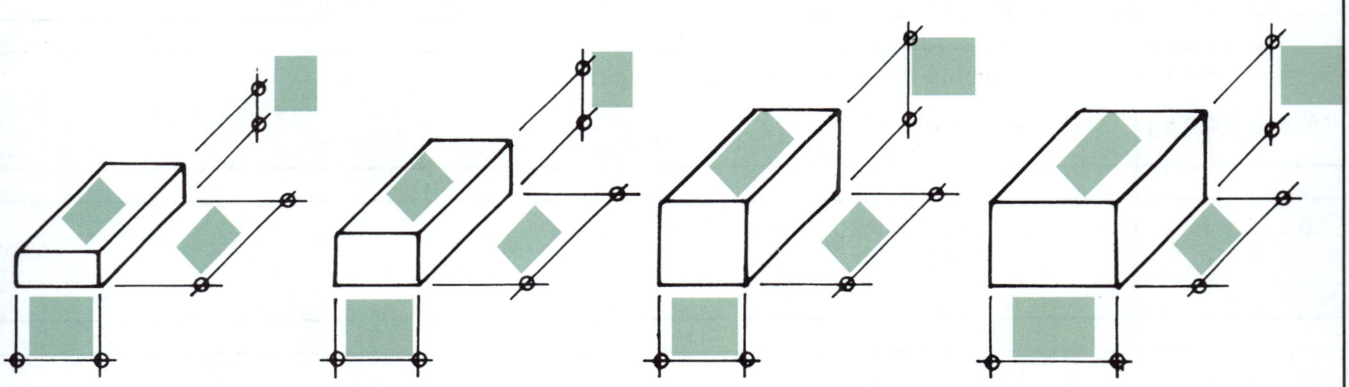

8. Ein DF-Stein hat eine Höhe von 5,2 cm. 2 Steine demnach 10^4 cm. Ein 2 DF-Stein aber hat eine Höhe von 11,3 cm. Folglich ist doch die Bezeichnung 2 DF-Stein falsch.
Können Sie trotzdem die Richtigkeit der Aussage begründen?

Klasse:	Name:	Datum:	45

1. Mauersteine werden in Klein-, Mittel- und Großformate eingeteilt. Wann bezeichnen wir Mauersteine: **a)** als Kleinformat, **b)** Mittelformat und **c)** Großformat? *Tipp: Steinhöhe*

a) ______________________________

b) ______________________________

c) ______________________________

2. Auf dem Nachbargrundstück unseres Ferienhauses, will die Familie Huber ebenfalls ein Ferienhaus errichten.

Das sind die entsprechenden Ansichten ihres Hauses:

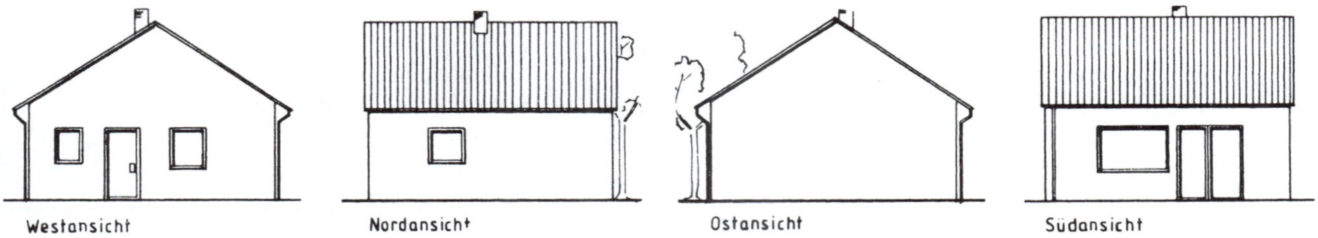

Das ist der dazugehörige Grundriss mit den einzelnen Wanddicken:

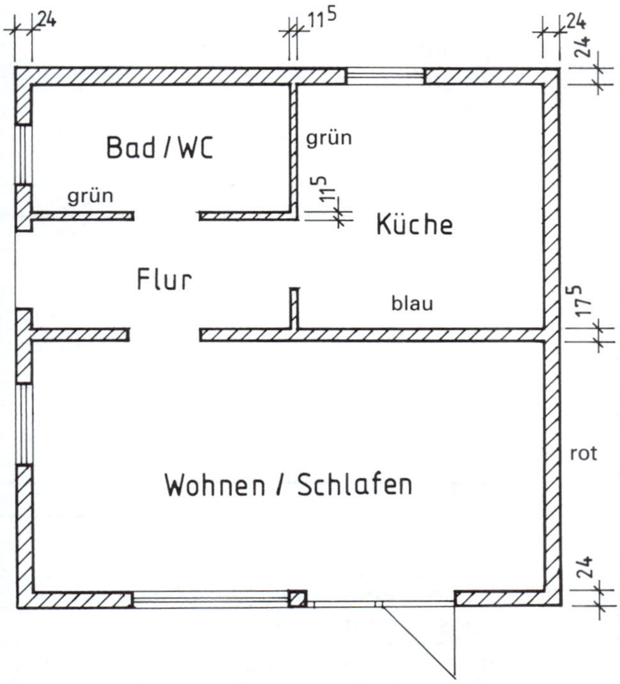

Aufgaben:

Überlegungen hierzu: unten und evtl. Extrablatt.

a) Welche Wandarten sind hier vorhanden?
Legen Sie diese farbig an.
Tragende Wände: rot
Aussteifende Wände: blau
Nicht tragende Wände: grün

b) Welche Steinarten und Steinformate (nur Klein- und Mittelformate!) würden Sie für die Wandausführungen wählen?

Hierzu müssen Sie im Fachbuch nachschlagen

Vorgaben:
(Auszug aus der Baubeschreibung) Mauerwerk außen: 24 cm, innenseitig 2 cm Kalkzementmörtel, außenseitig 10 cm Wärmedämmverbundsystem
Innenwände: 17,5 cm und 11,5 cm beidseitig mit 1,5 cm Kalkzementmörtel.

c) Wählen Sie **eine** Steinart für **alle** Wände aus und begründen Sie Ihre Entscheidung.

Zu b):

Zu c):

Klasse:	Name:	Datum:	**46**

So könnte ein Test bzw. eine Klassenarbeit zum Lernabschnitt „Mauerstein" aussehen.
Hilfsmittel: keine; Zeit: .... Minuten;
Ankreuzen (es können auch mehrere Antworten richtig sein) und freie Beantwortung

1. Der 2 DF-Stein gehört zu den

- großformatigen Steinen.
- mittelformatigen Steinen.
- kleinformatigen Steinen.
- gemischt formatigen Steinen.
- sowohl zu den Mittel- als auch Kleinformaten.

2. Was bedeutet die Bezeichnung KS Vm?

- Klinker-Vormauerstein
- Kalksandstein-Vormauerstein
- Kalksandstein-Vollmauerstein
- Kalksandstein-Verblendmauerstein
- Kalksandstein-Vordermauerstein

3. Welche Steinart würden Sie für ein Gebäude an einer Autobahn vorschlagen?

- Steine mit höherer Rohdichte.
- Steine mit höherer Druckfestigkeit.
- Steine mit niedriger Rohdichte.
- Steine mit geringer Druckfestigkeit.
- Die Steinart ist beliebig.

4. Welcher künstliche Mauerstein hat wohl die größte Rohdichte?

- Kalksandstein – Vollstein
- Porenbeton – Blockstein
- Hütten – Lochstein
- Vollklinker
- Vormauerziegel

5. Um was für einen Mauerstein handelt es sich bei dem dargestellten Bild? (Maße in mm)

- DF
- NF
- 2 DF
- 3 DF
- 4 DF

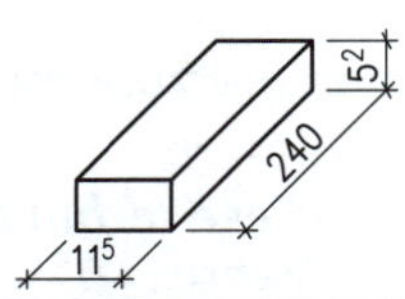

6. Wie breit ist ein 3 DF-Stein?

- 11,50 cm
- 18,75 cm
- 17,50 cm
- 24,00 cm
- 17,25 cm

7. In welcher Einheit wird die Druckfestigkeit eines Steines angegeben?

- In MN je dm^2
- In N je mm^2
- In kg je dm^3
- In MN je dm^2
- In N
- In t je m^3

8. Nennen Sie die Vorzugsformate mit ihren Abmessungen (in cm).

____
____
____
____

9. Welche nachfolgenden Aussagen sind richtig?

- Rohdichte und Druckfestigkeit bestimmen die Verwendung der Mauersteine am Bau.
- Je größer die Rohdichte, desto kleiner ist die Druckfestigkeit der Mauersteine.
- Je höher die Rohdichte, desto größer ist die Schalldämmfähigkeit der Mauersteine.
- Je größer die Druckfestigkeit, desto größer ist die Wärmedämmfähigkeit eines Steines.

10. Welche nachfolgenden Aussagen sind richtig?

- Rohdichte eines Steines = Masse eines Steines : Volumen eines Steines.
- Rohdichte eines Steines = Volumen eines Steines : Masse eines Steines.
- Druckfestigkeit eines Steines = Bruchlast : belastete Steinfläche.
- Druckfestigkeit eines Steines = Bruchlast : Volumen eines Steines.

11. Erklären Sie die folgende Abkürzung: KSL 12 – 1,2 – NF

KSL	
12	
1,2	
NF	

12. Was bedeuten die nachstehenden Abkürzungen?

Mz	
KMz	
KS	
KS Vb	

Klasse:	Name:	Datum:	47

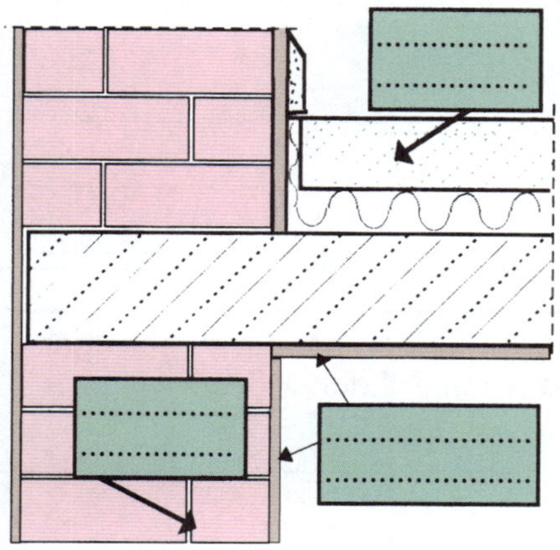

1. Tragen Sie in die linke Skizze (grüne Felder) die Mörtelarten richtig ein!

2. Ergänzen Sie den Text: *da wo* ______ *sind*

__________mörtel verbindet die Mauersteine fest

__________________ .

________mörtel soll Wand- und Deckenflächen ____________________

und ____________________ .

Fußböden werden mit ____________________ hergestellt.

3. Wodurch unterscheiden sich Luftkalke und hydraulische Kalke?

____

____

____

____

4. Nennen Sie die Rohstoffe für Luftkalke und hydraulische Kalke!

____

5. Was ist bezüglich der Erhärtung über Luftkalke und hydraulische Kalke wichtig zu wissen?

____

6. Sicherheitshinweis! Was soll beim Umgang mit Kalk (gelöscht oder ungelöscht) beachtet werden?

____

7. Welche Anforderung ist an das Zugabewasser zu stellen?

____

8. Warum sind Meer- und Moorwasser als Zugabewasser wohl ungeeignet?

____

9. Welche Sandarten werden zur Mörtelherstellung verwendet?

____

10. Mit welchem Bindemittel darf hydraulischer Kalk nicht gemischt werden?

____

Klasse:	Name:	Datum:	**48**

1. Welche Aufgaben übernehmen die einzelnen Mörtelbestandteile beim Mauermörtel?

2. Welche Eigenschaften soll Mauermörtel haben?

3. Erläutern Sie den Begriff „Werk-Trockenmörtel".

4. Welche Auswirkungen hat ein zu geringer Bindemittelanteil auf den Mörtel?

5. Was versteht man bei der Mörtelherstellung unter dem Begriff „Mischungsverhältnis"?

- [ ] Das Verhältnis von Sand und Kies.
- [ ] Das Verhältnis von Bindemittel und Gesteinskörnung.
- [ ] Den Wasseranteil im Mörtel.
- [ ] Das Verhältnis von Wasser und Bindemittel.
- [ ] Das Verhältnis Wasser/Bindemittel/Gesteinskörnung.

6. Welche der aufgeführten Kombinationen Mauerstein und Mörtelgruppe ergibt die höchste Mauerfestigkeit?

- [ ] KMz 28 – MG III
- [ ] Mz 20 – MG IIa
- [ ] KSL 12 – MG II
- [ ] HSV 6 – MG I

Sie sehen hier die Grundrisse (ohne Maßstab) „unseres" Ferienhauses und vom Nachbarn Familie Huber.

Aufgaben:

1. Legen Sie die Wandarten farbig an. *(siehe Wandarten unten)*
2. Ordnen Sie die Mauermörtelgruppen den Wandarten zu und ergänzen Sie die Vorgaben.

(Da wo _____ sind).

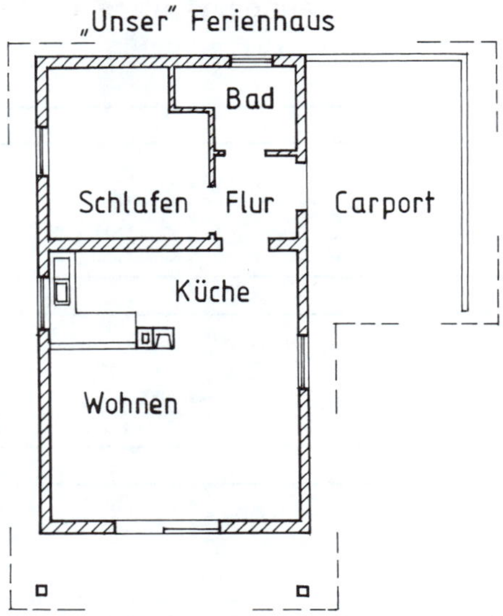

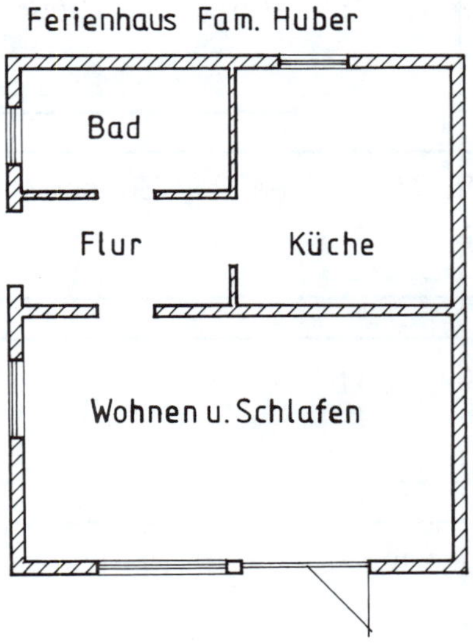

ROT 1. Für die _______________ Außenwände: Mörtelgruppe _______________

BLAU 2. Für die _______________ Innenwand: Mörtelgruppe _______________

GELB 3. Für die nicht tragenden 11,5 er Innenwände: Mörtelgruppe _______________

Klasse: Name: Datum:

49

Rechenhilfe zu: **Mörtelausbeute, Einmischfaktor, Gesamtvolumen und Mischungsverhältnis**

Um Mörtel herzustellen wird der Sand (*= Sandvolumen)* und der Kalk/Zement → Bindemittel *(= Bindemittelvolumen)* trocken gemischt: Das ist dann das ***Gesamtvolumen aller losen Bestandteile*** und entspricht *100 %*.
Durch Zugabe von Wasser und das Vermischen erhalten wir den „frischen" Mörtel *(= **Frischmörtelvolumen**).* Die geringere Frischmörtelmenge wird als ***Ausbeute*** bezeichnet und entspricht *X %*.

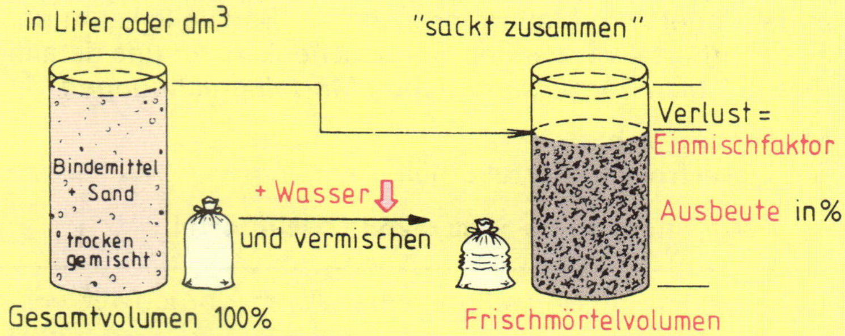

Der „Verlust" ist unterschiedlich groß und wird ***Einmischfaktor*** genannt. Er wird durch eine Zahl angegeben.

Formeln: *Damit können Sie alle Mörtelberechnungen durchführen:*

$$\textbf{Mörtelausbeute (in \%)} = \frac{\textbf{Frischmörtelvolumen in dm}^3 \times 100\,\%}{\textbf{Gesamtvolumen aller losen Bestandteile in dm}^3}$$

Beispiel: Aus 20 dm³ Kalk, 10 dm³ Zement und 80 dm³ Sand (Mischungsverhältnis 2 : 1 : 8) wird eine Mörtelmischung hergestellt. Das ergibt ein Frischmörtelvolumen von 75 dm³. Wie groß ist die Mörtelausbeute?

Lösung: $\text{Mörtelausbeute} = \frac{75\ \text{dm}^3 \times 100\,\%}{20\ \text{dm}^3 + 10\ \text{dm}^3 + 80\ \text{dm}^3} = 68{,}2\,\%$

Die Mörtelausbeute beträgt allgemein etwa 65 bis 75 %

Einmischfaktor = 100 % : Ausbeute (wenn Mörtelausbeute bekannt)

Beispiel: Mörtelausbeute 68,2 %, Einmischfaktor = 100 : 68,2 = 1,47

$$\textbf{Gesamtvolumen} = \frac{\textbf{Frischmörtelvolumen in dm}^3 \times 100\,\%}{\textbf{Mörtelausbeute in \%}}$$

Beispiel: Wie viel dm³ Kalk, Zement und Sand sind erforderlich, um 75 dm³ Frischmörtelvolumen im Mischungsverhältnis 2 : 1 : 8 herzustellen, wenn die Mörtelausbeute 68,2 % beträgt?

Lösung: $\text{Gesamtvolumen} = \frac{75\ \text{dm}^3 \times 100\,\%}{68{,}2\,\%} = 110\ \text{dm}^3$

Mischungsverhältnis dazu: 110 dm³ sind aufzuteilen (2 : 1 : 8) auf:

2 Teile Kalk
\+ 1 Teil Zement
\+ 8 Teile Sand
= 11 Teile

11 Raumteile 1 Raumteil = 110 dm³ : 11

Kalk = 2 x 110 dm³ : 11 = 20 dm³
Zement = 1 x 110 dm³ : 11 = 10 dm³
Sand = 8 x 110 dm³ : 11 = 80 dm³

Jetzt sollen Sie den Umgang mit den Formeln an zwei Aufgaben üben. ***evtl. Extrablatt***
Weitere Aufgaben hat Ihr Lehrer.

1. **Aufgabe:** Aus 600 Liter (= dm³) loser Masse wurden 460 Liter Frischmörtel hergestellt.
   a) Wie groß ist die Ausbeute in %?
   b) Wie hoch ist der Einmischfaktor?

2. **Aufgabe:** Eine Trockenmischung von 1.000 dm³ soll Kalk, Zement und Sand im Verhältnis 1 : 1 : 6 enthalten. Wie groß waren die Anteile?

Klasse: | Name: | Datum: | **50**

Mauermörtel

In der Regel wird Mauermörtel auf der Baustelle kaum noch selbst hergestellt. Meist wird nur noch Werk-Trockenmörtel verwendet. Somit schenken wir uns detaillierte Mörtelberechnungen.
(Siehe hierzu Formelsammlung „Mörtelberechnungen".)

Merken Sie sich:
Bei **Werk-Trockenmörtel** erhält man:

aus einem 40-kg-Sack = 25 l Frischmörtel	aus einem 25-kg-Sack = 15 l Frischmörtel

Aufgabe: Für die Herstellung einer Wand werden 400 l Frischmörtel benötigt.

Wie viel Sack Trockenmörtel müssen bestellt werden, bei
a) 40-kg-Säcken, **b) bei 25-kg-Säcken?**

Berechnungen zu a):

Berechnungen zu b):

Überschlägige Berechnungen zum Mörtelbedarf in den nachfolgenden Beispielen

Aufgabe:
Berechnen Sie für die beiden dargestellten Giebelflächen den geschätzten Mörtelbedarf in Liter, wenn für einen 1 m² etwa 44 Liter benötigt werden.
(Genauere Berechnungen lernen Sie im Lernabschnitt „Mauerwerk" kennen.)

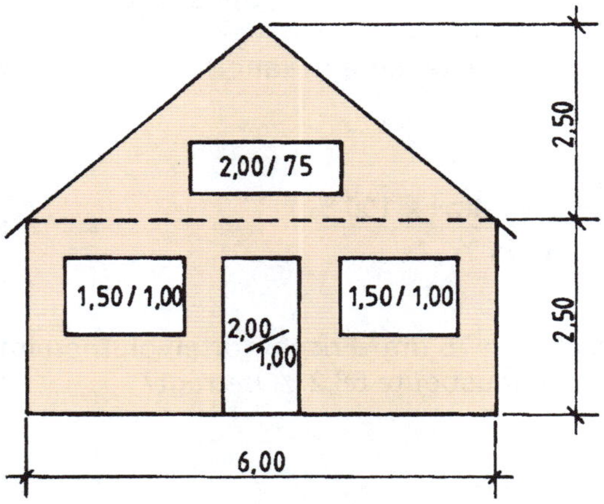

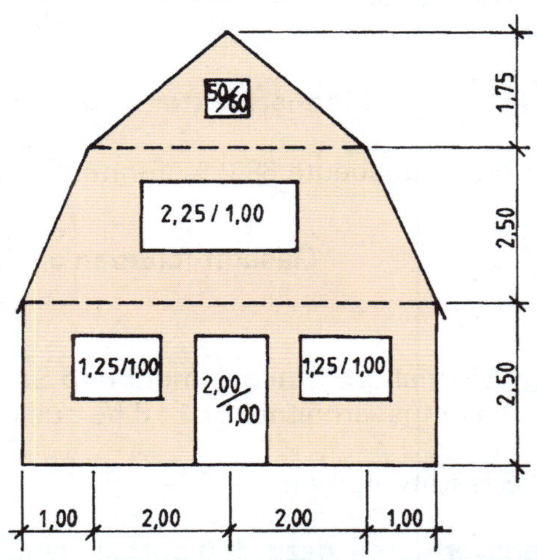

Berechnungen:

Berechnungen:

Klasse: | Name: | Datum:

So könnte ein Test bzw. eine Klassenarbeit zum Lernabschnitt „Mauermörtel" aussehen.
Hilfsmittel: keine Zeit: .... Minuten Mehrfachankreuzungen möglich.

Ankreuzen und freie Beantwortung

1. Welchen größten Korndurchmesser darf der Zuschlag für Normalmörtel besitzen?

- [ ] 8 mm
- [ ] 2 mm
- [ ] 1 mm
- [ ] 4 mm

2. Welche Eigenschaften soll Mauermörtel aufweisen?

- [ ] Geschmeidig sein.
- [ ] Sich gut verarbeiten lassen.
- [ ] Elastisch sein.
- [ ] Ausreichend fest sein.

3. Wann wird Mörtel als zu mager bezeichnet?

- [ ] Wenn der Bindemittelanteil zu gering ist.
- [ ] Wenn der Sandanteil zu gering ist.
- [ ] Wenn Bindemittel- und Sandanteil zu gering sind.
- [ ] Wenn der Bindemittelanteil und der Wasserbedarf zu gering sind.
- [ ] Wenn der Mörtel Schwindrisse aufweist.

4. Welche Druckfestigkeit soll Mauermörtel der Mörtelgruppe II nach 28 Tagen mindestens haben?

- [ ] $\geq$ 5 N/mm^2
- [ ] $\geq$ 2,5 N/mm^2
- [ ] $\geq$ 10 N/mm^2
- [ ] $\geq$ 2 N/mm^2
- [ ] keine erforderlich

5. Erläutern Sie den Begriff „Baustellenmörtel".

____

____

____

____

6. Erläutern Sie den Begriff „Werk-Trockenmörtel".

____

____

____

____

7. Zu welcher Mörtelgruppe gehört folgende Mörtelzusammensetzung?
2 Teile Kalkhydrat, **1** Teil Zement, **3** Teile Sand

- [ ] MG III
- [ ] MG I
- [ ] MG IIa
- [ ] MG II
- [ ] MG IIIa

8. Welches Wasser eignet sich NICHT als Zugabewasser für Mörtel? *(Mehrfachankreuzungen möglich)*

- [ ] Normales Regenwasser
- [ ] Salzwasser
- [ ] Leitungswasser
- [ ] Moorwasser
- [ ] Brunnenwasser
- [ ] Schwimmbadwasser

9. Welche Mörtelgruppe wird für tragende Wände benutzt? *(Mehrfachankreuzungen möglich)*

- [ ] MG III
- [ ] MG I
- [ ] MG IIa
- [ ] MG II
- [ ] MG IIIa

10. Welches Mischungsverhältnis ist für einen Zementmörtel MG III einzuhalten?

- [ ] 1 : 2
- [ ] 1 : 3
- [ ] 1 : 4
- [ ] 1 : 5
- [ ] 1 : 6

11. Eine Trockenmischung von 500 dm^3 soll Kalk, Zement und Sand im Verhältnis 1 : 1 : 6 enthalten. Wie groß waren die Anteile?

Klasse:	Name:	Datum:	52

Aufgabe: Bestimmen Sie in den aufgezeigten Mauerbeispielen:

a) die Art des Baunennmaßes (*A*-Maß, *V*-Maß oder *Ö*-Maß),
b) die Anzahl der Köpfe (K),
c) die wirkliche Mauerlänge in cm. *Tragen Sie das in die untere Tabelle ein.*

Ganzer Stein = 2 K   Halber Stein = 1 K   Viertelstein = 0,5 K   Dreiviertelstein = 1,5 K

1

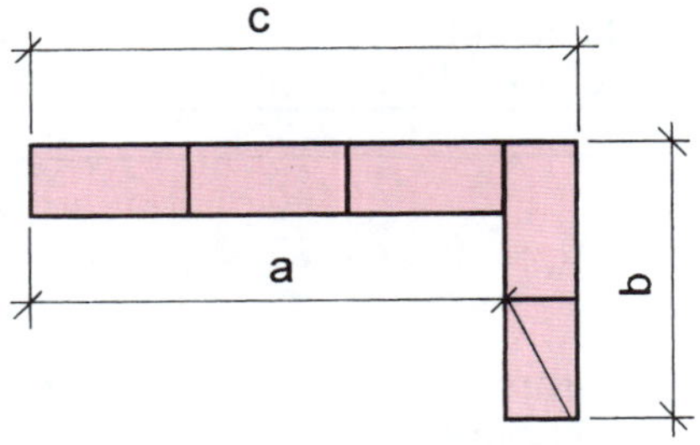

2

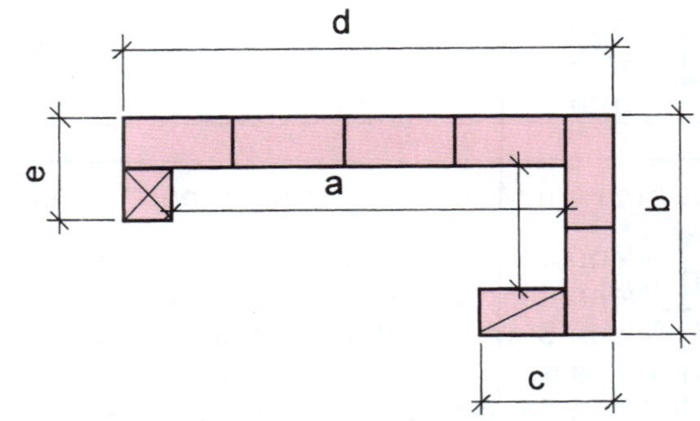

3

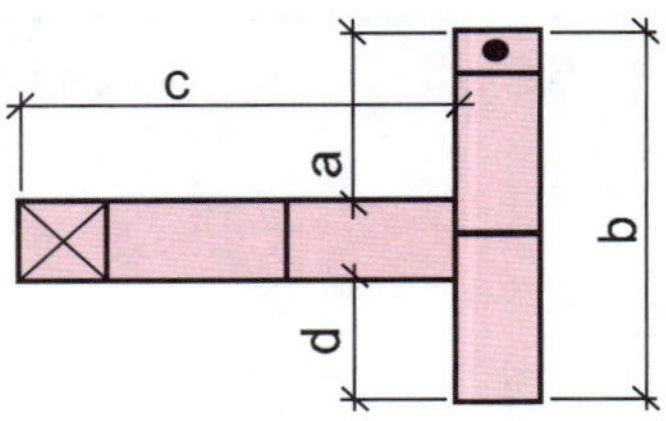

4

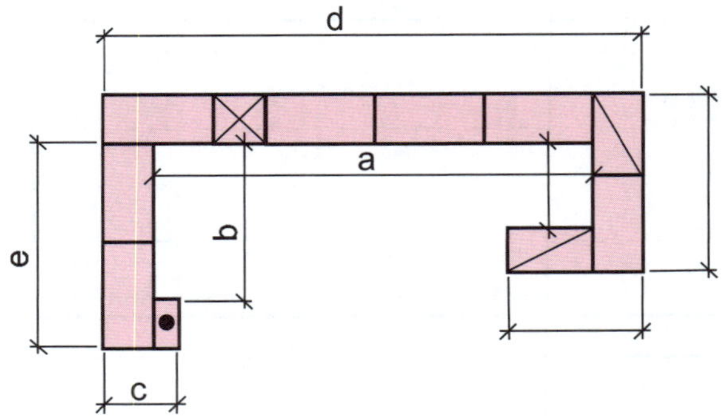

5

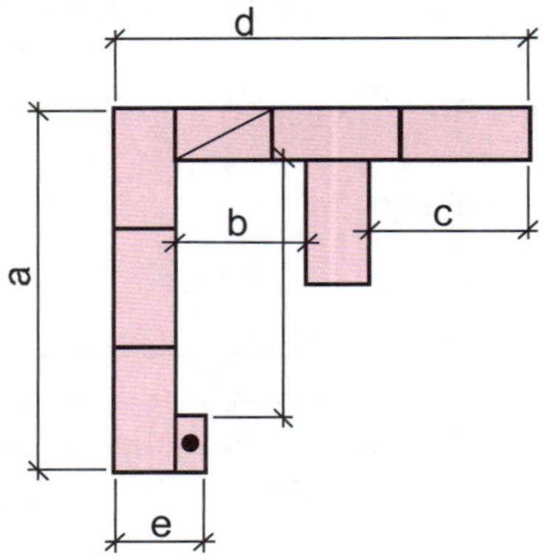

zu Maß	a			b			c			d			e		
Aufgabe	-Maß	Kopf	cm	-Maß	Kopf	cm	-Maß	Kopf	cm	-Maß	Kopf	cm	-Maß	Kopf	cm
1															
2															
3															
4															
5															

Der nachstehende Grundriss ist in Köpfen bzw. Achtelmeter (am) bemaßt worden. Bestimmen Sie die tatsächlichen Maße (Baunennmaße) und tragen Sie diese in den unteren Grundriss ein.

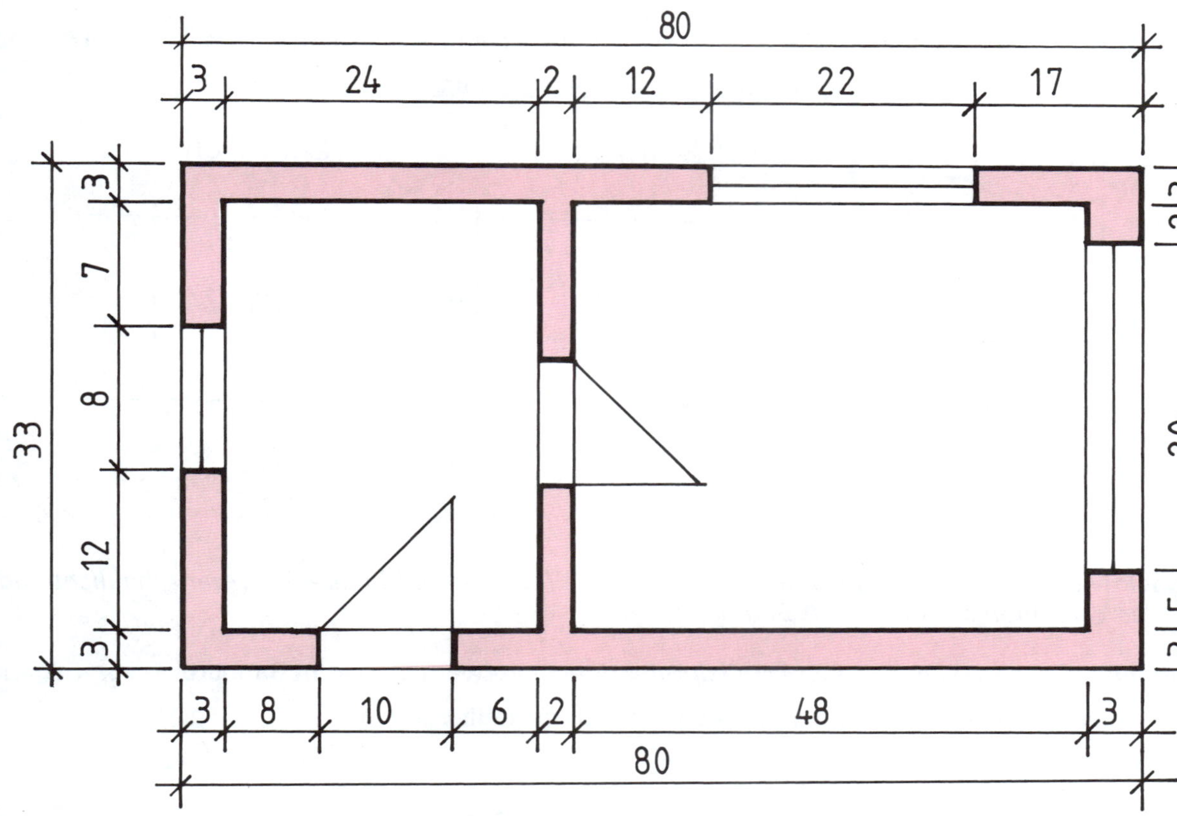

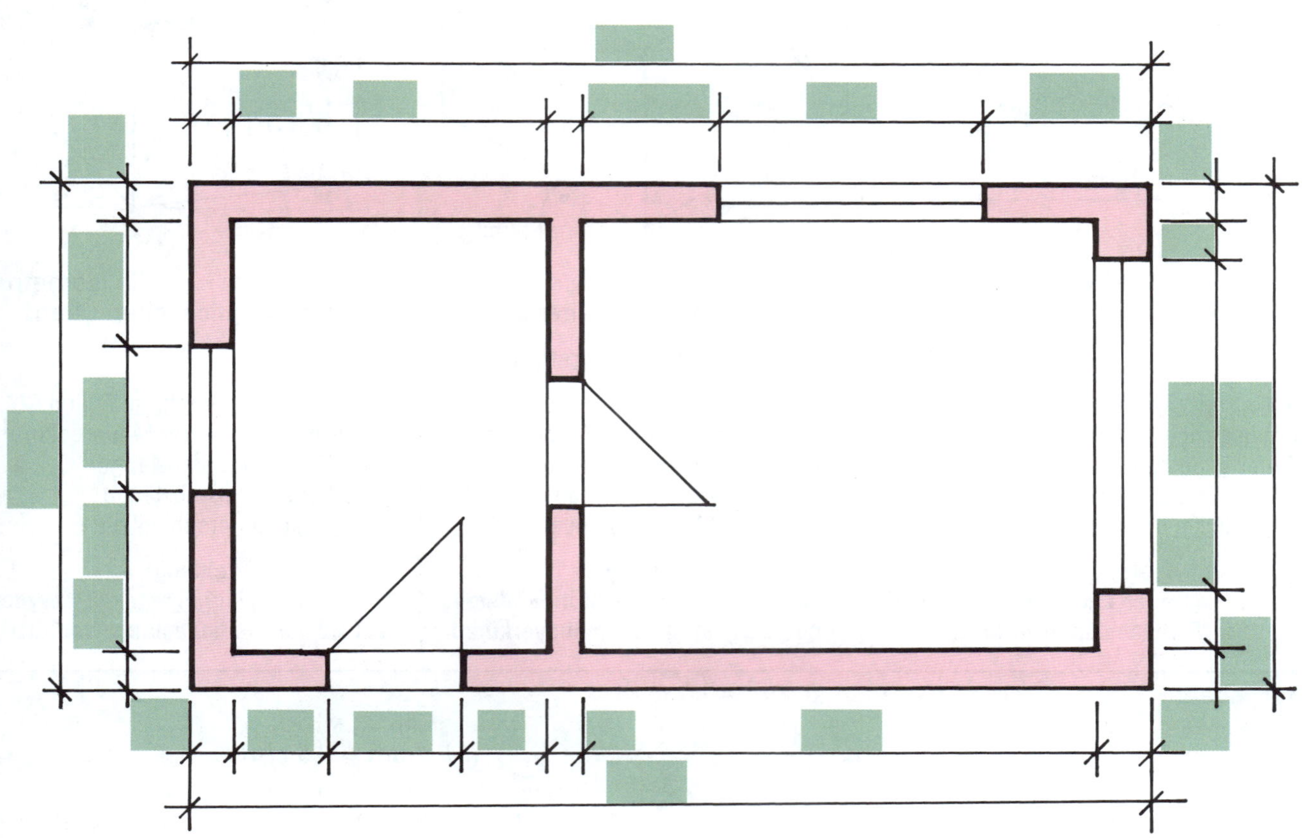

Klasse: | Name: | Datum: | 54

Lernfeld 3: Mauern eines einschaligen Baukörpers	Mauerwerk (Kap. 5) **Perspektivische Darstellungen**	**I/A** **TK**

Zeichenhilfe: **Perspektivische Darstellungen**

Eine Mauerecke kann aus verschiedenen Ansichten dargestellt werden. In der Regel zeichnet man die Draufsicht, die Vorderansicht und eine Seitenansicht.
Beispiel: Mauerlänge Wand 1 und Wand 2 = 10 am, Mauerhöhe = 8 am, Mauerdicke = 3 am, M : 1 am = 3 mm

So sehen die Ansichten dazu aus:

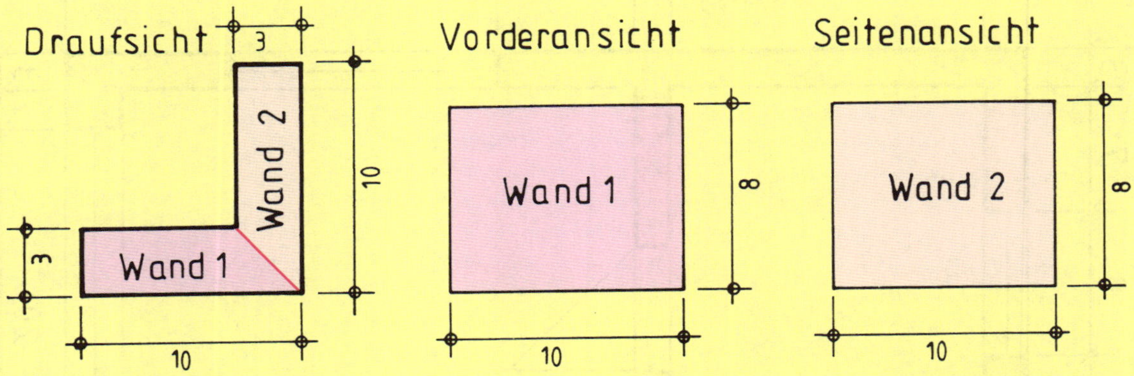

Frage: *Kann man sich anhand dieser Darstellungen die Mauerecke vorstellen?* Antwort: **sehr schlecht.**

Durch **perspektivische Darstellungen** werden Gegenstände *(auch diese Mauerecke) veranschaulicht und erleichtern das Verständnis – auch unter Baufachleuten.*

Diese Darstellungsformen (sog. *schräge Parallelprojektionen*) verwenden wir im Baubereich vorwiegend.

Und so kann „diese" Mauerecke in verschiedenen Arten dargestellt werden:

in **Kavalierperspektive**

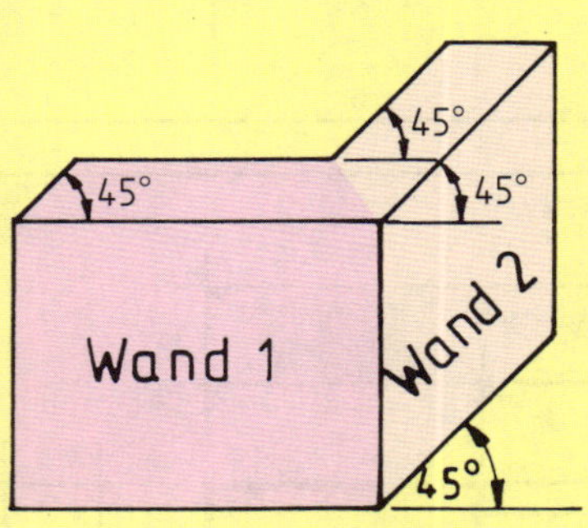

in **Isometrie**

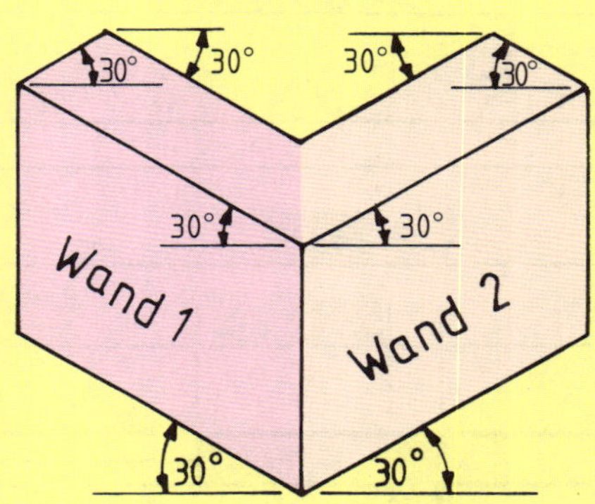

in **Dimetrie**

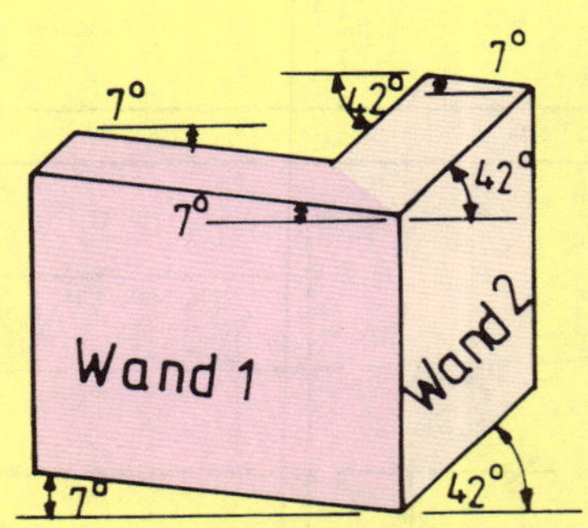

Frage: *Welche Darstellungsform verdeutlicht am besten „diese" Mauerecke?* Antwort: Hier die Isometrie. Das kann aber bei anderen Bauteilen ganz anders sein! Daher sollten Sie alle drei Möglichkeiten üben.

Wir merken uns zu den 3 Darstellungsformen:

Winkel zur Waagerechten: immer **45°**	Winkel zur Waagerechten: immer **30°**	Winkel zur Waagerechten: **7°** und **42°**
Bezugsansicht: Vorderansicht Wand 1	Bezugslinie: Kante (der Mauerecke)	Bezugslinie: Kante (der Mauerecke)
Mauerlänge: Maßstabslänge	Mauerlänge: Maßstabslänge	Mauerlänge: Maßstabslänge
Mauerhöhe: Maßstabslänge	Mauerhöhe: Maßstabslänge	Mauerhöhe: Maßstabslänge
Mauerdicke: unterschiedlich	Mauerdicke: Maßstabslänge	Mauerdicke: unterschiedlich
Achtung! Alle schrägen Linien werden auf 2/3 der Maßstabslänge verkürzt!	**Achtung! Alle Linien werden immer in Maßstabslänge dargestellt und nicht verkürzt!**	**Achtung! Alle schrägen Linien unter 42° werden auf 1/2 der Maßstabslänge verkürzt!**

Aufgaben: Eine Mauerecke hat folgende Abmessungen:
Wand 1 und Wand 2 Mauerlänge = 8 am, Mauerhöhe = 4 am, Mauerdicke = 2 am

1. Zeichnen Sie die Draufsicht, Vorderansicht und Seitenansicht *(M: 1 am = 0,5 cm)* auf einem Zeichenblatt und bemaßen Sie diese mit den richtigen Baunennmaßen.
2. Stellen Sie eine Kavalierperspektive und eine Isometrie dieser Mauerecke auf einem Zeichenblatt her. *M: 1 am = 1 cm*

Klasse:	Name:	Datum:	**55**

1. Lückentext: Ergänzen Sie die folgenden Sätze.

Die kleinformatigen Mauersteine haben eine Steinbreite von __________ . Einschließlich einer Stoßfuge von __________ ergibt sich das Maß von __________ cm. Dieses Maß wird auch als __________ oder __________ bezeichnet. 12,5 cm sind auf dem Bau ein __________ .

2. Welche Aufgaben haben die Fugen?

____

3. Welche Teilsteine gibt es bei den Klein- und Mittelformaten und welche Längenmaße haben diese?

____

____

____

4. Warum sind die Fugen wohl das STÄRKSTE Glied im Mauerwerk? Ist diese Aussage richtig?

____

____

5. In welcher Aufzählung sind nur Öffnungsmaße angegeben?

- ☐ 88,5 cm, 1,01 m, 74 cm
- ☐ 37,5 cm, 99 cm, 62,5 cm
- ☐ 88,5 cm, 38,5 cm, 63,5 cm
- ☐ 87,5 cm, 82,25 cm, 49 cm
- ☐ 37,5 cm; 99 cm, 80,25 cm

6. Nach der vielen Anstrengung haben Sie sich eine Erholung verdient. → **RÄTSELECKE**

Finden und kennzeichnen Sie farbig folgende Begriffe und Bezeichnungen:
MAUERZIEGEL, LAGERFUGE, KALKSANDSTEIN, STOSSFUGE, BINDER, LANGLOCHZIEGEL, LAEUFER, GESTALT, HOCHLOCHZIEGEL, KLINKER, FORMAT, VOLLSTEIN

K	R	E	U	Z	V	E	R	B	A	N	D	M	H
S	L	A	E	U	F	E	R	O	S	R	K	A	O
T	R	O	Z	R	O	Y	B	Z	I	R	A	C	C
O	M	A	U	E	R	Z	I	E	G	E	L	B	H
S	R	B	C	F	M	Y	N	F	S	A	K	E	L
S	O	V	U	W	A	C	D	G	G	H	S	T	O
F	S	O	T	X	T	D	E	E	E	R	A	O	C
U	R	L	I	K	J	C	R	H	S	I	N	N	H
G	K	L	N	P	L	F	K	O	T	H	D	Z	Z
E	R	S	A	T	U	I	G	E	A	D	S	T	I
E	L	T	K	G	E	S	N	O	L	M	T	E	E
M	A	E	E	L	I	T	Z	K	T	K	E	I	G
C	H	I	R	A	T	S	A	W	E	G	I	N	E
D	E	N	O	R	T	H	E	D	A	R	N	T	L
L	A	N	G	L	O	C	H	Z	I	E	G	E	L

(Alles ist möglich: senkrecht, waagerecht, diagonal.)

7. Wie kommen die Baurichtmaße zustande?

- ☐ Es sind Vielfache von 11,5 cm.
- ☐ Es sind Vielfache von 24 cm.
- ☐ Es sind Teile von 24 cm.
- ☐ Es sind Vielfache oder Teile des Achtelmeters.

8. Eine Mauerwand ist 4 am dick. Welches Nennmaß hat sie?

- ☐ 48 cm.
- ☐ 49 cm.
- ☐ 50 cm

9. Benennen Sie die gekennzeichneten Punkte. Ergänzen Sie die Maßzahlen. *(Steinformat: DF)*

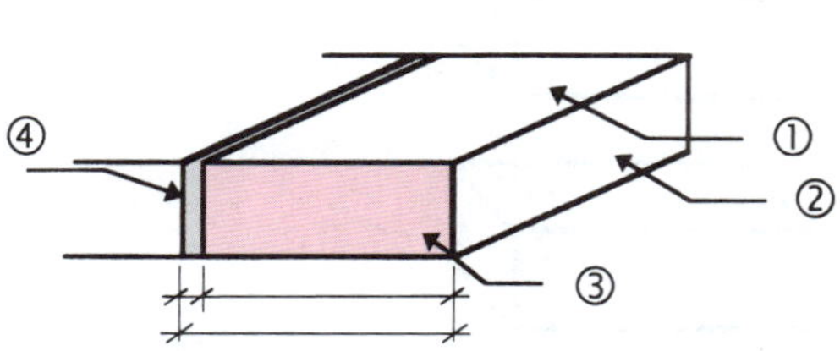

Klasse: | Name: | Datum: | **56**

So könnte ein Test bzw. eine Klassenarbeit zum Lernabschnitt „Mauerwerk“ aussehen.
Hilfsmittel: keine (evtl. Taschenrechner) Zeit: .... Minuten Ankreuzen und freie Beantwortung

1. Wie viele Köpfe werden für eine Zwischenwand von 3,01 m Länge in einer Schicht benötigt?

- ☐ 23 Köpfe
- ☐ 25 Köpfe
- ☐ 12 Köpfe
- ☐ 24 Köpfe
- ☐ 28 Köpfe
- ☐ 30 Köpfe

2. Wie lang ist ein Mauerpfeiler von 6 Köpfen aus **DF**-Steinen?

- ☐ 61,5 cm
- ☐ 74 cm
- ☐ 76 cm
- ☐ 76,5 cm
- ☐ 86,5 cm
- ☐ 87,5 cm

3. Für eine Mauer von 1,375 m Höhe benötigt man bei **3-DF**-Steinen:

- ☐ 17 Schichten
- ☐ 12 Schichten
- ☐ 21 Schichten
- ☐ 11 Schichten
- ☐ 13 Schichten
- ☐ 22 Schichten

4. Für eine Mauer von 1,375 m Höhe benötigt man an **DF**-Steinen:

- ☐ 20 Schichten
- ☐ 24 Schichten
- ☐ 21 Schichten
- ☐ 26 Schichten
- ☐ 27 Schichten
- ☐ 22 Schichten

5. Wie lang ist das dargestellte Mauerstück aus **NF**-Steinen?

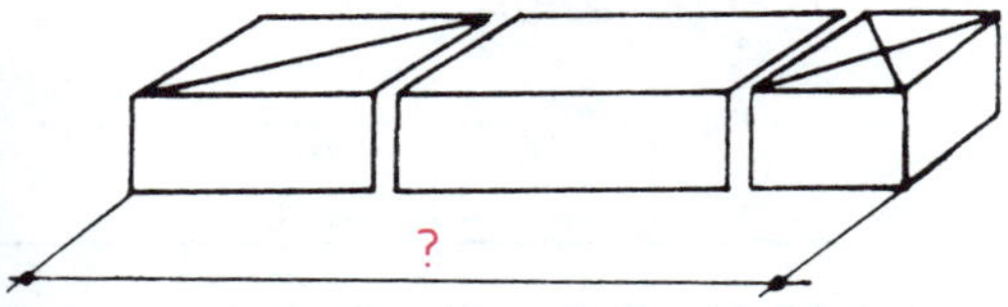

- ☐ 54,75 cm
- ☐ 55,25 cm
- ☐ 55,75 cm
- ☐ 56,25 cm
- ☐ 56,75 cm
- ☐ 57,25 cm

6. Welche der angegebenen Maße sind Baurichtmaße?

- ☐ 1,75 m
- ☐ 87,5 cm
- ☐ 2,1875 m
- ☐ 1,99 m
- ☐ 1,365 m
- ☐ 1,1775 m

7. Ergänzen Sie die nachstehende Tabelle.

	Stein-Formate			
	Großformat	2 DF/3 DF	NF	DF
Steinhöhe in cm				
Lagerfugendicke in cm				
Schichtenhöhe in cm				
Schichtenzahl je 25 cm Mauerhöhe				

8. Sie sollen aus mittelformatigen Steinen eine 30 cm dicke Wand (aus mehreren Steinreihen) errichten. Mit welchen zwei Formaten gelingt das?

- ☐ 2 DF + DF
- ☐ NF + DF
- ☐ 2 DF + 3 DF
- ☐ NF + 2 DF
- ☐ NF + 3 DF

9. Welche Höhe hat die dargestellte Mauer?

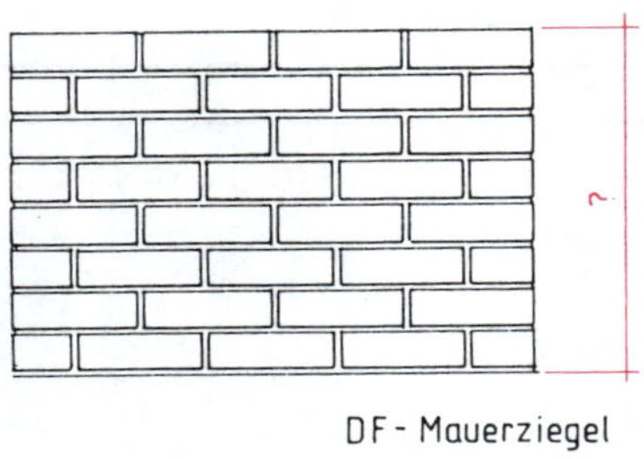

____

10. Welche Steinlänge haben die dargestellten Teilsteine?

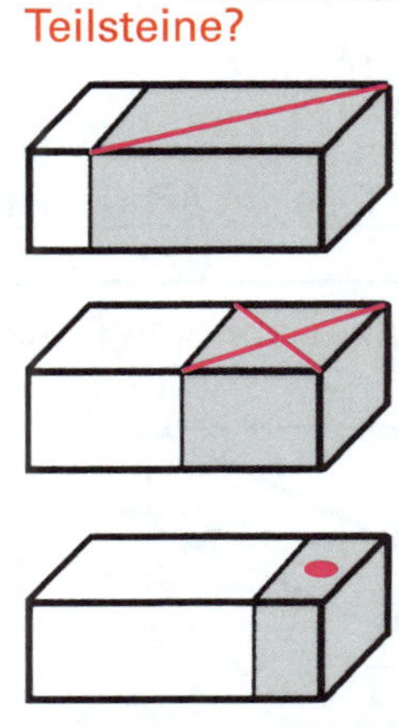

____

____

____

Klasse: Name: Datum:

11. Schreiben Sie das entsprechende Nennmaß in die Kreise.

A = Außen- und Pfeilermaß
V = Vorlagen- oder Anbaumaß
Ö = Öffnungs- oder Innenmaß

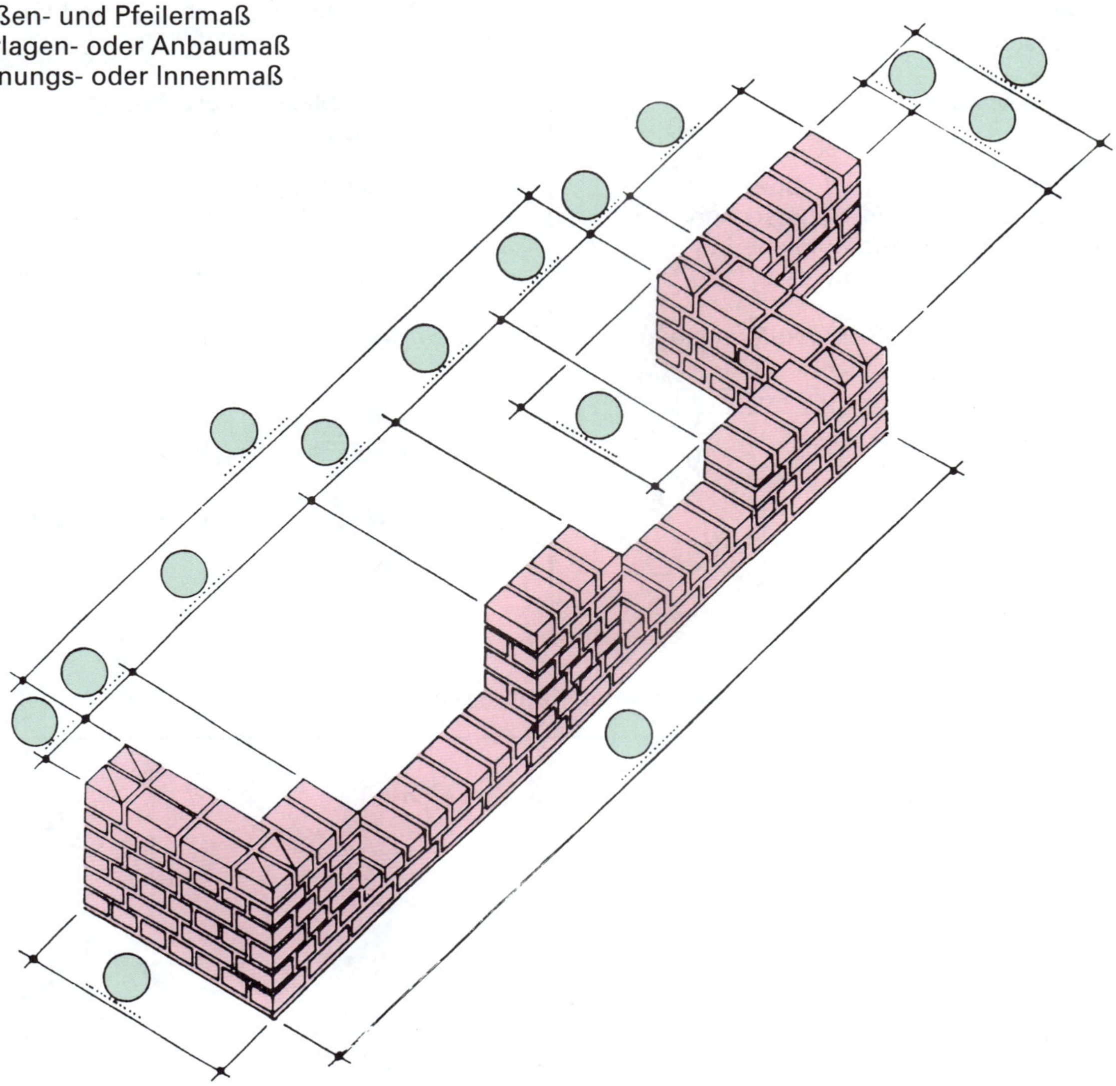

12. Bemaßen Sie entsprechend den vorgegebenen „am“.

(Die Nennmaße sind über den Maßlinien einzutragen.)

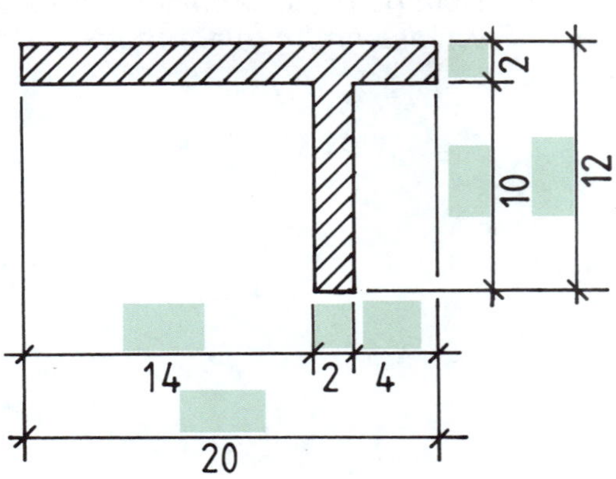

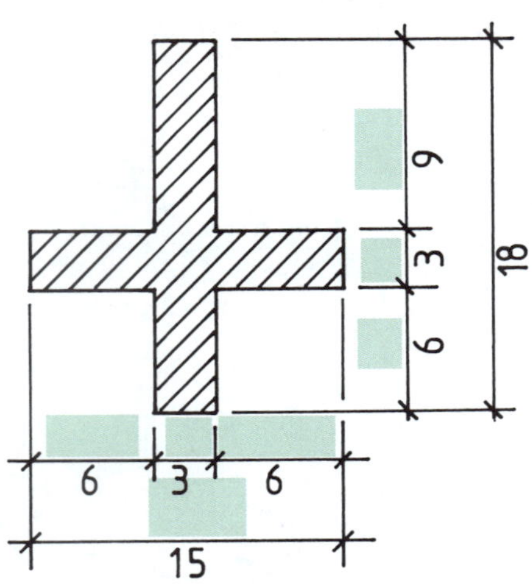

Lernfeld 3:	Mauerwerk (Kap. 6)	I/A
Mauern eines einschaligen Baukörpers	**Materialberechnung für Mauerwerk (1)** Bedarfsberechnungen	**Ma**

Rechenhilfe (für Maurerarbeiten):

Die Materialberechnung und die Materialabrechnung sind „zwei verschiedene Schuhe" und dürfen daher nicht verwechselt werden.

Materialberechnung
Was wird an Material benötigt?

hier werden berücksichtigt und abgezogen:
- **alle** Öffnungen (z. B. Türen, Fenster) und
- **alle** Bauteile aus Fremdmaterialien (z. B. Stürze, Ringanker, Fachwerke)

behandeln wir hier in der Grundstufenausbildung.

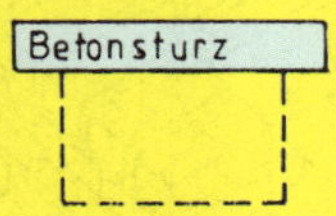

Fensteröffnung:
immer
ABZIEHEN

Sturz:
immer
ABZIEHEN

Materialabrechnung
Was muss an Material bezahlt werden?

hier werden berücksichtigt und abgezogen:
- **nur** Öffnungen über eine Größe von 2,50 m^2 und
- **nur** „Bauteile aus Fremdmaterialien" über 0,50 m^2

behandeln wir eingehender in der Fachstufenausbildung.

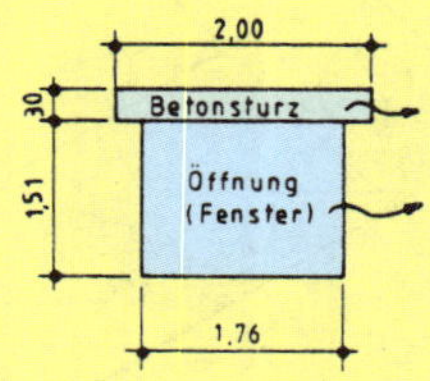

Abziehen ?, wenn > 0,5 m^2

Abziehen ?, wenn > 2,5 m^2

Und nun wollen wir an einfachen Beispielen einmal Materialberechnungen üben.

Aufgabe 1:
Die dargestellte Garage soll als 24-er Mauerwerk hergestellt werden.

Ermitteln Sie den Stein- und Mörtelbedarf für die Garage!

Vorgaben:
- Mauersteine: KS 2 DF
- Mauermörtel: MG II,
- Stahlbetonbalken über dem Garagentor: (l = 3,00 m; b = 24 cm; h = 24 cm)
- Stahlbetonbalken als Fertigsturz über der Tür: (l = 1,25 m; b = 24 cm; h = 24 cm)

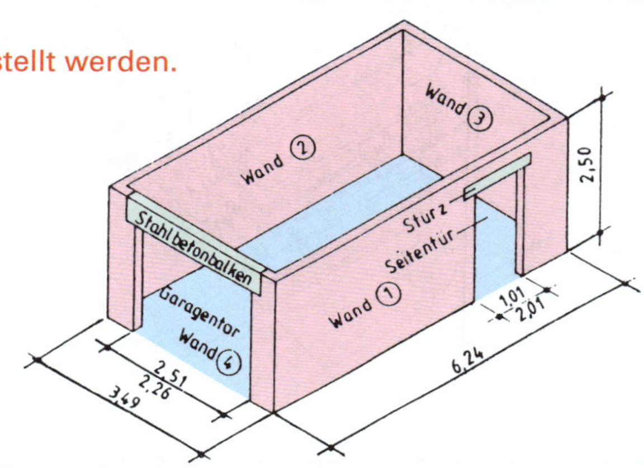

Öffnung für Garagentor: 2,51/2,26
Öffnung für Seitentür: 1,01/2,01

Wie geht man am besten vor? *Tipp: so sollte man vorgehen*
1. Wandflächen ① – ④ berechnen, (Öffnungen + Stürze berücksichtigen); Gesamtfläche ermitteln
2. Stein- und Mörtelbedarf nach Tabelle (aus Fachbuch oder Formelsammlung) ermitteln

Berechnungen:

Klasse:	Name:	Datum:	59

Materialbestellung (Üben Sie dieses an der weiteren Aufgabe)

Beispiel: Doppelgarage, M: ohne

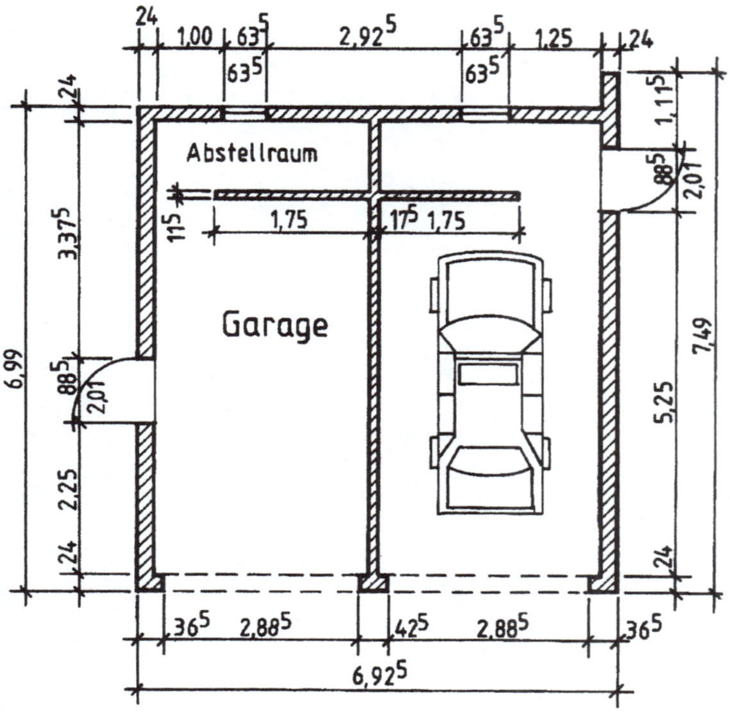

Die dargestellte Doppelgarage soll gebaut werden.

Vorgaben:

- Mauersteine KS 2 DF für die 24er und 11,5er Wände
- Mauersteine KS 3 DF für die 17,5er Wand
- Durchgehender Stahlbetonbalken über den Garagentoren (l = 6,925 m, h = 36,5 cm, b = 24 cm)
- Stahlbetonfertigstürze über den Seitentüren (l = 1,15 m, h = 11,5 cm, b = 24 cm)
- Stahlbetonfertigstürze über den Fenstern (l = 85 cm, h = 11,5 cm, b = 24 cm)

l alle Mauerhöhen: 2,50 m

Aufgabe 2: Ermitteln Sie den Materialbedarf an Steinen und Mauermörtel getrennt für die 24er, 17,5er und 11,5er Wände. (Berechnung der Flächen nach m²)

Geben Sie jeder Wand eine Positions-Nummer (unten schon gemacht).
Achtung: Die Ecken nicht doppelt berechnen.

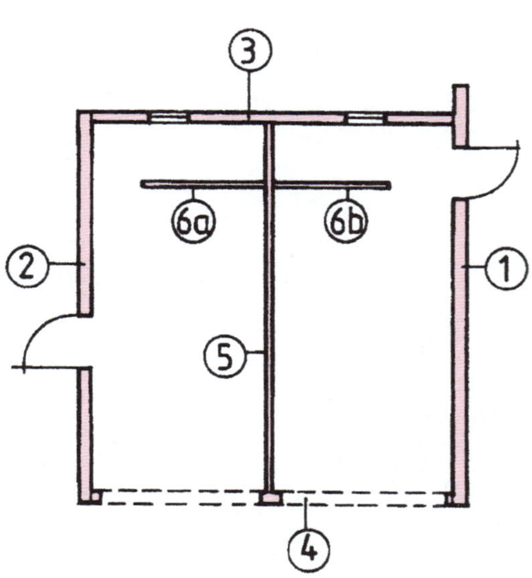

Berechnungen:

Klasse:	Name:	Datum:	60

Zusammenstellung des Materials: (je m² Mauerfläche)
Bedarf an Steinen und Mörtel je m² Mauerfläche

Formelsammlung „Stein- und Mörtelbedarf"

Materialbestellung:

a) für die 24er Wände: (2 DF)

b) für die 17,5er Wand: (3 DF)

c) für die 11,5er Wand: (2 DF)

Gesamtmengen:
an 2 DF-Steinen
an 3 DF-Steinen
an Mauermörtel

Klasse: | Name: | Datum:

1. Nennen Sie 3 Arbeitsregeln, die beim Mauern einzuhalten sind.

2. Welchen Sinn und Zweck sollen die Verbände erfüllen?

3. Welche beiden Lastarten wirken auf ein Bauwerk?

4. Welcher Zusammenhang besteht zwischen Masse und Kraft? (Nennen Sie die Formel hierfür.)

5. Was könnte passieren, wenn das Mauerwerk nicht im Verband gemauert ist?

6. Nennen Sie 5 Grundregeln für die Herstellung von Mauerverbänden!

7. Benennen Sie die Mauerverbände. Erkennen Sie den Verschiebekopf im Kreuzverband? Legen Sie ihn farbig an!

Klasse:	Name:	Datum:	62

	Lernfeld 3: Mauern eines einschaligen Baukörpers	Mauerverbände (Kap. 8.1) **11,5: Maueranfang, -ende**	**A** **Te**

<u>Hinweis:</u> Für alle von Ihnen darzustellenden Mauerverbände gilt:

= **Ganzer** Stein

= **Dreiviertel**stein

= **Halber** Stein

= **Viertel**stein

<u>Und nun sollen Sie üben.</u>

Aufgabe:
a) Tragen Sie die Mauerverbände in die vorgegebenen Draufsichten (1. + 2. Schicht) ein.
b) Tragen Sie die Mauerverbände in die Vorderansicht (1.–6. Schicht) ein.
c) Bemaßen Sie die Mauerstücke mit den entsprechenden Baunennmaßen.

1. Mauerlänge = gerade Anzahl am

Vorderansicht:

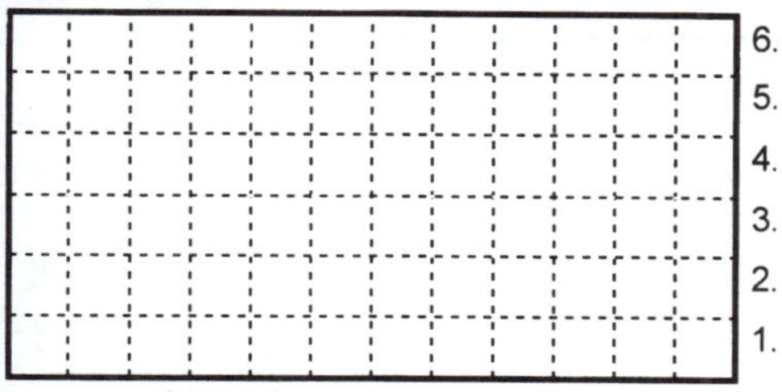

2. Schicht:

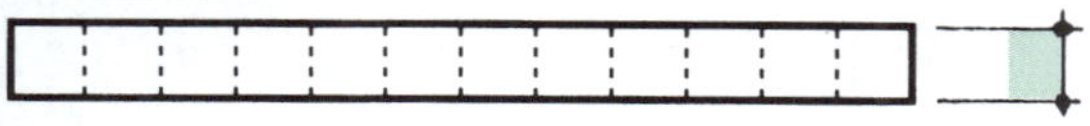

1. Schicht:

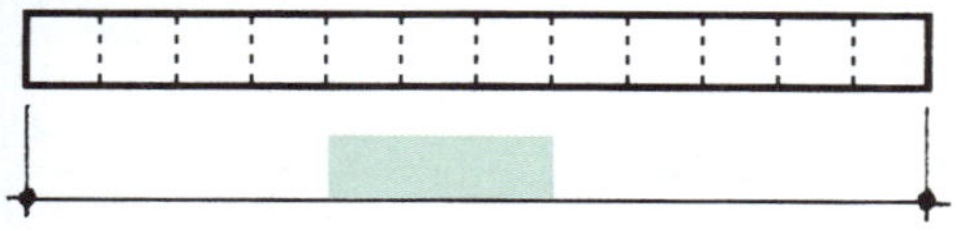

2. Mauerlänge = ungerade Anzahl am

Vorderansicht:

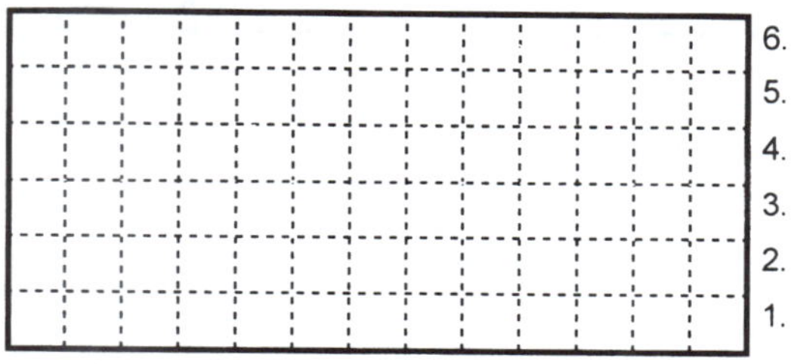

2. Schicht:

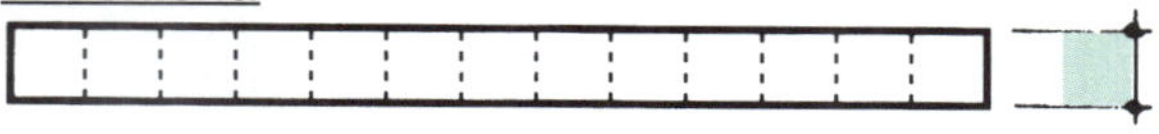

1. Schicht:

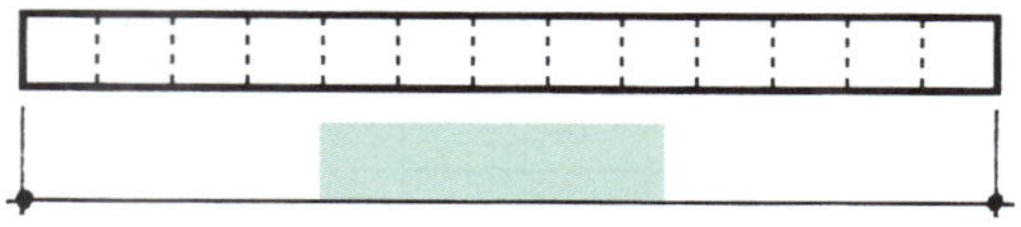

3. Mauerlänge = gerade Anzahl am + $\frac{1}{2}$ am

Vorderansicht:

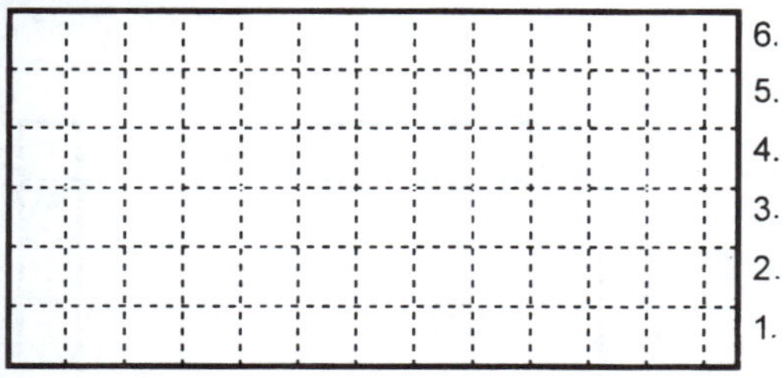

2. Schicht:

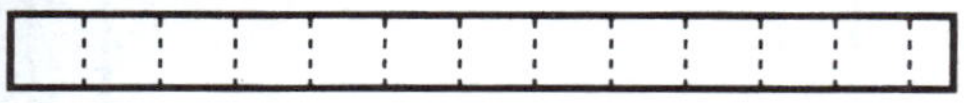

1. Schicht:

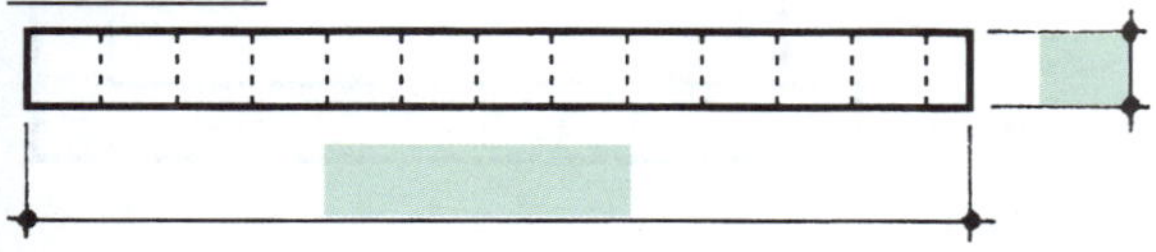

4. Mauerlänge = ungerade Anzahl am + $\frac{1}{2}$ am

Vorderansicht:

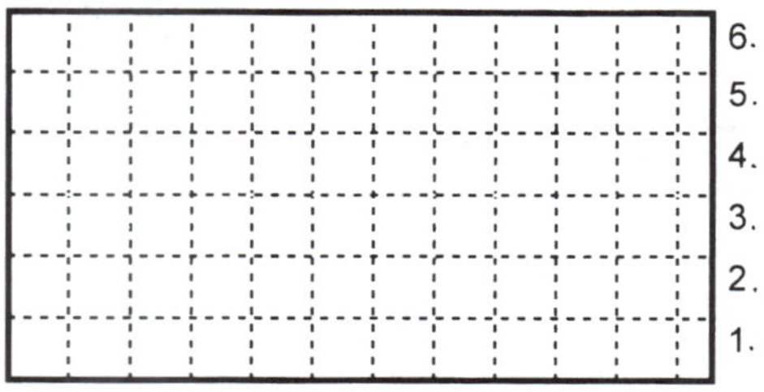

2. Schicht:

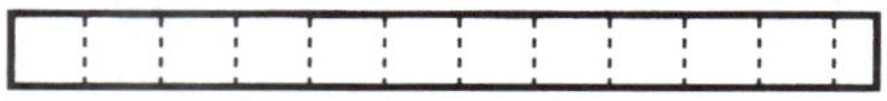

1. Schicht:

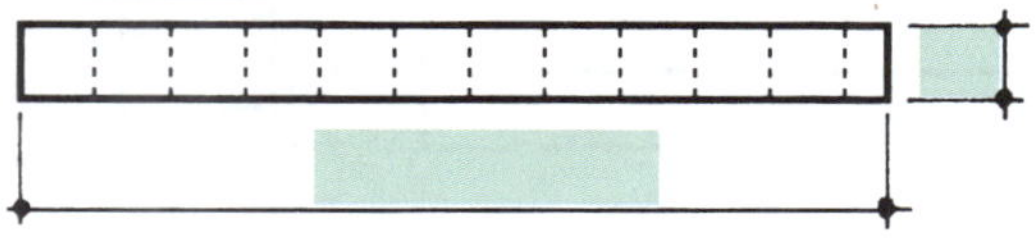

Ergänzen Sie den Merksatz.

Die 11,5er dicke Mauer wird nur im ______________ gemauert und hat daher nur ______________

Klasse:	Name:	Datum:	**63**

Aufgaben: **a)** Die Maße des Mauerwerks sind in der 1. Schicht in am angegeben. Tragen Sie die entsprechenden Nennmaße auf die Maßlinien ein.

b) Tragen Sie die 1. und 2. Schicht als mittigen Läuferverband ein.

▭▭ = ganzer Stein

Beispiel 1

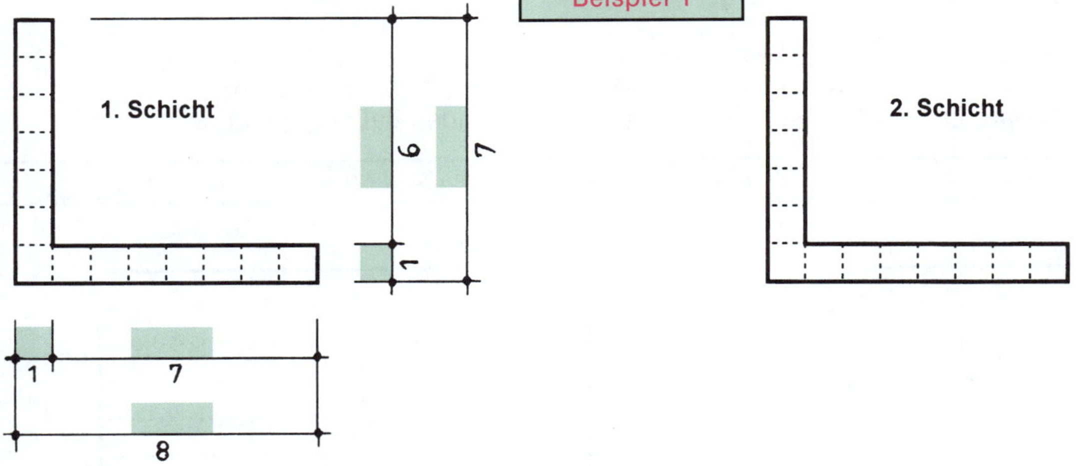

Beispiel 2

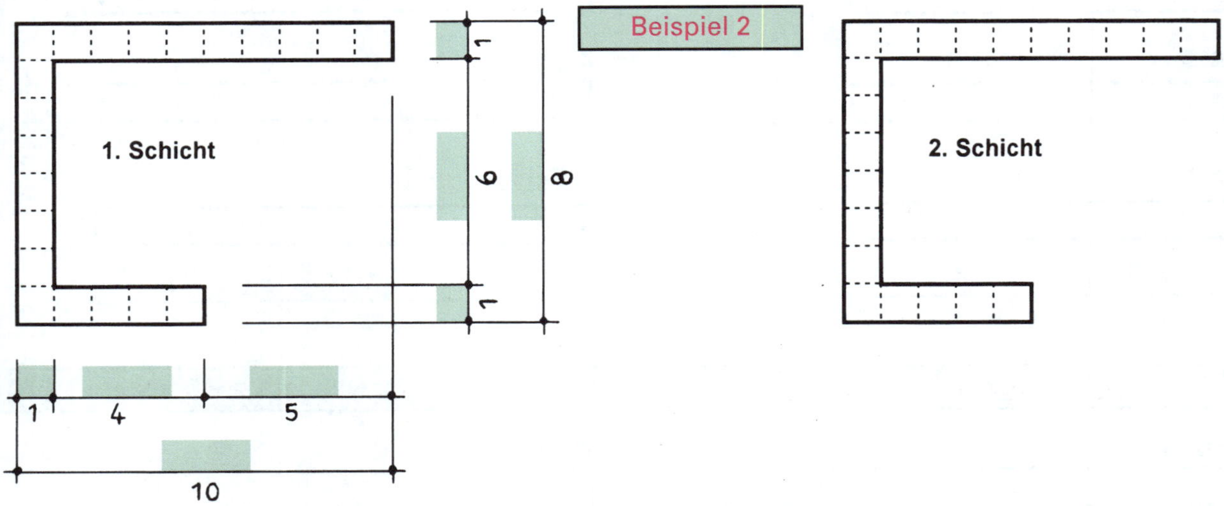

Beispiel 3

Aufpassen!

Hier sollten Sie sich eine einfache Lösung einfallen lassen.

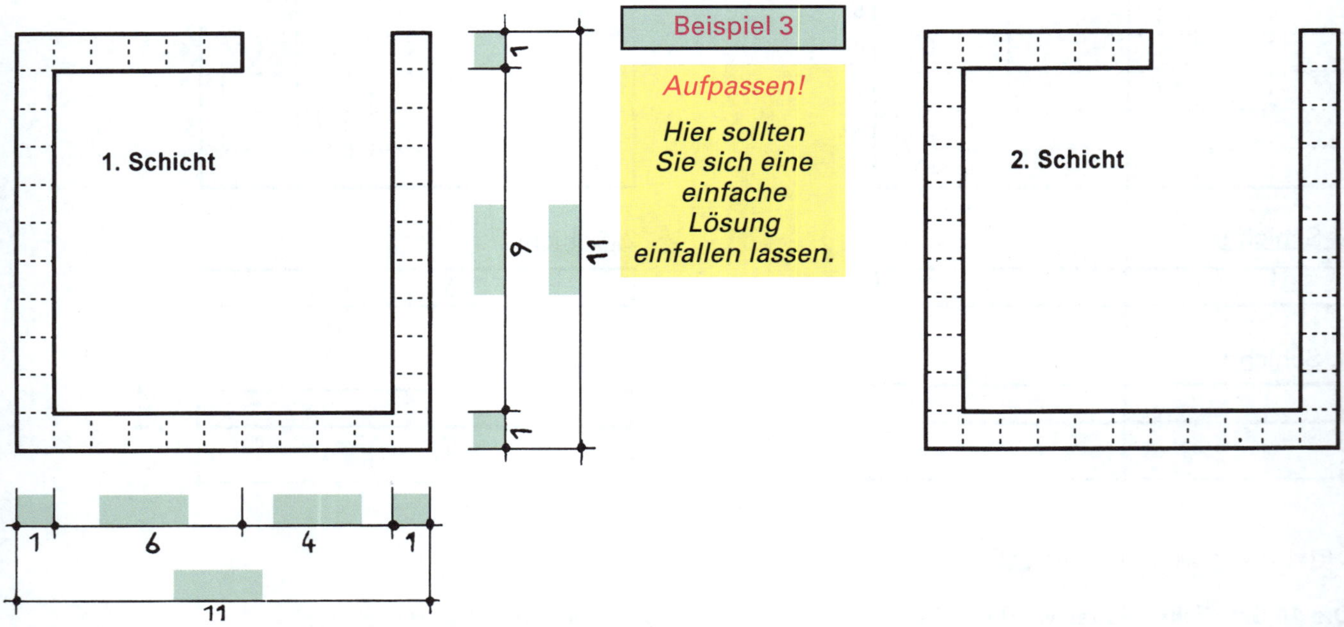

1. Tragen Sie in die dargestellte Mauerecke den Läuferverband richtig ein.
2. Bemaßen Sie die 1. Schicht.

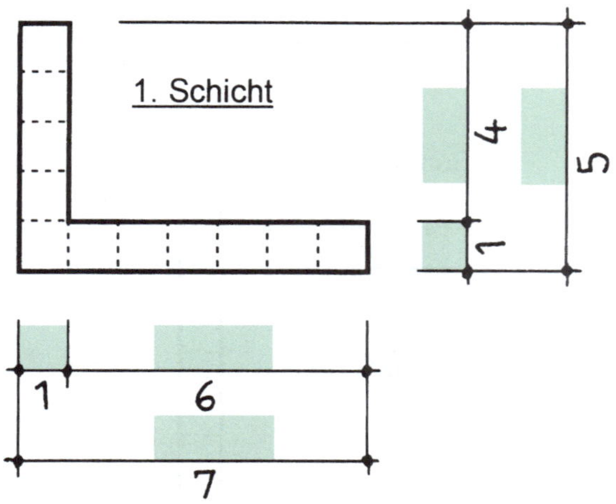

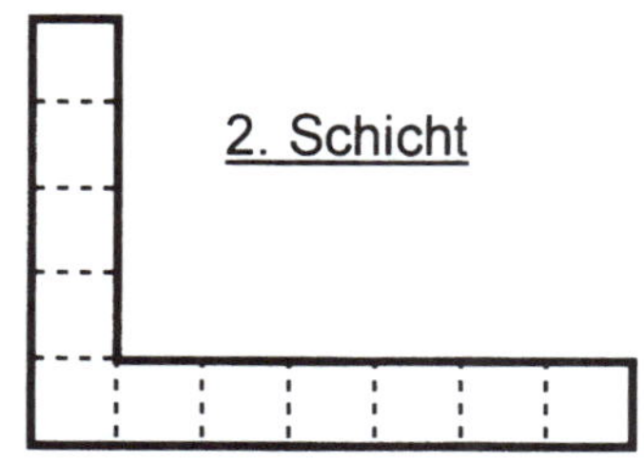

3. Diese Mauerecke sollen Sie nun in **Isometrie** perspektivisch – mit Bemaßung – darstellen.

Mauerkante + Zeichnungsbeginn ist unten vorgegeben.
<u>Vorgaben:</u> M = 1 : 10 (cm, m) Steinformat: 2 DF, Fugen nur als Linie darstellen, Mauerhöhe: 4 Schichten

11,5er Mauerecke M 1 : 10 (cm, m)

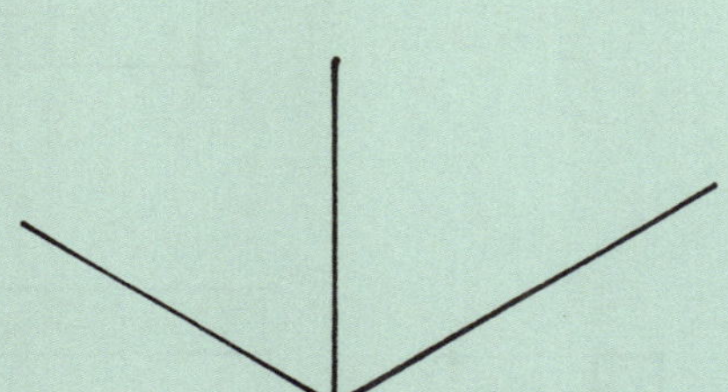

Klasse:	Name:	Datum:	65

Aufgaben:

- Skizzieren Sie für die 1. und 2. Schicht den 11,5er-Mauerverband.
- (1 Kopf = 1 Kasten)
- Bemaßen Sie die 2. Schicht.

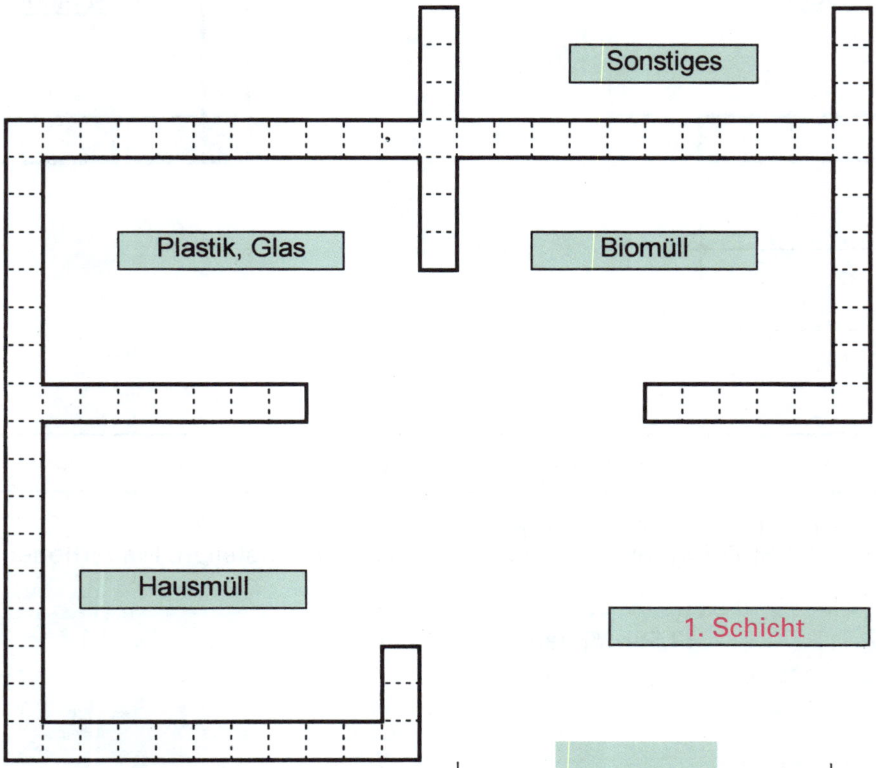

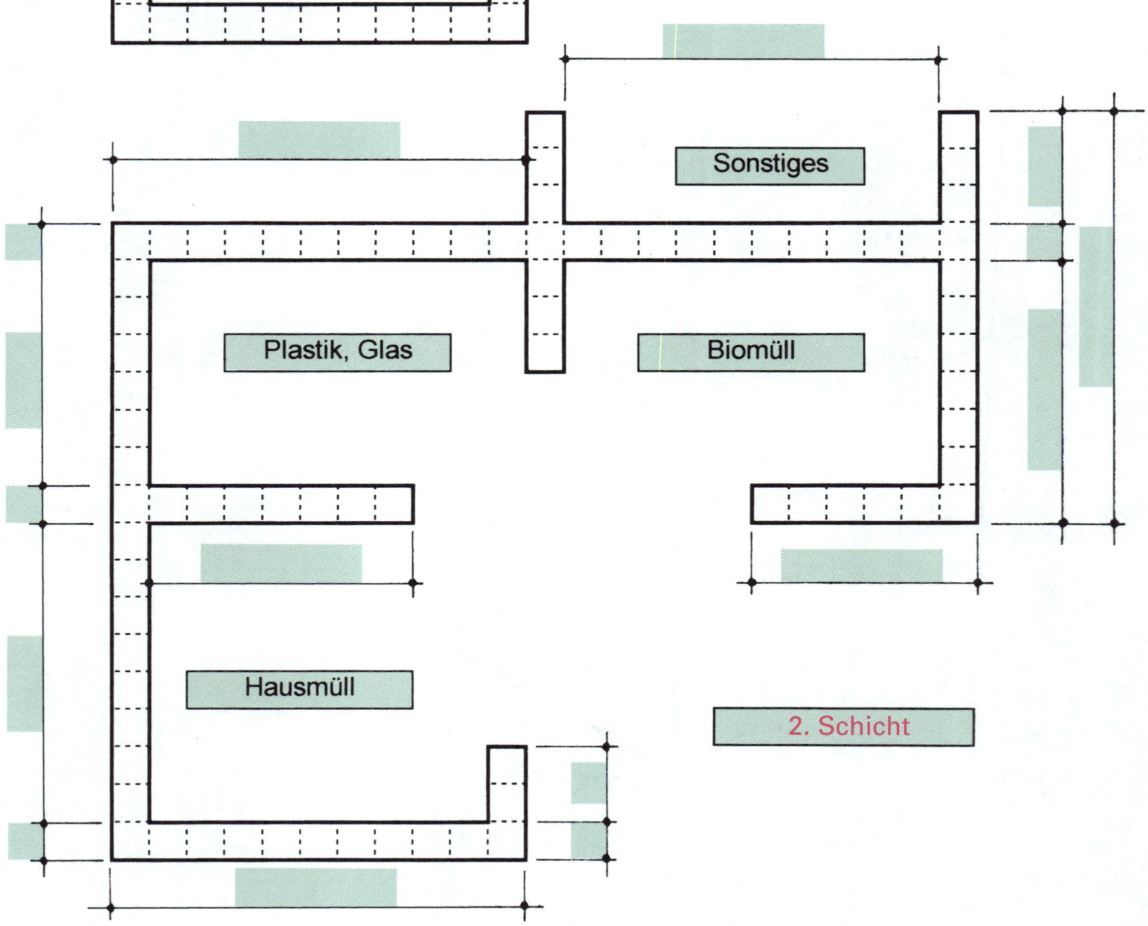

Klasse:	Name:	Datum:	66

So könnte ein Kurztest bzw. eine Klassenarbeit zum 11,5er-Mauerwerk aussehen!
Hilfsmittel: Zeichenmaterial, evtl. Taschenrechner; Zeit: .... Minuten

Beantworten Sie folgende Fragen auf einem Extrablatt.
Für Zeichnungen benutzen Sie karierte Blätter.

1. Für welche Wandarten wird 11,5er-Mauerwerk (außer Sichtmauerwerk) angewandt?
2. Was bedeutet der Begriff „mittiger Verband"?
3. Welche Überbindung sollte bei 11,5er-Mauerwerk immer angestrebt werden?
4. Welcher Mauerverband wird bei 11,5er-Mauerwerk verwendet?
5. Was für Schichten werden hier gemauert?

6. Zeichnen Sie eine 11,5er-Mauer im mittigen Verband.
<u>Mauerlänge: 11,5 am</u>
   a) Draufsicht: 1. und 2. Schicht
   Das linke Mauerende der 1. Schicht beginnt mit einem ganzen Stein.
   b) Vorderansicht: 6 Schichten

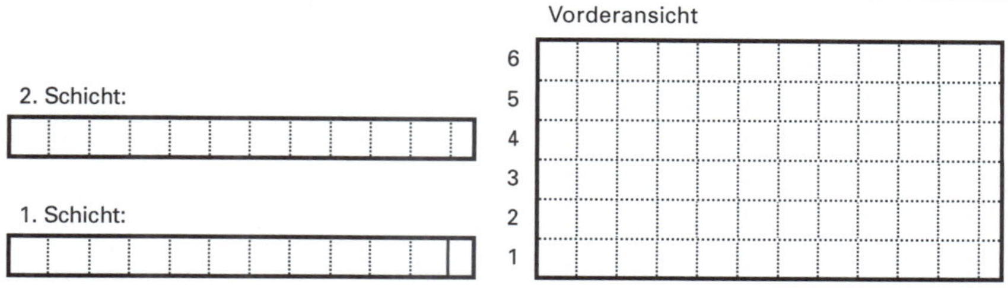

7. Zeichnen Sie die 1. und 2. Schicht einer 11,5er-Mauerecke im mittigen Verband in der Draufsicht.
<u>Mauerlänge: jede Mauerseite ist 8 am lang (Außenmaß)</u>

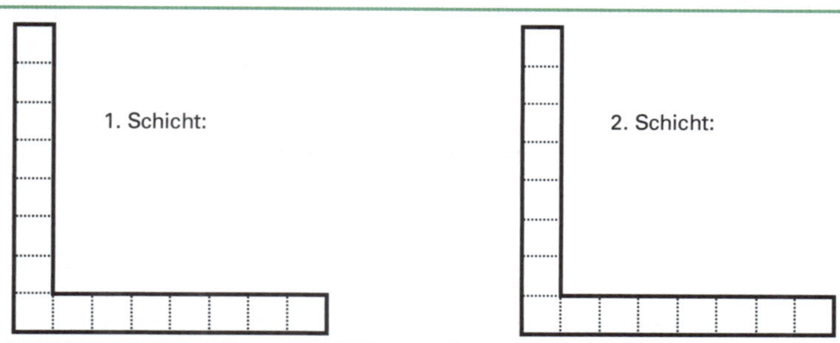

8. Tragen Sie den Verband für die 1. und 2. Schicht ein.
(Angaben in Zeichnung: am)

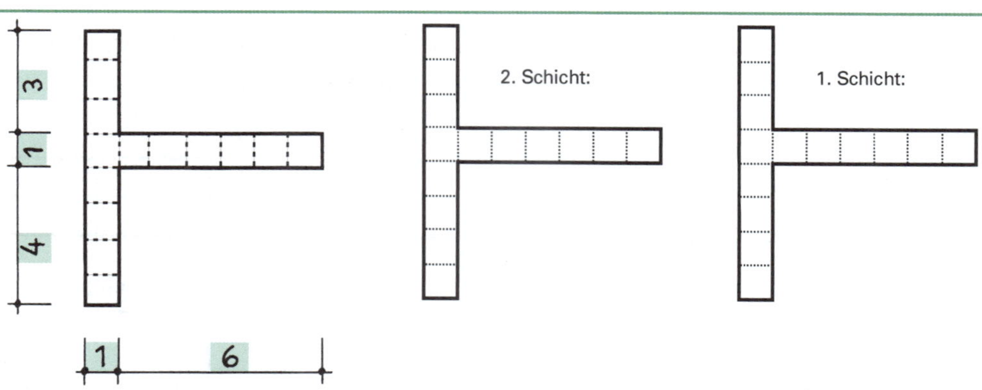

Anmerkungen:

<u>Hinweis:</u> Für alle von Ihnen darzustellenden Mauerverbände gilt:

= **Ganzer** Stein = **Dreiviertel**stein = **Halber** Stein = **Viertel**stein

Für die Steinhöhe und Steinlänge gilt: 1 Karo = 1 am.

<u>Es wird generell nur mit Bleistift gezeichnet.</u>

Weitere Angaben: siehe Schülerarbeitsblatt

Klasse:	Name:	Datum:	67

Hinweis: Für alle von Ihnen darzustellenden Mauerverbände gilt:

= **Ganzer** Stein   = **Dreiviertel**stein   = **Halber** Stein   = **Viertel**stein

Für die Steinhöhe und Steinlänge gilt: 1 Karo = 1 am.

Aufgabe 1: Zeichnen Sie in die Vorderansicht, Seitenansicht sowie die 1. und 2. Schicht den Blockverband ein. Bemaßen Sie die Mauerstücke. Steinformat: 2 DF.

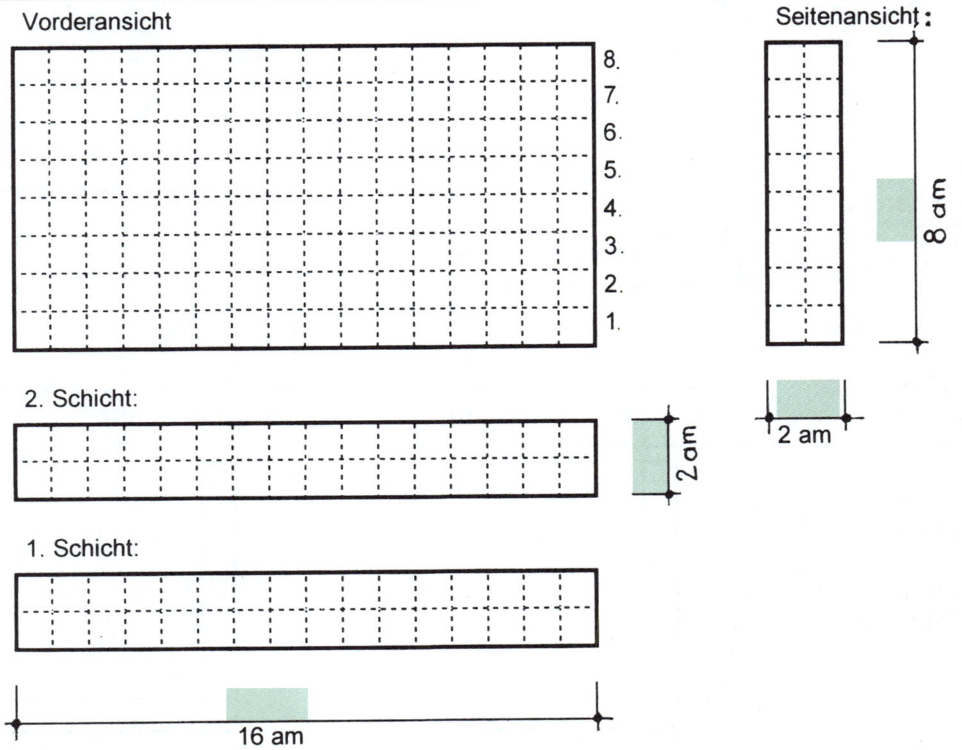

Aufgabe 2: Zeichnen Sie die Mauerverbände in die vorgegebenen Draufsichten (Blockverband) und bemaßen Sie die Mauerstücke. grüne Kästchen

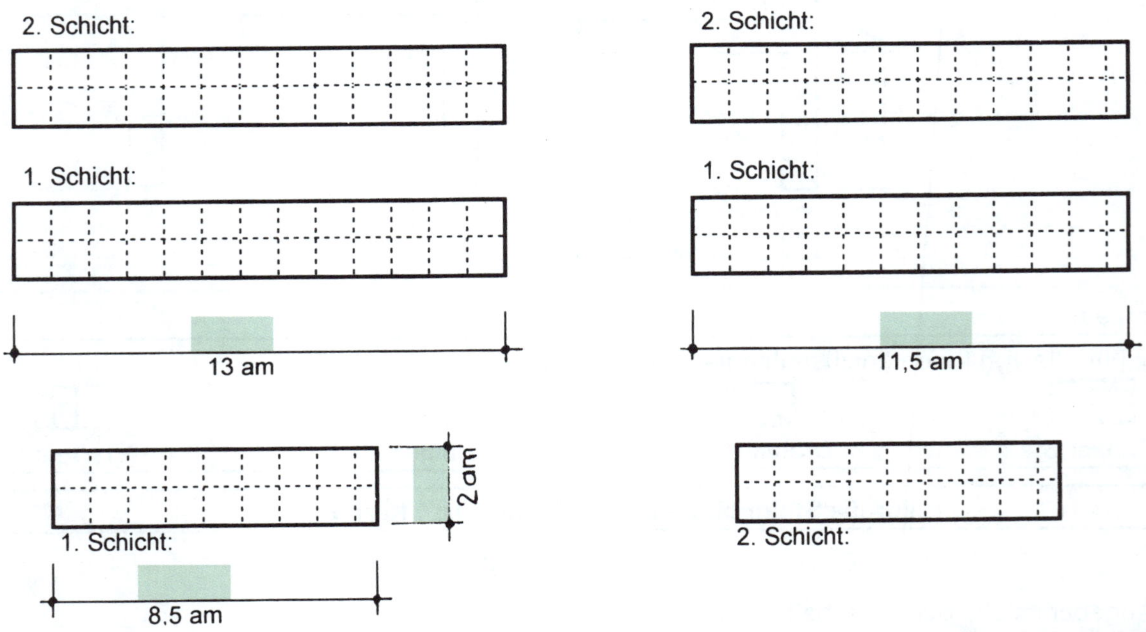

Klasse:	Name:	Datum:	**68**

1. Zeichnen und bemaßen Sie die ersten acht Schichten in der Vorderansicht und die ersten vier Schichten in der Draufsicht (Kreuzverband). *Es gelten für die Steine die Vorgaben von Blatt 68.*

Legen Sie den Verschiebekopf farbig an.

Mauerlänge mit ungerader am-Zahl

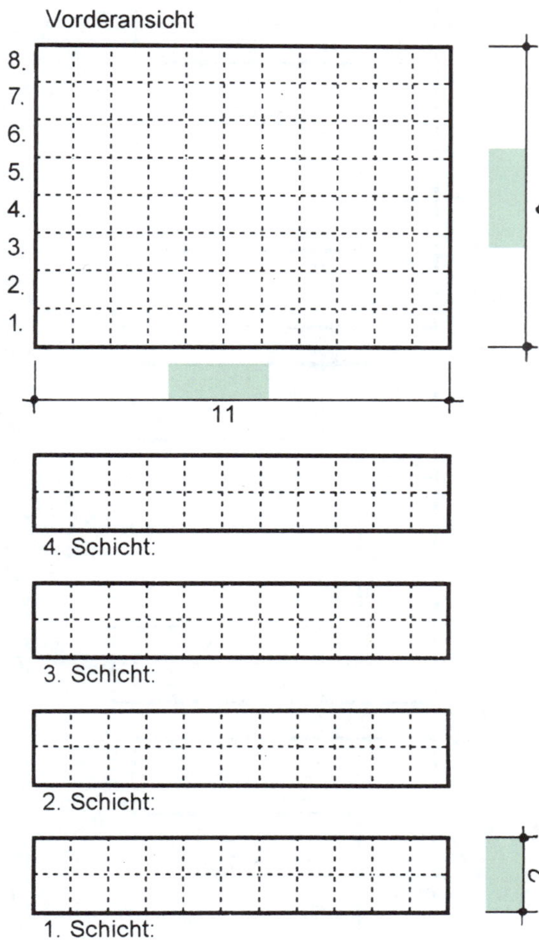

Mauerlänge mit gerader am-Zahl

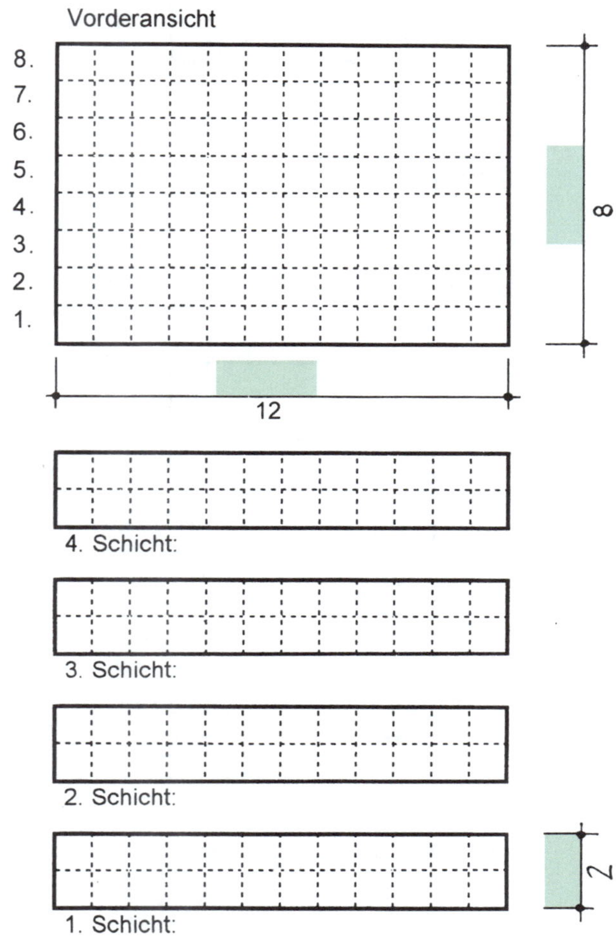

2. Zeichnen und bemaßen Sie jeweils die ersten 4 Schichten in der Draufsicht (Kreuzverband). (Verschiebekopf = farbig)

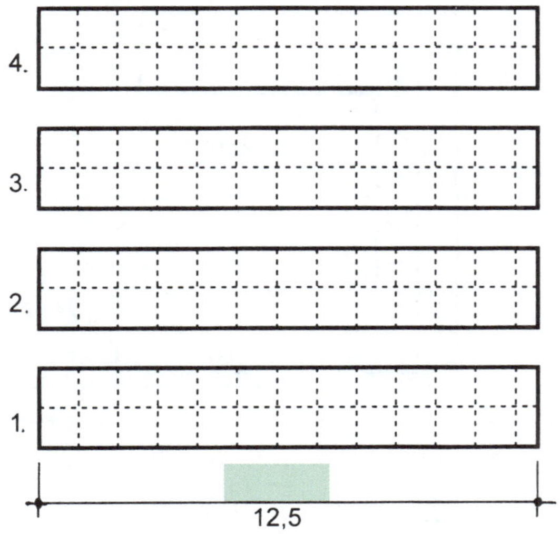

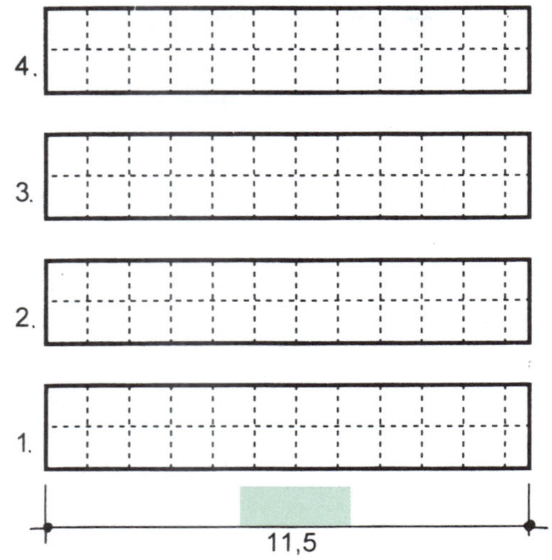

Klasse:	Name:	Datum:	69

Lernfeld 3:	Mauerverbände (Kap. 10.2.2) **24,0: Kreuzverband; Mauerecke** Mauerwerk	**A**
Mauern eines einschaligen Baukörpers		**Te**

Aufgaben: Tragen Sie – nach den bekannten Vorgaben – in die dargestellten Mauerecken (24er-Mauer) die ersten vier Schichten den Kreuzverband ein.

Die „am"-Zahlen entnehmen Sie den Zeichnungen.

Beispiel 1:

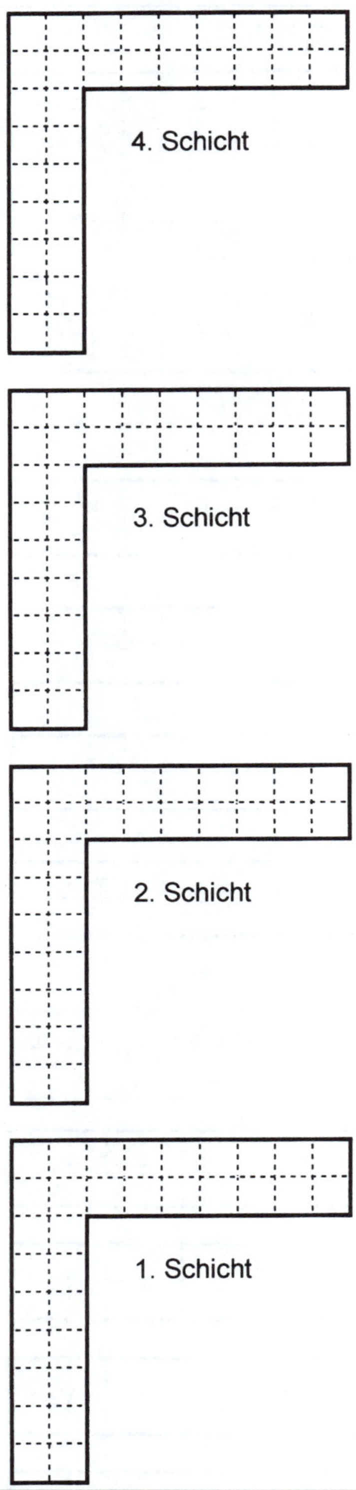

Beispiel 2:

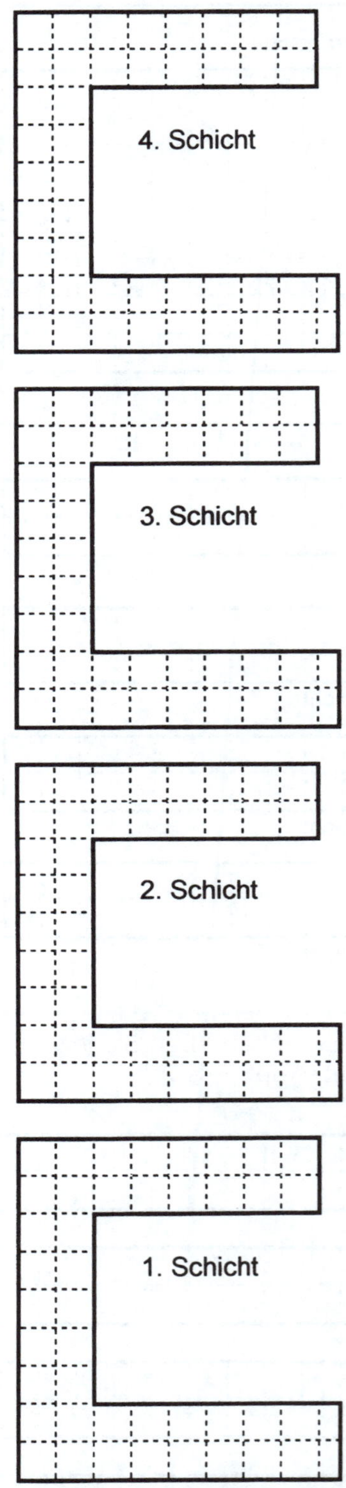

Wie viele 3 DF-Steine können zur Arbeitserleichterung statt $\frac{3}{4}$ 2 DF-Steine verwendet werden?

Klasse:	Name:	Datum:	**70**

Aus dem skizzierten Grundriss sollen die Punkte A und B näher „untersucht" werden.

a) Übertragen Sie die Mauerecken A und B auf kariertes Papier und zeichnen Sie die 1. bis 4. Schicht im Kreuzverband. *1 am = 1 Karo* *Alle Angaben in der Skizze sind in Achtelmeter (am).*

b) Stellen Sie den Punkt A unten in der Kavallierperspektive – mit Baunennbemaßung – in den Umrissen dar.

Vorgaben: M 1 : 20 (cm, m); Mauerhöhe: 4 am; Beginn Mauerecke ist vorgegeben. (Die einzelnen Schichten nicht einzeichnen.)

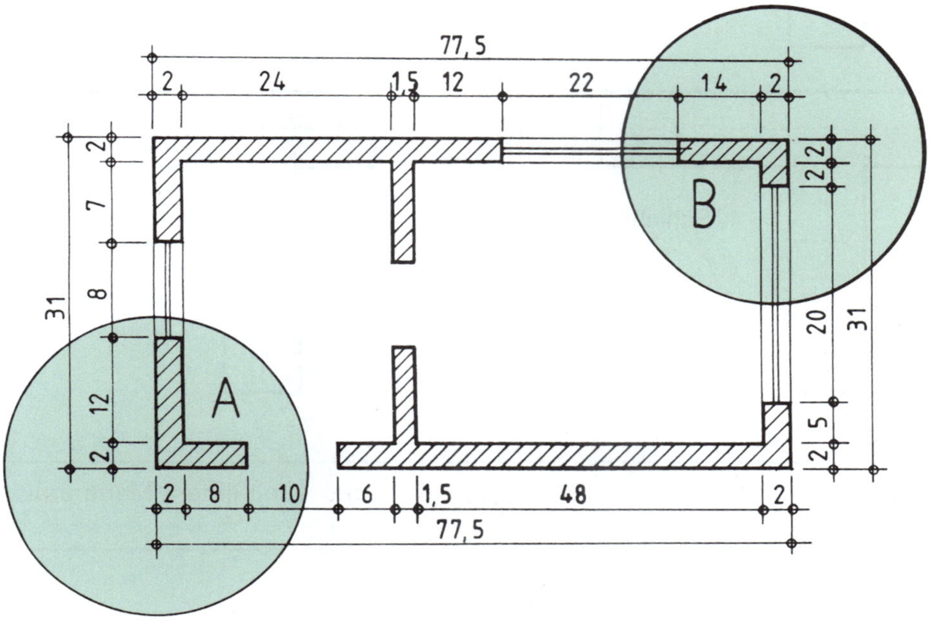

Lösung zu b): **Kavalierperspektive: Mauerecke Punkt A, M 1:20 (cm, m)**

1. Tragen Sie in die 1. bis 4. Schicht den Kreuzverband ein. ☐ = 1 am

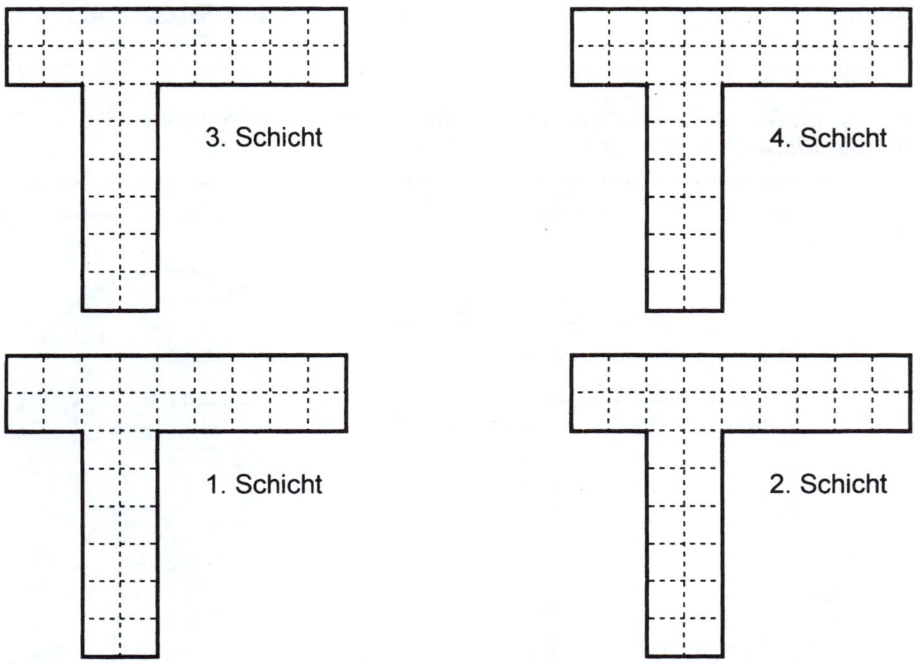

2. Jetzt wird es schwieriger. Wir kombinieren nun eine Mauerecke mit einem Mauerstoß. Können Sie das?

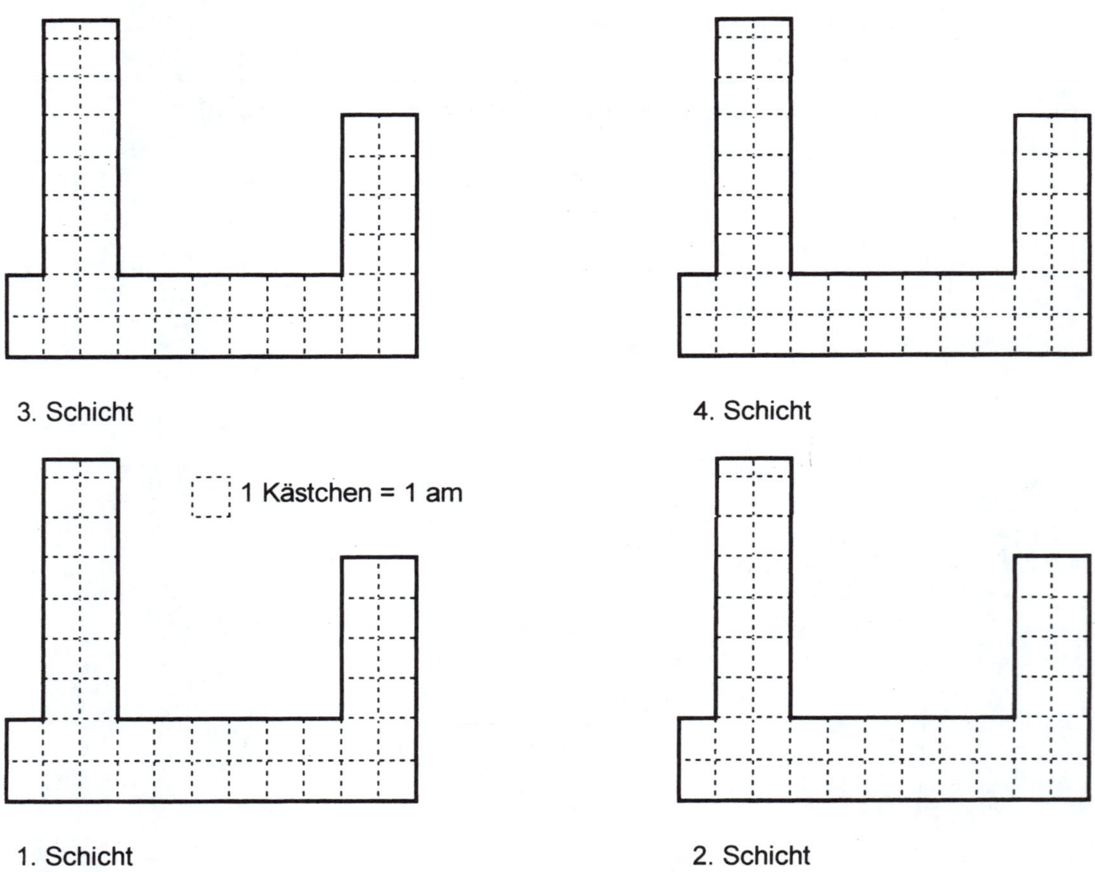

Klasse:	Name:	Datum:	72

Doppelmüllbox in 24,0 Wanddicke

a) Tragen Sie in die 1. und 2. Schicht sowie in die Vorderansicht (8 Schichten *Mauerhöhe: Stein + Fuge = 1 Kästchen*) den **Blockverband** mit 2 DF-Steinen ein.

b) Bemaßen Sie die 1. Schicht *1 Kästchen = 1 Kopf*

2. Schicht

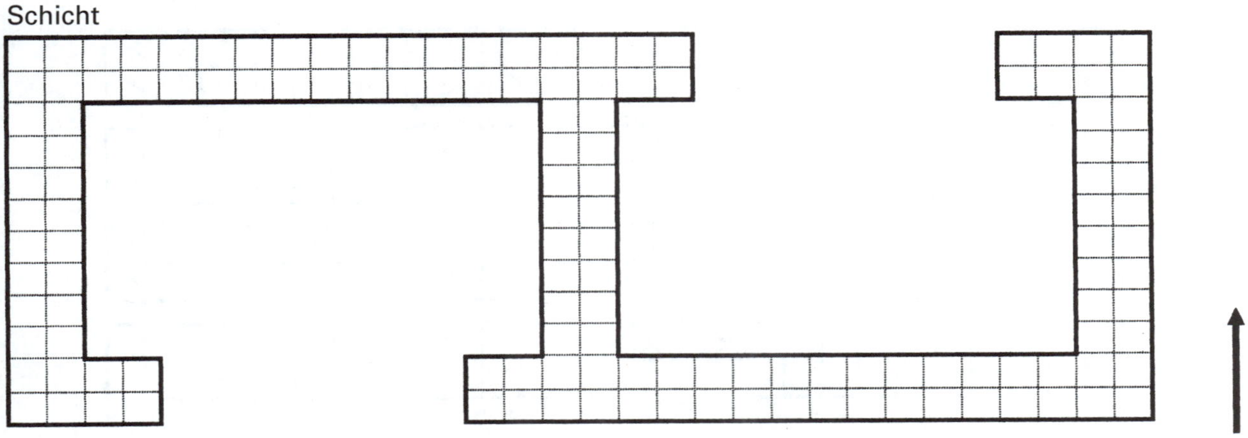

1. Schicht

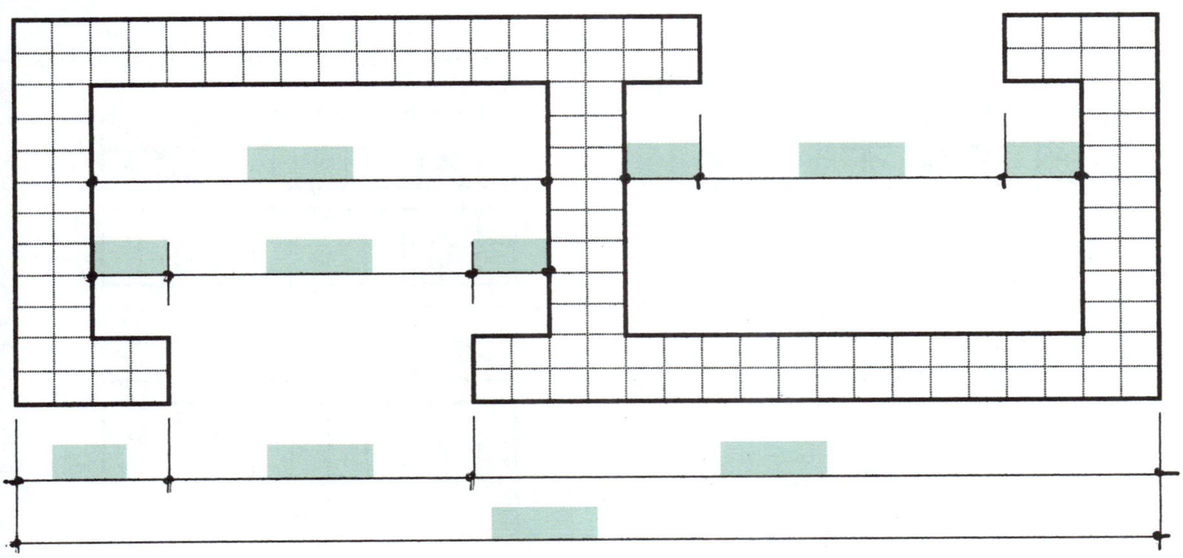

Vorderansicht

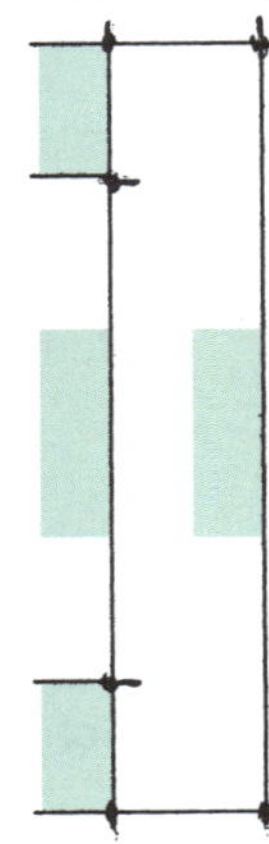

Vorderansicht (8 Schichten mit 2 DF)

Die nun folgenden Aufgaben sind „Spezialaufgaben" im 24er-Mauerwerk!

Heute nicht mehr so oft zu sehen, aber noch üblich, werden in Wänden Heizkörpernischen und Türanschläge eingebaut. Für zwei gängige Ausführungen zeigen wir Ihnen Lösungsmöglichkeiten (im Kreuzverband) auf, bevor Sie selbst arbeiten sollen.

Beispiel: **Heizkörpernische**

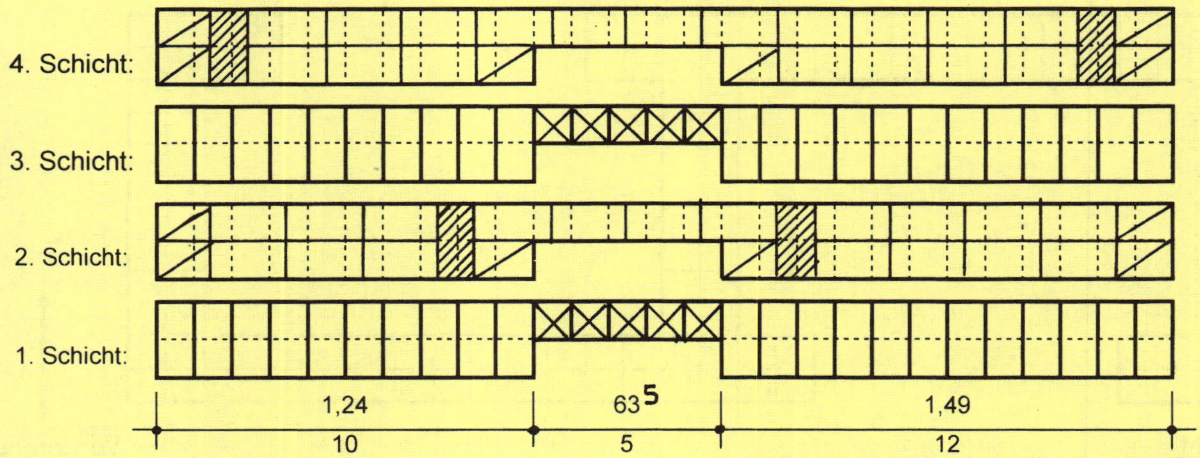

Beispiel: **Türanschlag**

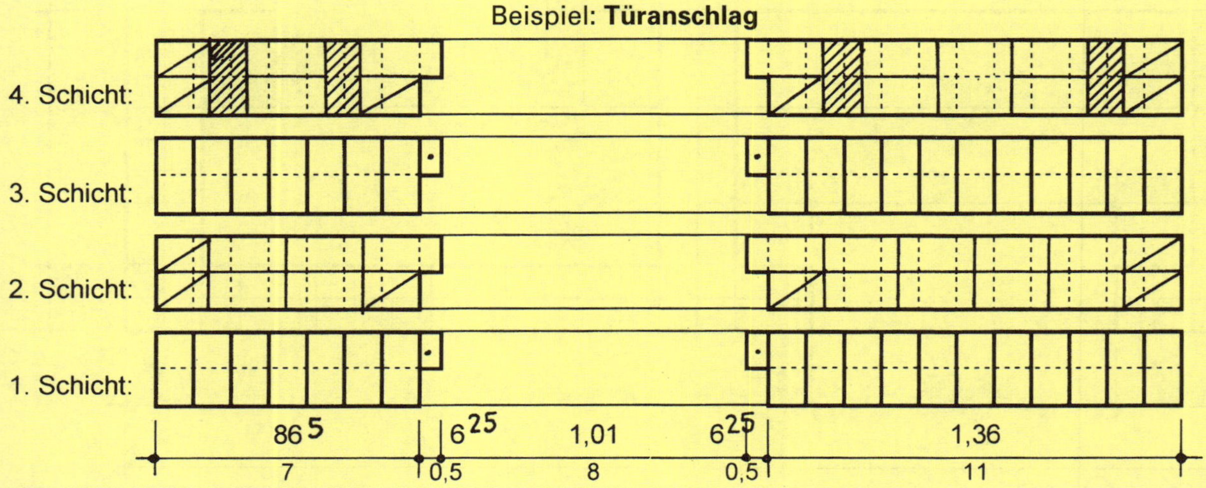

Und nun können Sie üben.

Zeichnen Sie die beiden Vorgaben (jeweils mit 4 Schichten) auf karierte Blätter und konstruieren Sie den Kreuzverband für das 24er-Mauerwerk.

Heizkörper-nische

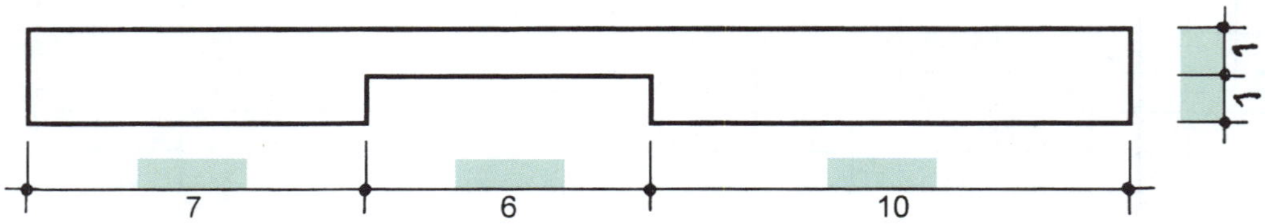

Türanschlag (6,25 cm)

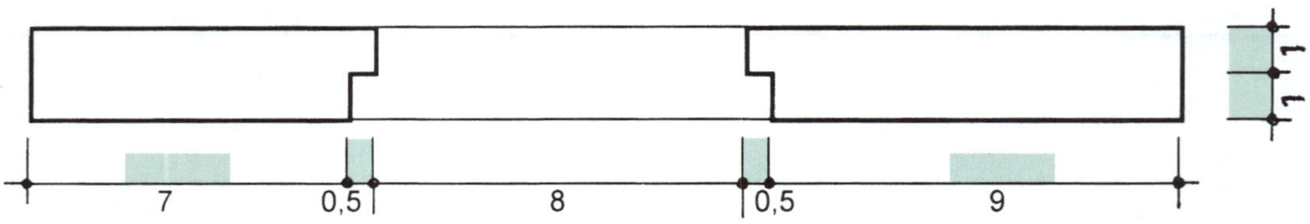

Klasse:	Name:	Datum:	**74**

1. Wodurch unterscheidet sich der Blockverband mit gerader von dem mit ungerader am-Zahl?

2. Wodurch unterscheidet sich der Kreuzverband mit gerader von dem mit ungerader am-Zahl?

3. Welche Schicht hat an der Mauerecke „Vorfahrt"?

4. Was verstehen Sie unter der Bezeichnung „Umgeworfener Verband"?

5. In welchem Punkt unterscheiden sich die allgemeinen Regeln für den Blockverband vom Kreuzverband?

6. Zum Abschluss noch zwei zeichnerische Aufgaben. Skizzieren Sie in die 1. und 2. Schicht der dargestellten Draufsichten der Mauerstücke
a) den Blockverband (2 DF-Steine) und
b) den Binderverband (2 DF- / 3 DF-Steine) ein.

Blockverband

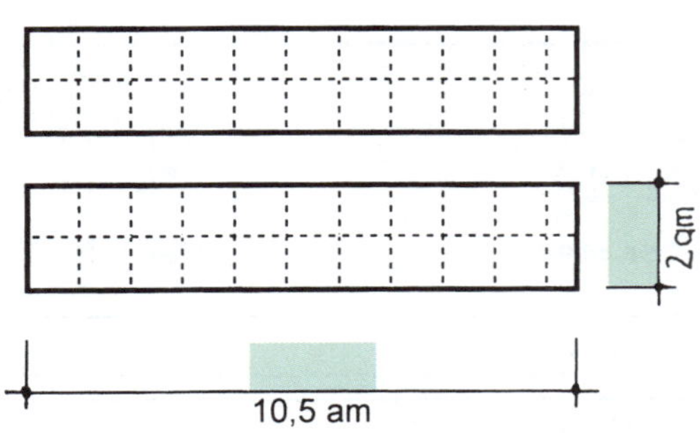

Binderverband

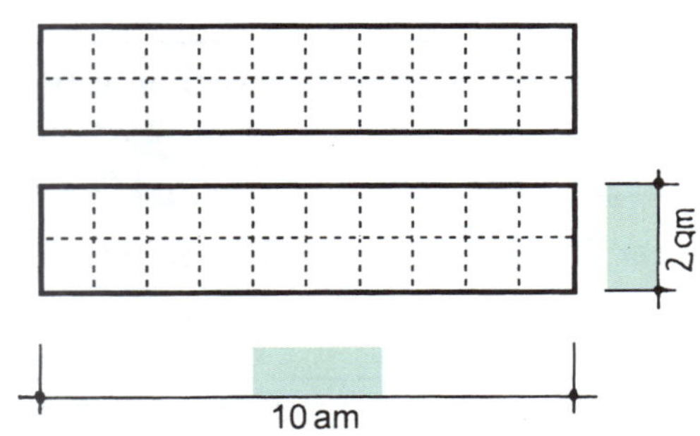

	Lernfeld 3: Mauern eines einschaligen Baukörpers	Mauerverbände **24,0: Mauerwerk** Test LF 3	**T** 1

So könnte ein Kurztest bzw. eine Klassenarbeit zum 24,0er-Mauerwerk aussehen.
Hilfsmittel: Zeichenmaterial, evtl. Taschenrechner; Zeit: .... Minuten

Beantworten Sie folgende Fragen auf einem Extrablatt.
Für Zeichnungen benutzen Sie karierte Blätter!

1. 24er- Mauer: Welche drei Regeln gelten sowohl für den Block- und Kreuzverband?

2. Welche Regel muss beim Kreuzverband bezüglich der Verschiebeköpfe immer eingehalten werden?

3. Zeichnen Sie für die dargestellten 24er-Mauerstücke jeweils die 1. und 2. Schicht in der Draufsicht und bemaßen Sie die 1. Schicht. *Vorgaben: Blockverband 1 am = 1 Karo*

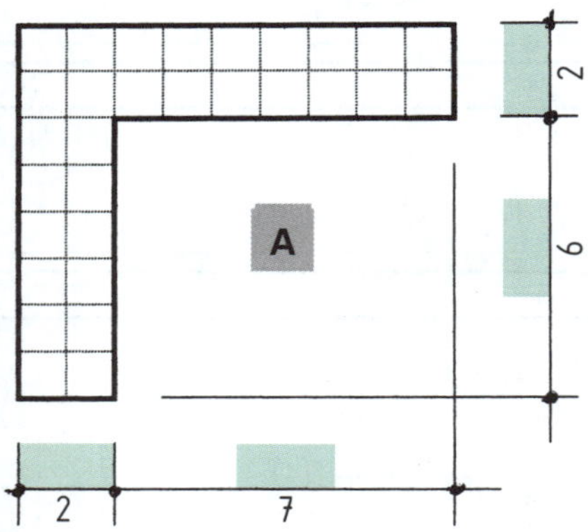

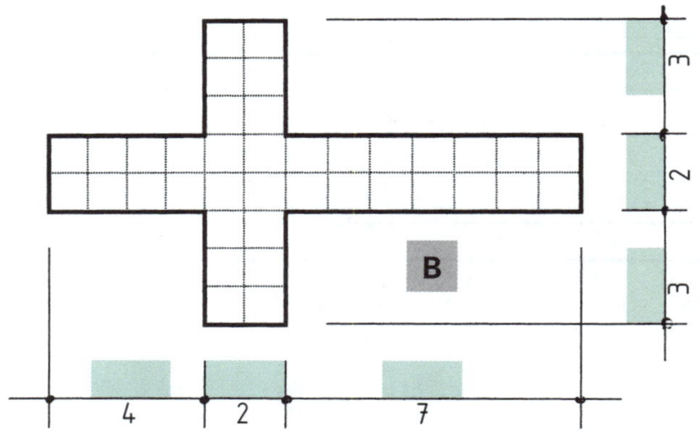

4. Zeichnen Sie das dargestellte 24er-Mauerstück im Kreuzverband. 1.–4. Schicht; Draufsicht. Bemaßen Sie die 1. Schicht.

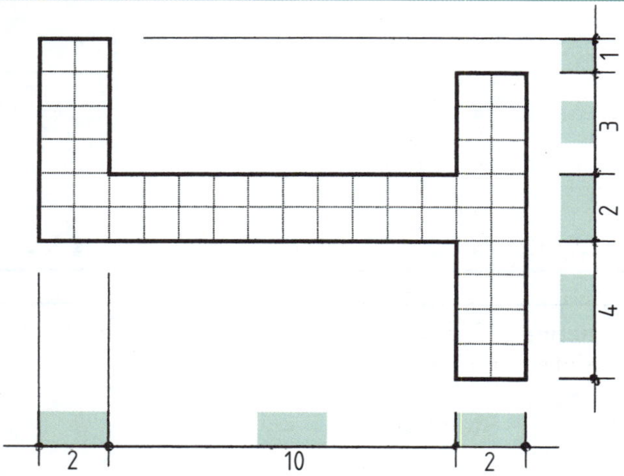

Anmerkung:

Für die von Ihnen darzustellenden Mauerverbände gilt:

 = **Ganzer** Stein

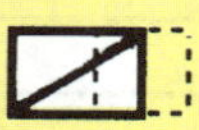 = **Dreiviertel**stein

 = **Halber** Stein

 = **Viertel**stein

Für die Steinlänge gilt: 1 Karo = 1 am.

Es wird generell nur mit Bleistift gezeichnet.

Klasse:	Name:	Datum:	**76**

Lernfeld 3: Mauern eines einschaligen Baukörpers	Mauerverbände (Kap. 11) **36,5: Maueranfang, -ende**	**A** **Te**

Aufgaben:
Zeichnen Sie im Kreuzverband die ersten 6 Schichten in der Ansicht und die ersten vier Schichten in der Draufsicht. *Legen Sie die Verschiebeköpfe farbig an.*

Vorderansicht

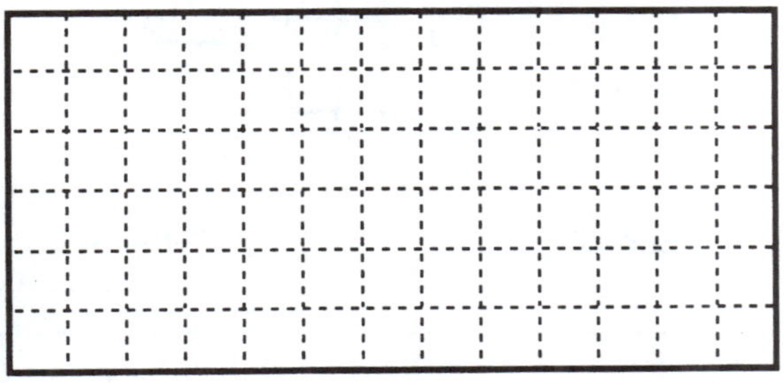

Vorderansicht

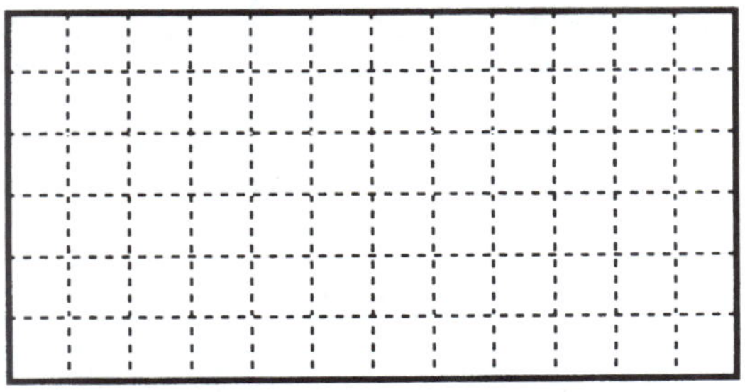

Draufsichten

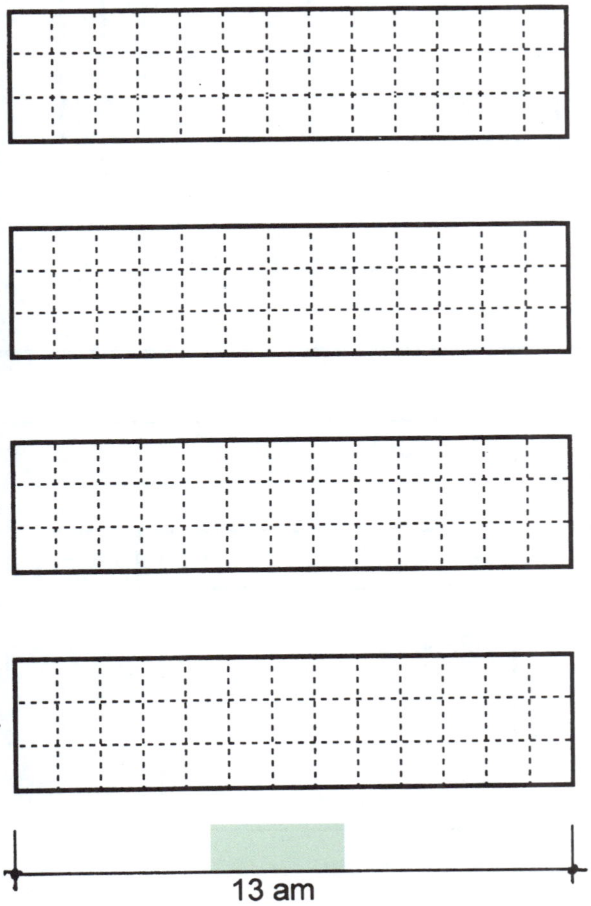

Draufsichten

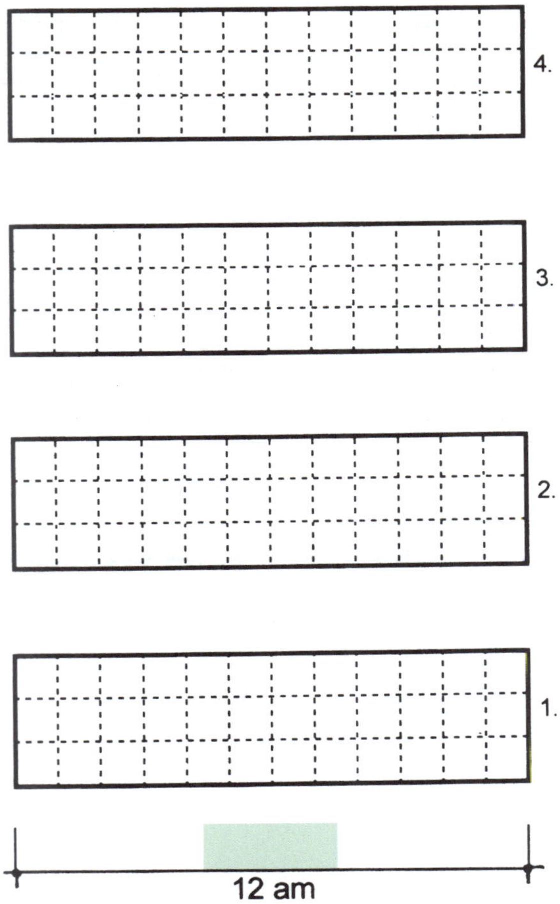

Für die von Ihnen darzustellenden Mauerverbände gilt:

 = **Ganzer** Stein

 = **Dreiviertel**stein

 = **Halber** Stein

 = **Viertel**stein

Für die Steinlänge gilt: 1 Karo = 1 am.

Klasse:	Name:	Datum:	**77**

Zusatzinfo: **Maueranschlüsse mit 17,5er-Wänden**

24er-/17,5er-Mauer

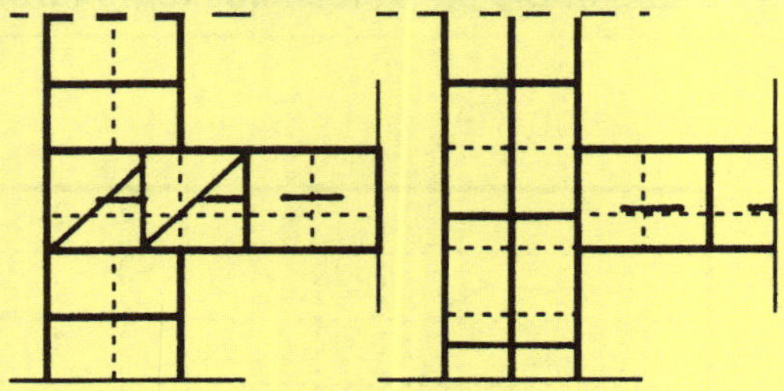

1. Schicht 2. Schicht

17,5er-/11,5er-Mauer

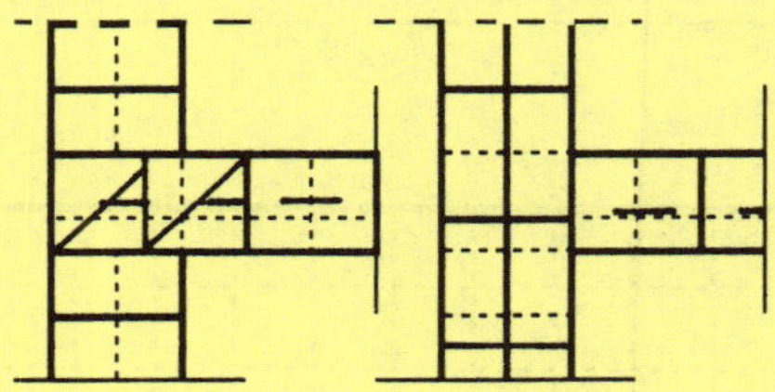

1. Schicht 2. Schicht

24er-/11,5er-Mauer

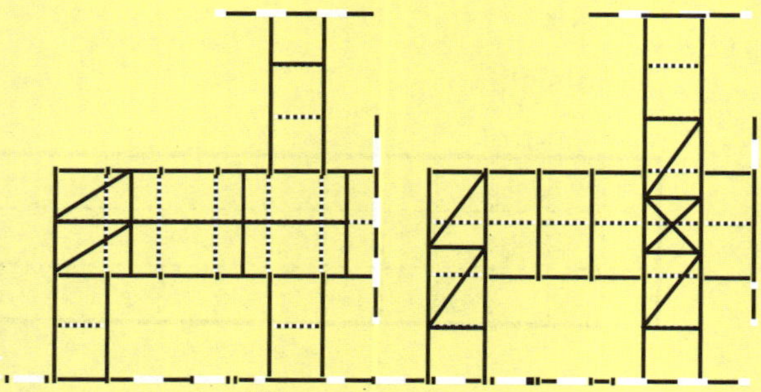

1. Schicht 2. Schicht

Aufgabe: Zeichnen Sie die 1. und 2. Schicht der dargestellten Mauer verschiedenfarbig ein. *1 am = 1 K*

1. Schicht = rot
2. Schicht = grün

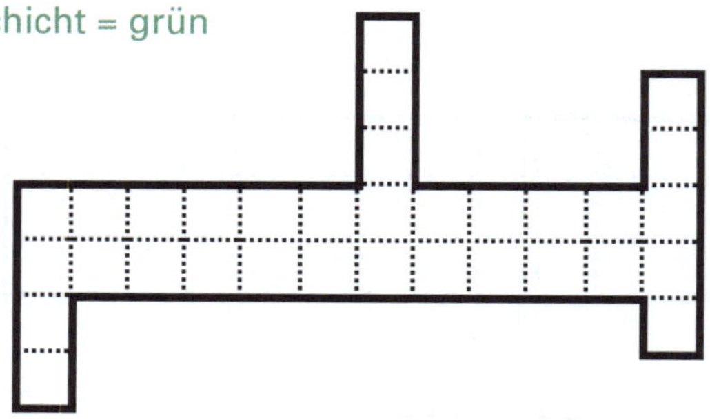

Ferienhaus der Familie Huber.
Konstruieren Sie die Verbände für Punkt A und B. (1./2. Schicht). Bemaßen Sie eine Schicht.

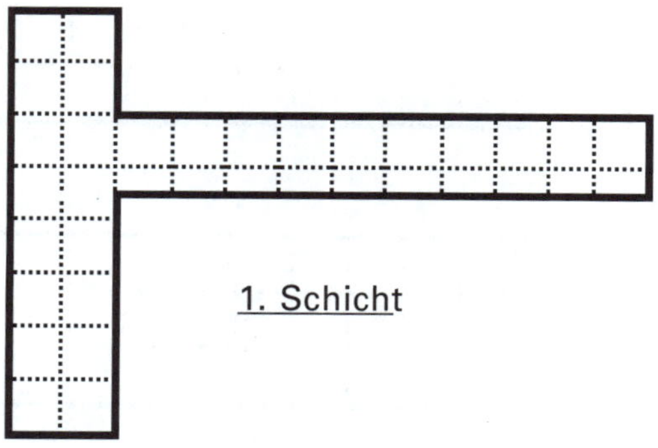

1. Schicht

Punkt A:

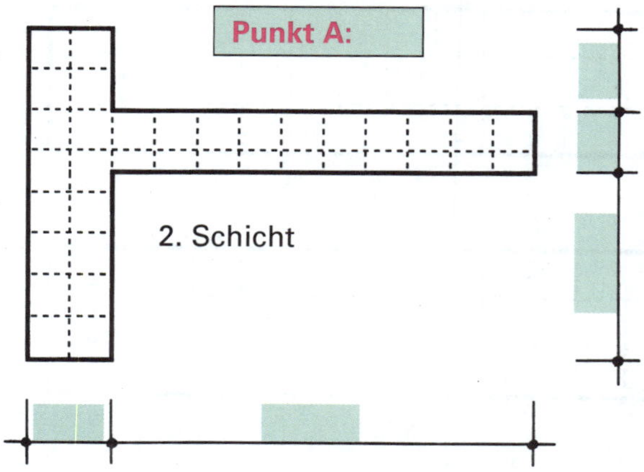

2. Schicht

1. Schicht

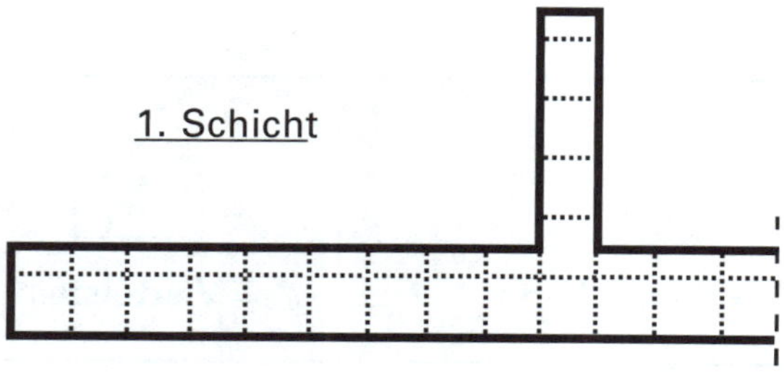

Punkt B:

2. Schicht

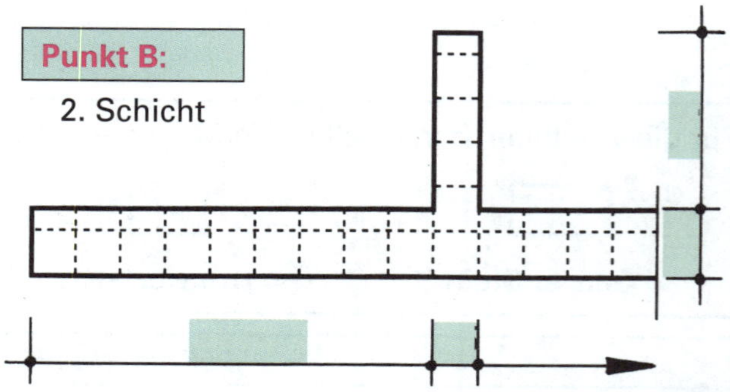

Klasse:	Name:	Datum:	**78**

Ferienhaus Familie Huber. Das Bad/WC soll gemauert werden.
Aufgabe: Konstruieren Sie die 1. und 2. Schicht verbandsgerecht.
Übernehmen Sie dazu den aufgezeigten Grundriss auf Extrablätter (kariert). *Benutzen Sie zur Anleitung Ihr Fachbuch, Kap. 14.*

Diesen Teil wollen wir bearbeiten.

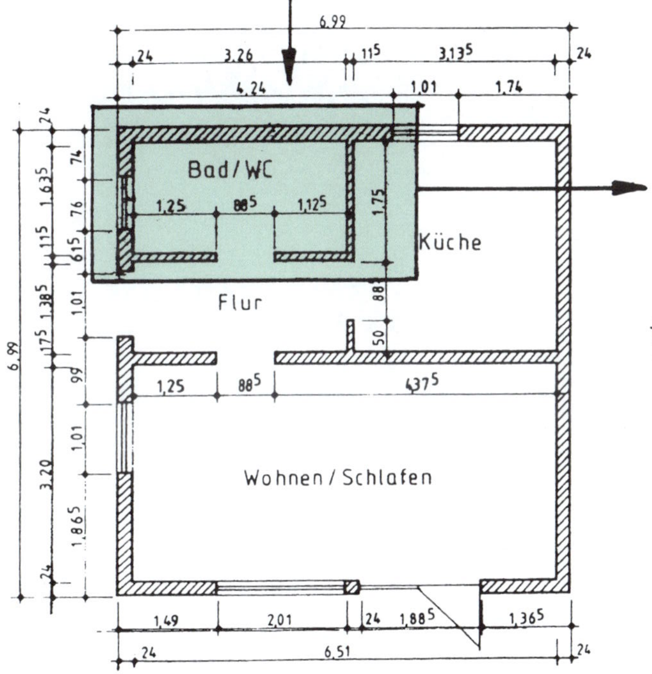

Das ist der Grundriss .

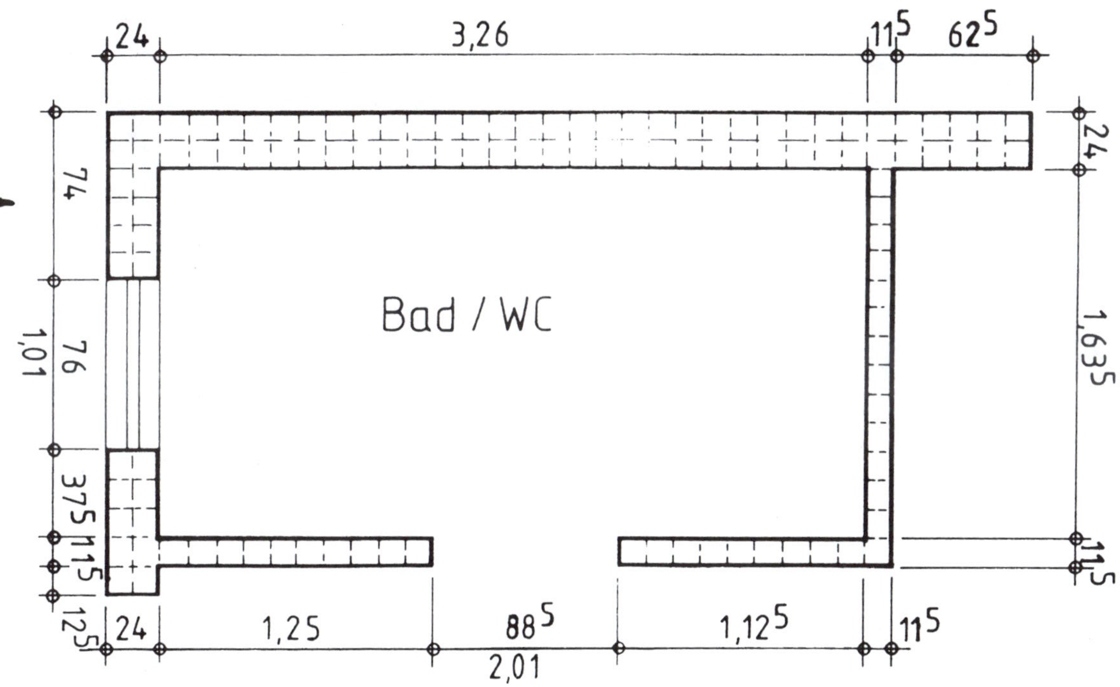

1. Ordnen Sie die Abbildungen den Schalungselementen zu. *(Unterstützung, Aussteifung, Schalhaut)*

① 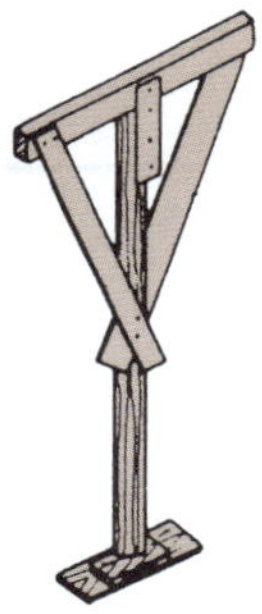

② 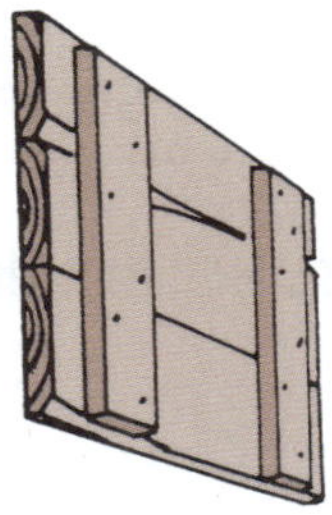

③ 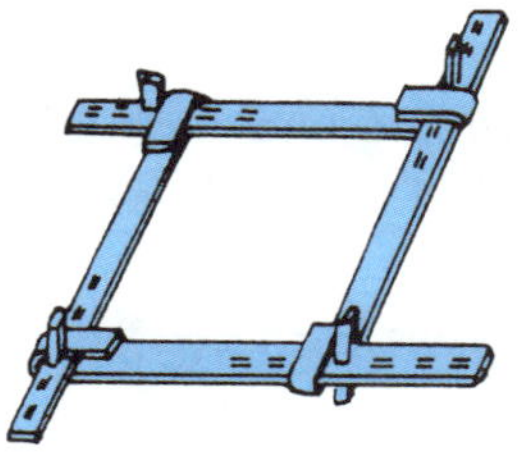

2. Was ist bei Abbildung ② zu beachten?

3. Welche 3 Aufgaben haben Betonschalungen zu erfüllen?

Schalhaut:

Aussteifung:

Unterstützung:

4. Welche Abstände bzw. Dicken sind bei Brettschalungen zu beachten? Tragen Sie die Maße ein.

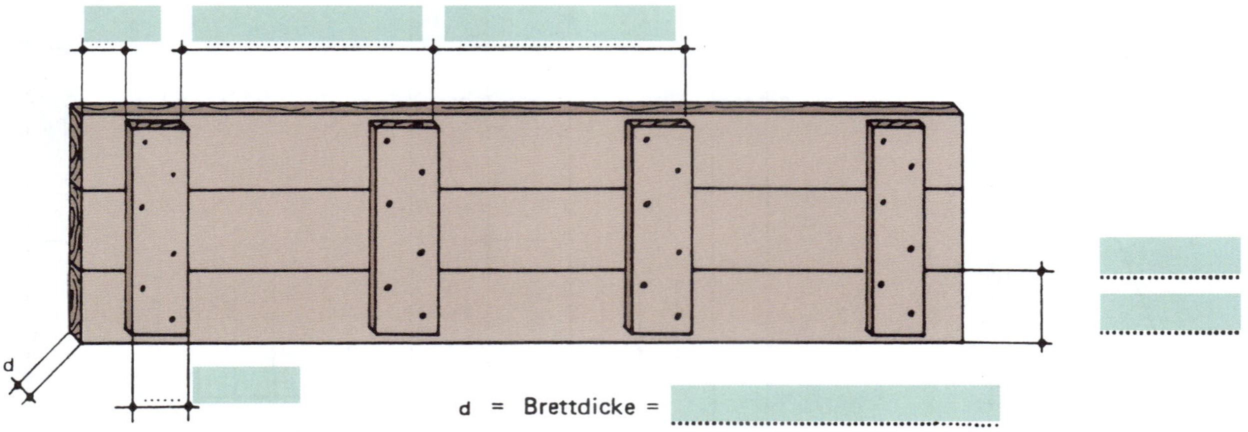

5. Wozu dienen die Doppelkeile bei Unterstützungen?

1. Vervollständigen Sie die Querschnittzeichnung eines Stahlbetonbalkens (30 cm x 36,5 cm).

gegeben:
- Gurtholz/Längsholz: 8/10 cm
- Bretter und Laschen: 2,4/10 cm

Querschnitt M 1:10 (m, cm)

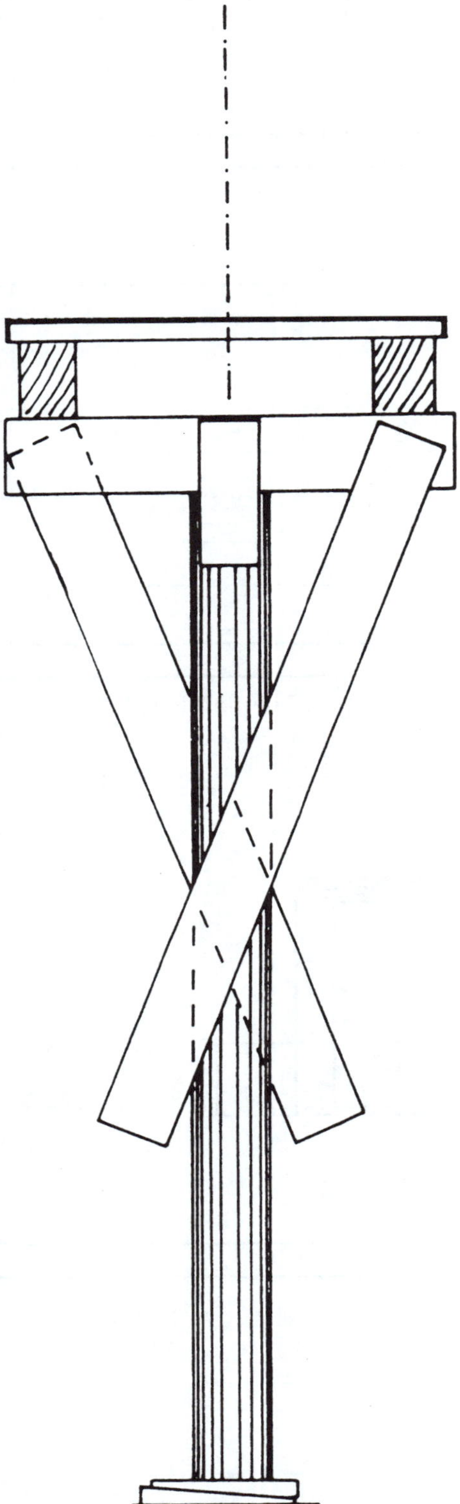

2. Zeichnen und bemaßen Sie die Seiten- und Bodenplatte dieses Stahlbetonbalkens.

gegeben:
- Breite der Schalbretter: 9 und 10 cm

ACHTUNG! M 1:20 (m, cm)

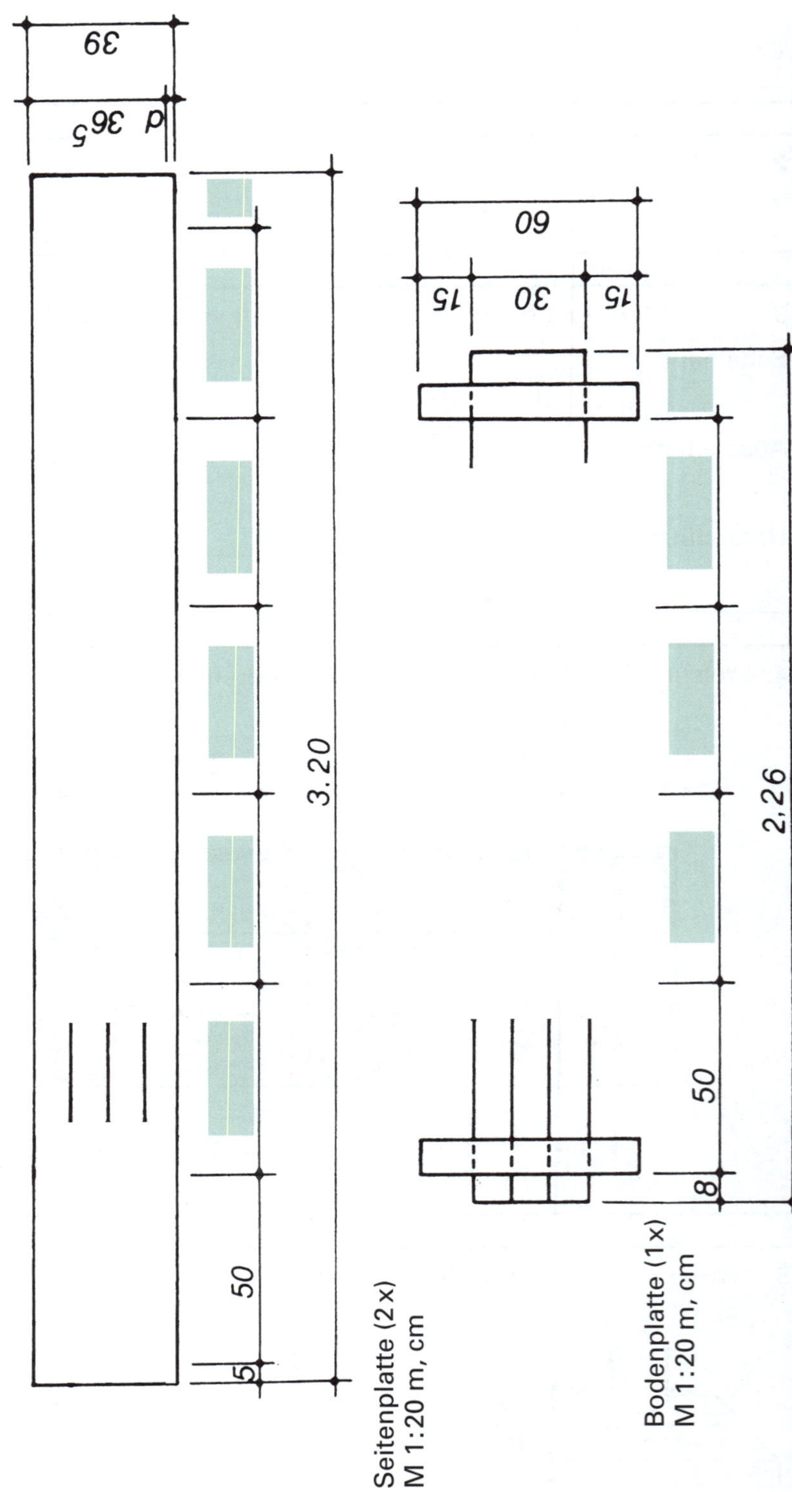

Auf Blatt 81 haben Sie eine Balkenschalung gezeichnet. Das hierfür benötigte Schalungsmaterial und die Kanthölzer sollen Sie nun bestellen, *d. h. Sie müssen die Mengen nach einer „Holzliste" berechnen.* Dieses wollen wir einmal gemeinsam üben, bevor Sie eine Aufgabe selbstständig bearbeiten.

So hätte ihre Zeichnung aussehen müssen.

Seitenplatte (2 x)
M 1:20 m, cm

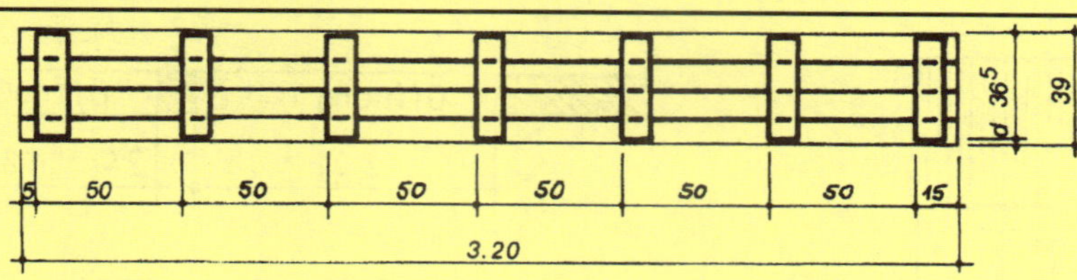

Bodenplatte (1 x)
M 1:20 m, cm

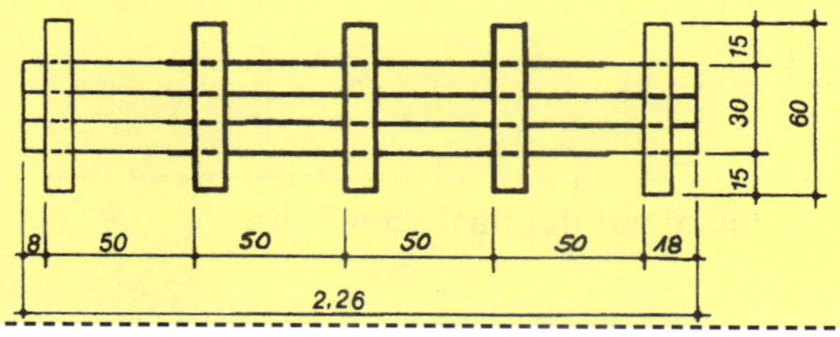

Aufgabe:

a) Berechnen Sie das benötigte Schalungsmaterial für den Stahlbetonbalken 30 x 36,5 cm. Erstellen Sie für Ihre Berechnungen eine „Holzliste", *siehe Beispiel oben.*

b) Wie viele Kanthölzer (Anzahl mit Abmessungen) für Gurt- und Längsholz müssen bestellt werden?

Vorgaben:
- die Unterstützung wird nicht berechnet, da statt Kopfstützen Stahlrohrstützen verwendet werden,
- Schalbretter: 2,4/10 cm,
- Knaggen: jede Seite 4 Stück, Länge: 24 cm, *siehe „Holzliste" Nr. 7,*
- Verschnitt (durch die Bearbeitung der Schalungsteile): 15 %.

Hilfe: einschließlich Gurtbrett, Drängbrett und Knaggen brauchen Sie 7 Pos.-Nrn.

Wie geht man vor?

Zunächst wird eine „Holzliste" tabellarisch angelegt, wie im Fachbuch vorgegeben.

Nr.	**Bezeichnung/Verwendung**	**Anzahl**	**Fertigmaße** in m Länge	Breite	**Nettomenge** (in m^2)	**Bruttomenge** in m^2 (+ 15 % Verschnitt)
1						
7						
				Gesamt:		

Lösung zu a) So müsste Ihre „Holzliste" zum Stahlbetonbalken für Schalungsmaterial aussehen.

Nr.	**Bezeichnung/Verwendung**	**Anzahl**	**Fertigmaße** in m Länge	Breite	**Nettomenge** (in m^2)	**Bruttomenge** in m^2 (+ 15 % Verschnitt)
1	Bretter für 1 Bodenplatte	3	2,26	0,10	0,68	0,78
2	Bretter für 2 Seitenplatten	8	3,20	0,10	2,56	2,94
3	Laschen für 1 Bodenplatte	5	0,60	0,10	0,30	0,35
4	Laschen für 2 Seitenplatten	14	0,39	0,10	0,55	0,63
5	Brett für Gurtbrett	2	3,20	0,10	0,64	0,74
6	Brett für Drängbrett	2	3,20	0,10	0,64	0,74
7	Bretter für Knaggen	8	0,24	0,10	0,19	0,22
				Gesamt:	**5,56**	**6,40**

Prüfen Sie unsere Berechnungen nach. Ist uns da ein Fehler unterlaufen?

Lösung zu b) Kanthölzer für Gurt- und Längsholz: 4 Stück 8 x 10 cm; Länge: 3,20 m

Lernfeld 4:

Herstellen eines Stahlbetonbauteiles

Betonschalung (Kap. 2.4)
Materialverbrauchsberechnungen für Schalungen (1)

Proj
Ma

Ferienhaus Familie Huber:
Im Wohnbereich nach Süden wird über Fenster- und Türöffnung ein gemeinsamer Stahlbetonbalken hergestellt.
Abmessungen: $b = 24$ cm, $h = 36{,}5$ cm; Öffnungsmaße: siehe untere Skizze; alle Schalbretter: 2,4/10 cm

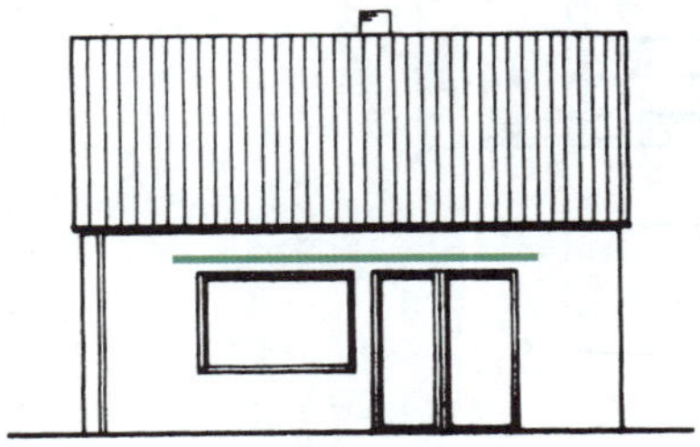

Das sind die zu überbrückenden Öffnungen!

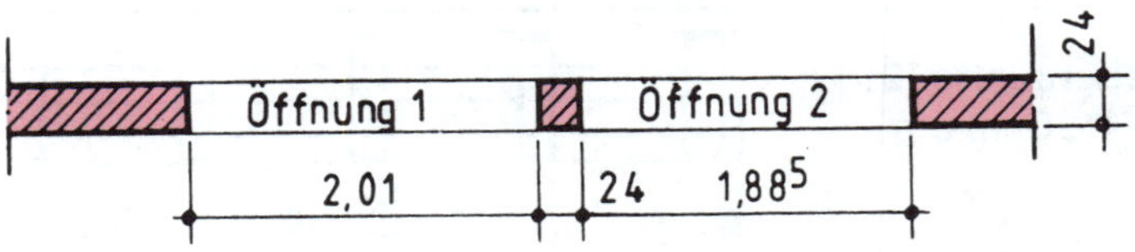

Aufgabe: **Lösen Sie Aufgabe a) bis d) auf der nächsten Seite**

Ermitteln/Berechnen Sie:

a) **die Länge/Höhe der durchgehenden Seitenplatten.**
Balkenauflager: an den Seiten je 20 cm; seitlicher Anschlag jeweils noch 5 cm.

b) **die Längen der einzelnen Bodenplatten für Öffnung 1 und Öffnung 2.**
$\frac{1}{2}$ cm abziehen zwecks leichterem Ausschalen.

c) **die Länge der Bodenlasche.**
seitlicher Überstand: je 15 cm,
Anzahl der Laschen: für Bodenplatten insgesamt 9 Stück, für jede Seitenplatte 11 Stück

d) **Berechnen Sie das benötigte Schalungsmaterial für den ganzen Stahlbetonbalken 24 x 36,5 cm**
Benutzen Sie die nächste Seite „Holzliste" für Ihre Berechnungen

Vorgaben:
- die Unterstützung wird nicht berechnet,
- Schalbretter: 2,4/10 cm,
- Knaggen: jede Seite 6 Stück, Länge: 24 cm,
- Verschnitt (durch die Bearbeitung der Schalungsteile): 15 %
- Gurt- und Längsholz bleiben unberücksichtigt.

Klasse:	Name:	Datum:	83

Lösungen zu Arbeitsblatt 83

Nr.	Bezeichnung/Verwendung	Anzahl	Fertigmaße in m Länge	Breite	Nettomenge (in m²)	Bruttomenge in m² (+ 15 %Verschnitt)
1						
2						
3						
4						
5						
6						
7						
8						

Klasse:
Name:
Datum:

So könnte ein Kurztest bzw. eine Klassenarbeit zum Lernabschnitt „Betonschalung" aussehen.
Hilfsmittel: keine Zeit: .... Minuten

1. Welche Aufgaben hat die Unterstützung zu erfüllen?

2. Welche Teile einer Betonschalung nehmen:
a) den seitlichen Druck auf? **b)** den senkrechten Druck auf?

3. Wovon ist der Druck auf die Schalung abhängig?

4. Welche 5 Anforderungen werden an Betonschalungen gestellt?

Schalungen müssen:

5. Wie lang muss eine Seitenschalungsplatte für ein Einzelfundament sein, wenn die Fundamentlänge 1,80 m beträgt und Bretter mit den Abmessungen 2,4/10 cm verwendet werden?

Tipp: Sehen Sie in der Skizze (unten) nach!

6. Warum werden bei einer Stützenschalung Dreikantleisten eingebaut?

7. Nennen Sie 3 Materialien, aus der die Schalhaut bestehen kann!

8. Nennen Sie mindestens 2 Beispiele für Verspannmöglichkeiten.

9. Benennen Sie die Teile ① bis ⑧ des dargestellten Einzelfundamentes.

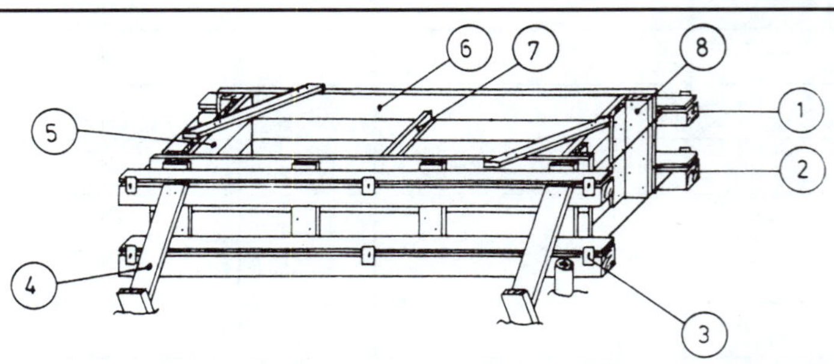

Klasse:	Name:	Datum:	85

1. Versuchsaufbau und Versuchsdurchführung:

1.1 Die Betonstürze werden auf der Balkenprüfpresse bis zum Bruch auf Biegung belastet.
1.2 Die Last F beim Bruch wird abgelesen und in die Tabelle eingetragen.

Belastungsbild

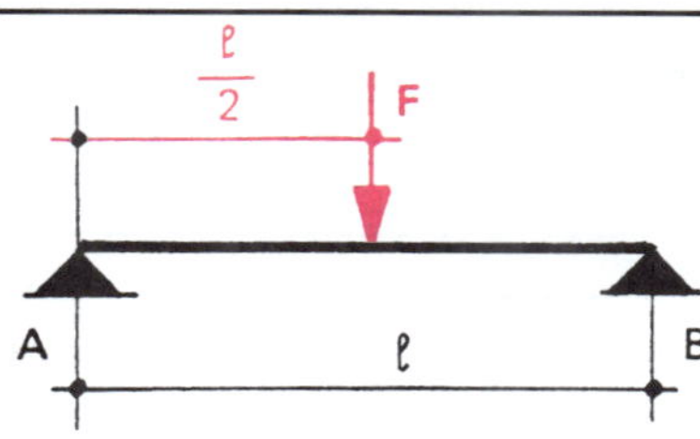

F = Kraft

l = Stützweite

l/2 = __________ cm

A = B = Auflager

2. Versuchsbeobachtung:

Versuch Nr.	Darstellung im Schnitt	Sturzbeschreibung			Bruchkraft in kN
1	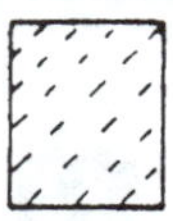	Betonsturz	unbewehrt	**ohne** Stahleinlagen Beton gut verdichtet	
2	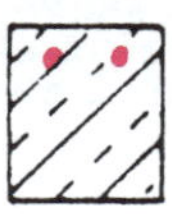	Stahl-betonsturz	bewehrt	Stahleinlagen **oben** (Druckzone) Beton gut verdichtet	
3	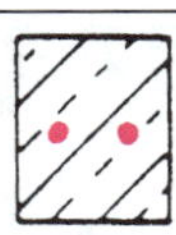	Stahl-betonsturz	bewehrt	Stahleinlagen **mittig** (Nullzone) Beton gut verdichtet	
4		Stahl-betonsturz	bewehrt	Stahleinlagen **unten** (Zugzone) Beton gut verdichtet	
5		Stahl-betonsturz	bewehrt	Stahleinlagen **unten** (Zugzone) Verschmutzung durch **anhaftendes Schalöl** Beton gut verdichtet	
6		Stahl-betonsturz	bewehrt	Stahleinlagen **unten** (Zugzone) Beton nicht verdichtet	

3. Versuchsauswertung:

Ergänzen Sie die Merksätze anhand der Fragen:

a) Wodurch kann eine höhere Belastungsfähigkeit von Betonstürzen erreicht werden?
b) In welcher Zone müssen die Stahleinlagen eingebaut werden, wenn die Tragfähigkeit möglichst hoch sein soll?
c) Welche Wirkung hat eine Verunreinigung der Stahleinlagen?

Merke:

- **Der Sturz kann höher belastet werden, wenn der Beton __________ ist.**
- **Der Stahlbetonsturz kann höhere Lasten aufnehmen, wenn die Stahleinlagen in der __________ liegen.**
- **Im Stahlbetonbalken dürfen die Stahleinlagen __________ sein.**
- **Der Stahlbetonbalken kann höher belastet werden, wenn der Beton __________ wurde.**

Klasse:	Name:	Datum:	**86**

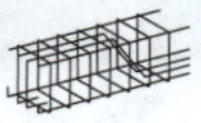

Lernfeld 4:	Betonbewehrung (Kap. 3)	**A**
Herstellen eines Stahlbetonbauteiles	**Bewehrung (1)**	**Te**

1. Welche Aufgabe erfüllt der Betonstahl in Betonbauteilen?

2. Erklären Sie das Kurzzeichen für Betonstabstahl: B500 ø12

3. Welche Aufgabe erfüllen die Rippen auf Betonstabstählen/Betonstahlmatten?

4. Wir belasten einen Einfeld- und einen Zweifeldstahlbetonbalken:

Einfeldstahlbetonbalken	**Zweifeldstahlbetonbalken**

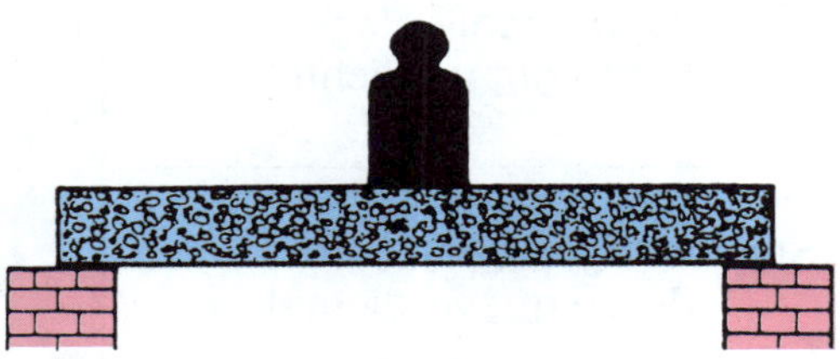

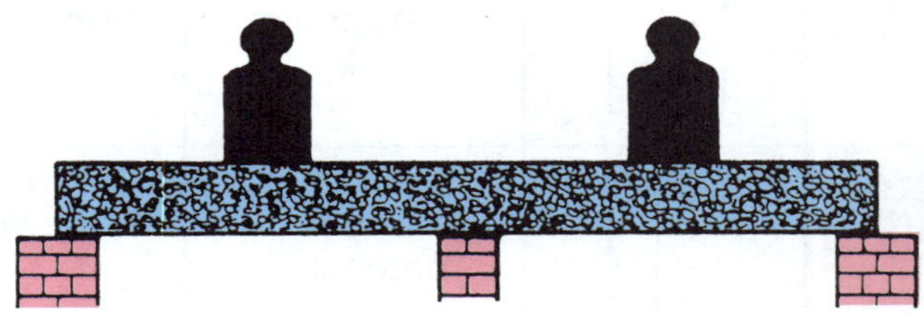

a) Zeichnen Sie in **ROT** ein, wo Zugkräfte auftreten:

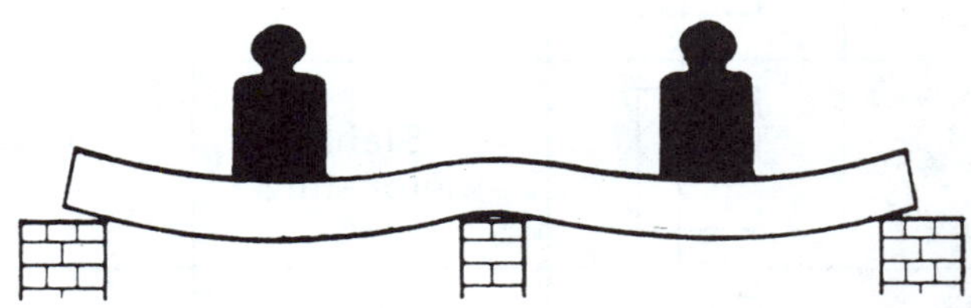

b) Zeichnen Sie in **BLAU** die Lage der Zugbewehrung ein:

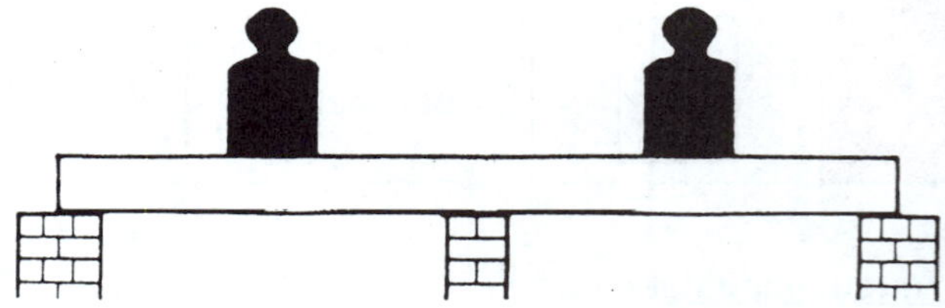

5. Welche Eigenschaften von Stahl und Beton sind von Wichtigkeit für den Verbundbaustoff „Stahlbeton“?

6. Was kann passieren, wenn die geforderte Betondeckung nicht eingehalten wird?

Klasse:	Name:	Datum:	**87**

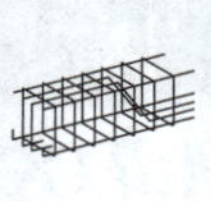

Lernfeld 4:

Herstellen eines Stahlbetonbauteiles

Betonbewehrung (Kap. 3)
Bewehrung (2)

A

Te

7. Trotz der eingelegten Zugbewehrung können Haarrisse an den Auflagern eines Stahlbetonbalkens auftreten. Durch welche in dem Bild dargestellten Betonstähle wird das verhindert?

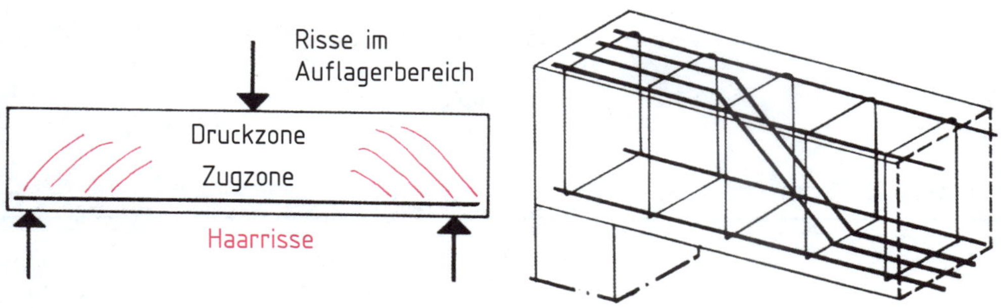

8. Welche Betonstähle sind so gekennzeichnet?

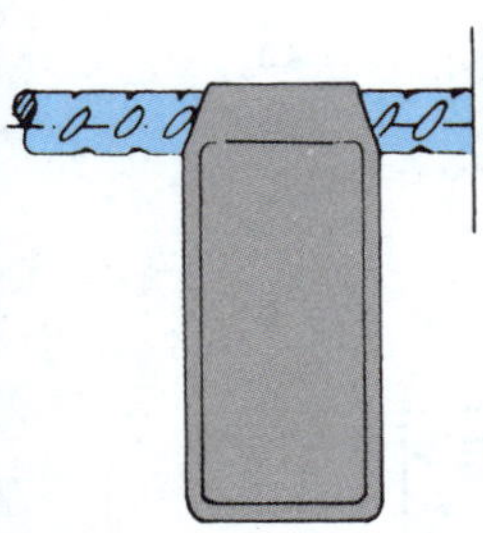

- [ ] Listenmatten
- [ ] Zeichnungsmatten
- [ ] Betonstabstähle
- [ ] alle Betonstahlmatten
- [ ] Lagermatten
- [ ] keine Betonstähle

9. Warum bricht die Stahlbetonplatte ab?

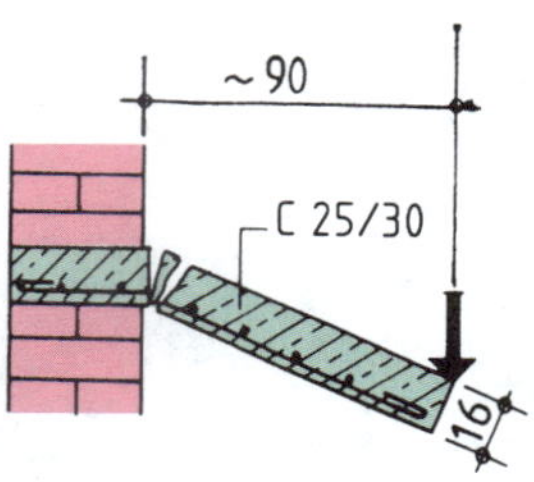

- [ ] sie ist zu dünn.
- [ ] sie ist zu stark beansprucht.
- [ ] sie ist falsch bewehrt.
- [ ] C25/30 reicht nicht.
- [ ] sie kragt zu weit aus.

10. Was bedeutet die Bezeichnung „B500A"?

- [ ] Betonstahl, Streckgrenze, schweißbar
- [ ] Baustahl 420, Gütegruppe S
- [ ] Baustahl, Mindeststreckgrenze
- [ ] Betonstahl, charakteristische Streckgrenze mir drei Rippenreihen
- [ ] Betonstahlmatte der Klasse S

11. Was verstehen Sie unter der Bezeichnung „Lagermatte" ?

- [ ] Matten, die lange gelagert werden können.
- [ ] Matten, die genormt und so „auf Lager" sind.
- [ ] Matten, die nur für Auflager bestimmt sind.
- [ ] Matten, die nach Listen verlegt werden.
- [ ] Matten, die mit Lagerfugen verbunden werden.

Überlegen Sie.

12. Welche Lage der Bewehrung ist für den dargestellten Stahlbetonbalken richtig verlegt?

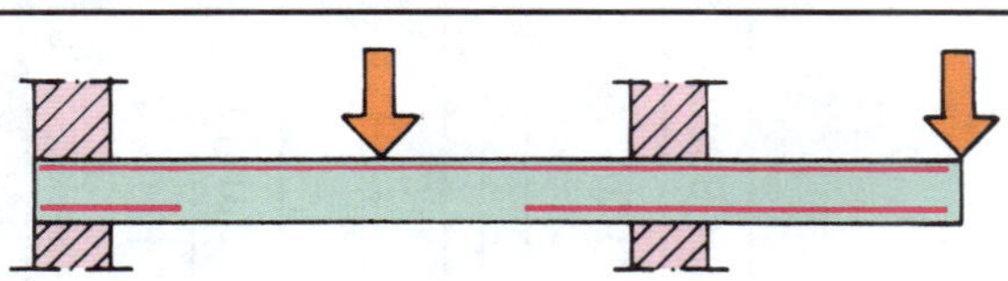	richtig	falsch
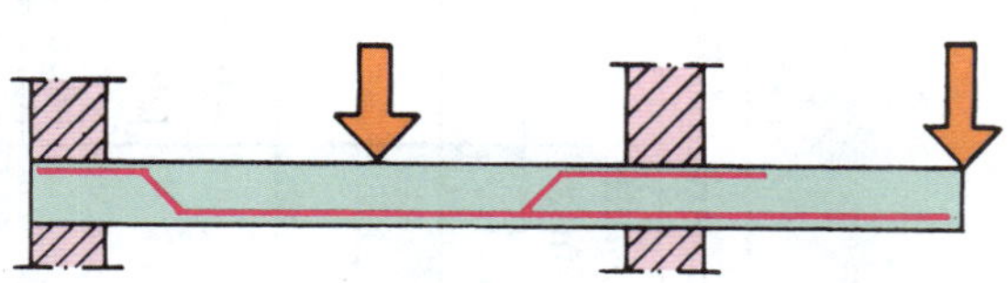	richtig	falsch
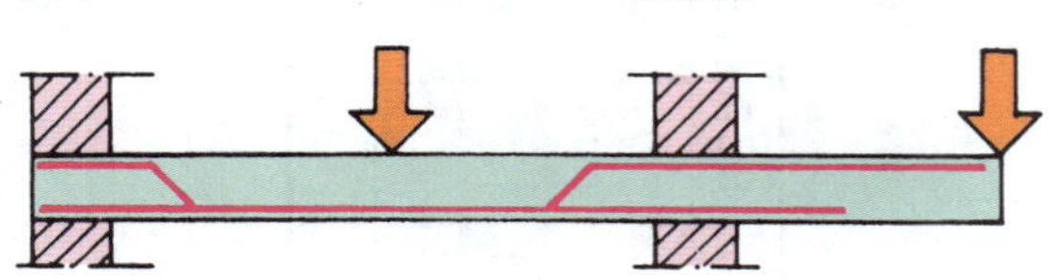	richtig	falsch
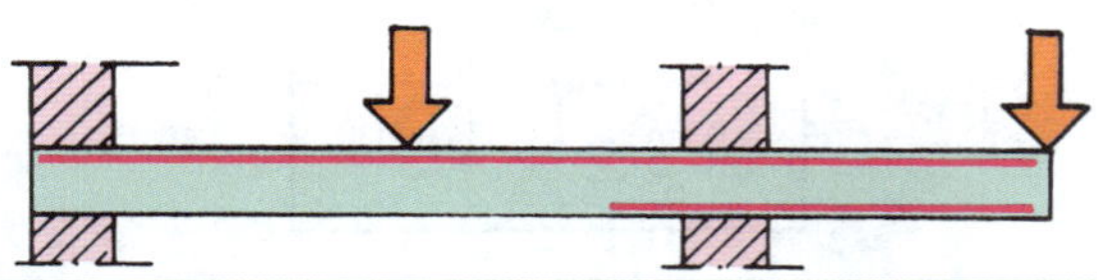	richtig	falsch

Klasse:	Name:	Datum:	88

Aufgaben:

1. Zeichnen Sie den Bewehrungsplan für den dargestellten Stahlbetonbalken über einem Garagentor im M 1:20 (m, cm).
2. Entnehmen Sie dem vorgegebenen Schnitt die Bewehrungsstäbe und Bügelabstände.
3. Ergänzen Sie die Stahlliste.

Vorgaben:
- Beton C 25/30
- Betondeckung = 3 cm
- B500A
- Pos. ② mit Endhaken je 15 cm

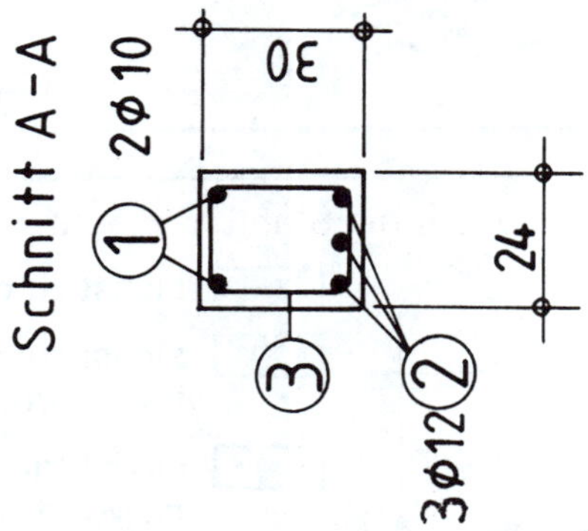

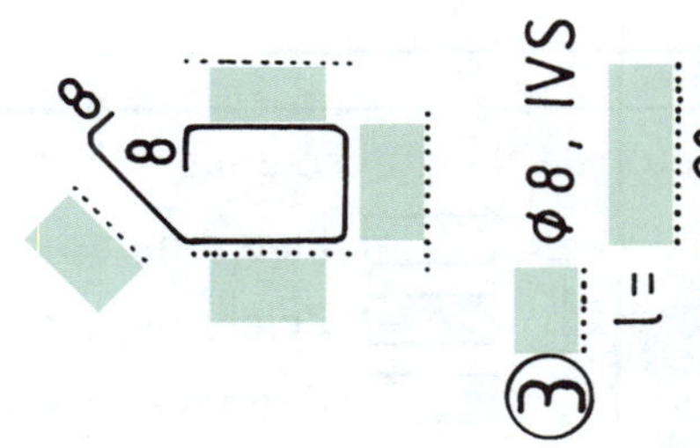

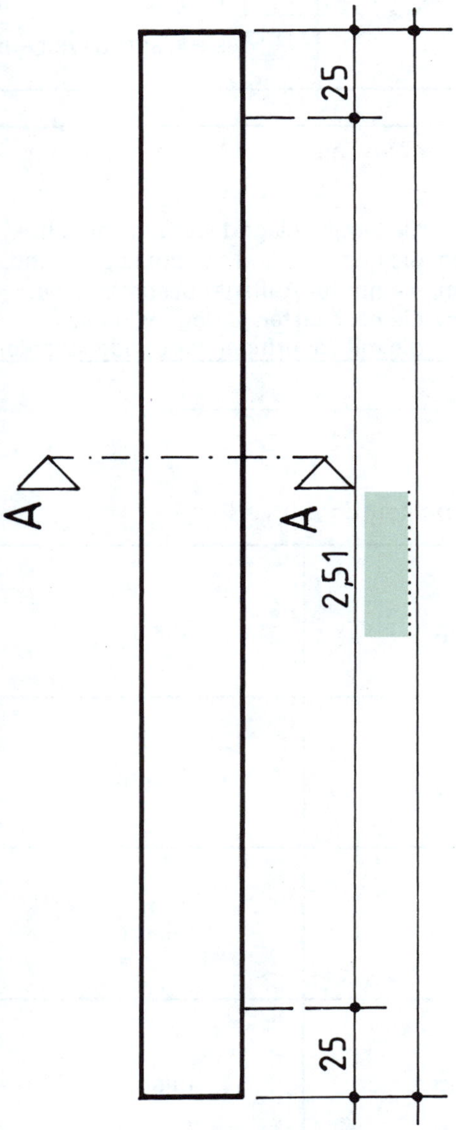

BETONSTAHLLISTE für B500A – **Stahlbetonbalken 24 x 30 cm –**

Pos.-Nr.	Stück	Ø mm	Schnitt-länge	Form	Gesamtlänge Ø 8	Gesamtlänge Ø 10	Gesamtlänge Ø 12	d_{BR} in mm
				Gesamtlänge m				
				Masse je m kg/m	0,395	0,617	0,888	
				Masse je Ø kg				
				Masse ges. kg				

Erinnern Sie sich noch an die Balkenschalung vom Ferienhaus Familie Huber? *Siehe Blatt 83*

Hierfür sieht die zugehörige (fast komplette) Bewehrung für den Stahlbetonbalken so aus:

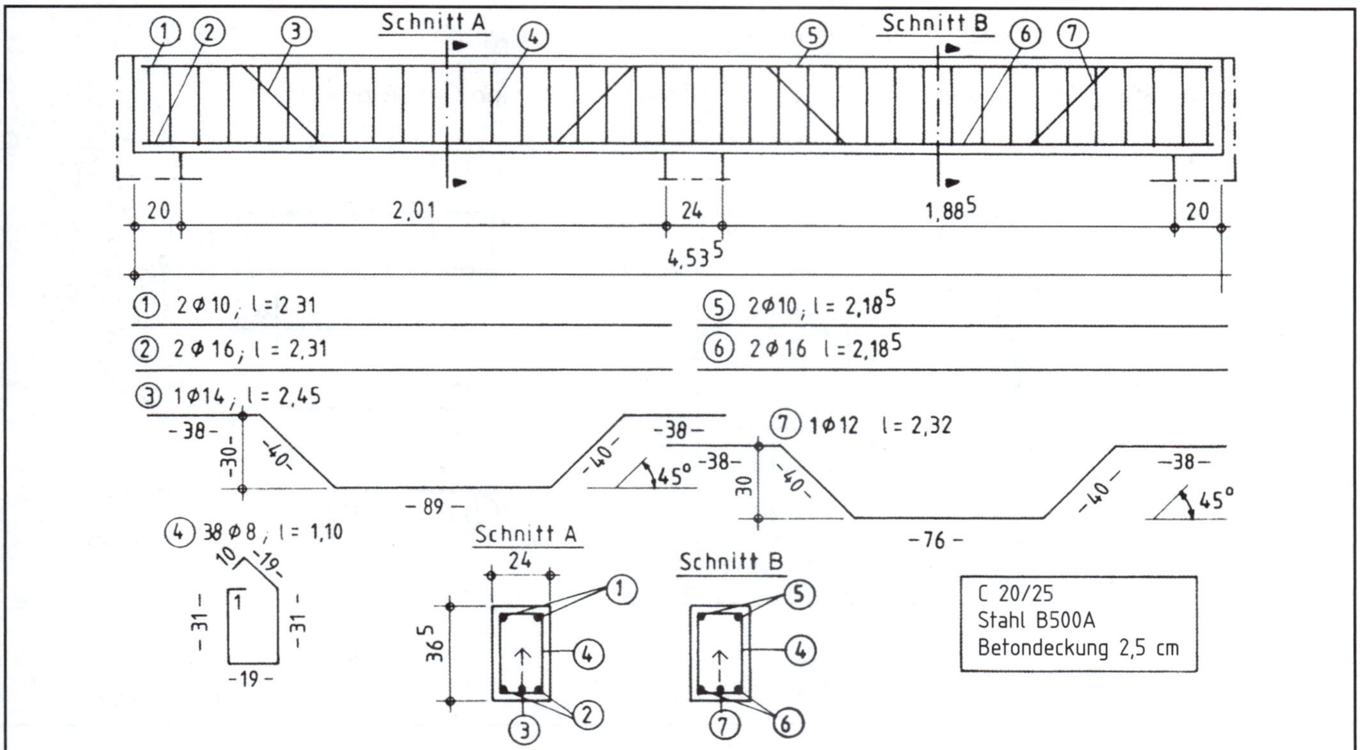

Aufgabe:

a) Erstellen Sie die Stahlliste anhand des Bewehrungsplanes.

BETONSTAHLLISTE für B500A				**– Stahlbetonbalken –**					
Pos. Nr.	Stück	Ø mm	Schnitt-länge	Form	Gesamtlänge Ø 8	Ø 10	Ø 12	Ø 14	Δ 16
1									
2									
3									
4									
5									
6									
7									
			Gesamtlänge	m					
			Masse je m	kg/m	0,395	0,617	0,888	1,208	1,578
			Masse je Ø	kg					
			Masse ges.	kg					

Beantworten Sie folgende Fragen:

b) Nach welcher Formel berechnet man die Aufbiegung von Pos. ③ ?

c) Im Schnitt A ist bei Pos. ③ ein Pfeil nach oben gerichtet. Was bedeutet das?

Klasse:	Name:	Datum:	**90**

Stahllisten

Zum Abrechnen von Stahleinlagen im Beton werden für Einzelstäbe Stahllisten erstellt.

Eine Fensteröffnung soll durch einen Stahlbetonbalken überdeckt werden.

Füllen Sie die Stahlliste aus und ermitteln Sie die Gesamtlängen und Gesamtmasse.

Stahlliste

Pos.-Nr.	Stück	Ø mm	Schnittlänge m	Form	Ø 6 mm	Ø 10 mm	Ø 12 mm
1				——	–		
2				——			
3							
			Gesamtlänge	m			
			Masse je m	kg/m			
			Masse je Ø	kg			
			Masse ges.	kg			

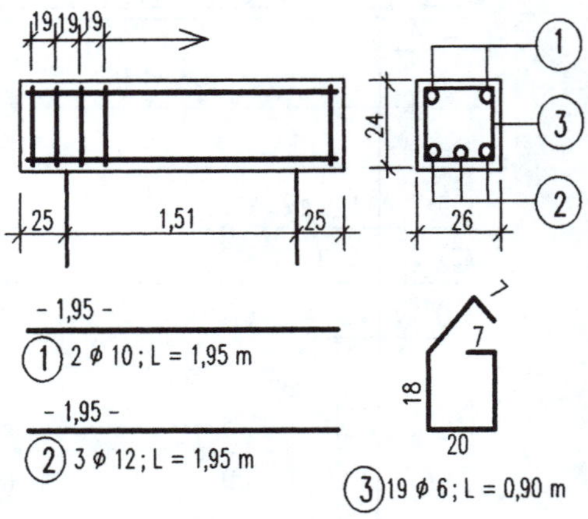

Formelsammlung verwenden.

Über einer Toreinfahrt liegt ein Sichtbetonbalken.

a) **Ermitteln Sie zunächst die fehlenden Längen in der Darstellung.**
b) **Ermitteln Sie mithilfe der Stahlliste die Gesamtstahlmasse.**

Stahlliste

Pos.-Nr.	Stück	Ø mm	Schnittlänge m	Form	Ø 8 mm	Ø 12 mm	Ø 16 mm
1				——	–		
2							
3							
4							
			Gesamtlänge	m			
			Masse je m	kg/m			
			Masse je Ø	kg			
			Masse ges.	kg			

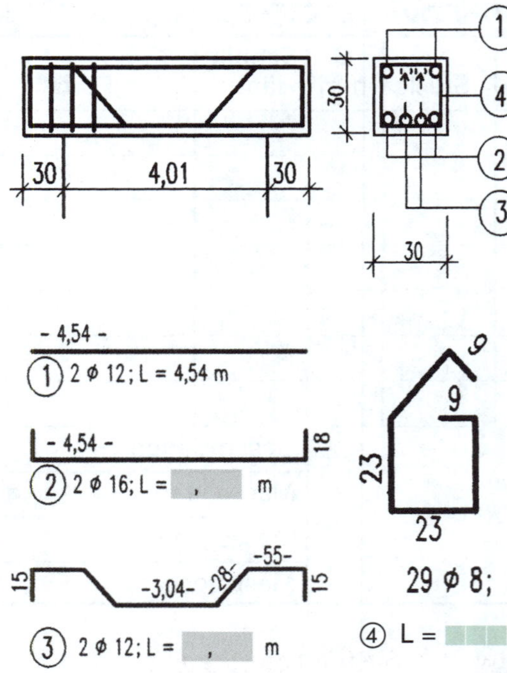

So könnte ein Kurztest bzw. eine Klassenarbeit zum Lernabschnitt „Betonbewehrung" aussehen.
Hilfsmittel: evtl. Formelsammlung, Taschenrechner — Zeit: .... Minuten

1. In welchem Bereich (A, B oder C) treten bei dem belasteten Balken Druckkräfte auf bzw. wo liegt die Druckzone?

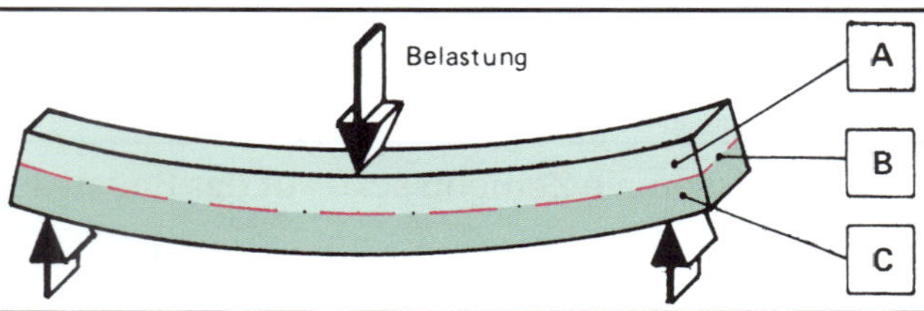

2. a) Wie nennt man die einzelnen Teile dieses Bewehrungskorbes? Pos. ① bis ④

b) Welche Aufgaben erfüllen diese Teile in dem Stahlbetonbalken?

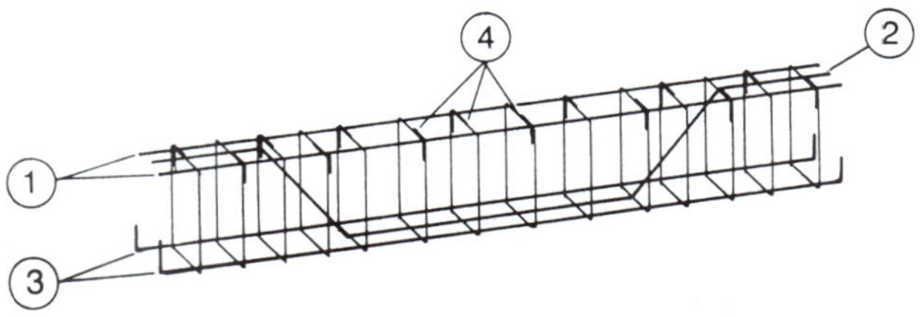

3. Nennen Sie die 3 Voraussetzungen für das gute Zusammenwirken von Stahl und Beton.

4. Für eine Fabrikhalle werden 34 Fertigteilstützen benötigt.

Vorgaben: siehe nebenstehende Skizze

Berechnen Sie

Das Gesamtstahlgewicht in kg.
Hilfen hierzu: Ø 20 mm = 2,47 kg/m
Ø 10 mm = 0,617 kg/m.

Berechnungen:

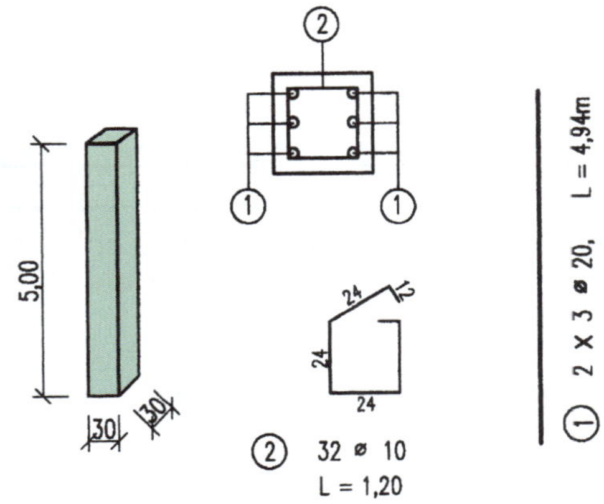

Klasse:	Name:	Datum:	92

1. Was bedeutet die Bezeichnung CEM I 32,5 N?

___

___

2. Wie müssen die Zementsäcke auf der Baustelle gelagert werden?

___

___

3. Welche Behauptungen sind richtig? (Kreuzen Sie die richtigen Sätze an.)

- ☐ Die Druckfestigkeit des Zementes wird durch die Mahlfeinheit beeinflusst.
- ☐ Der Erstarrungsbeginn darf frühestens 3 Stunden nach dem Ansetzen mit Wasser einsetzen.
- ☐ Die Anfangserhärtung wird durch die Mahlfeinheit beeinflusst.
- ☐ Die Festigkeitsklassen legen die Höchstgrenze der Druckfestigkeit des Zementes nach 28 Tagen in N/mm^2 fest.
- ☐ Zemente bestehen aus gemahlenen Zementklinkern und anderen Zusätzen.

4. Ergänzen Sie den Lückentext.

Zement ist ein hydraulisches ________, d. h. Zement bindet auch ________ ab. Dem Zement wird beim ________ Wasser zugesetzt, dadurch ________ das Zementkorn auf. Nach etwa ________ beginnt der Zement zu ________, es bilden sich Fasern, dabei tritt ________ auf. Nach etwa 12 Stunden beginnt das ________, es bildet sich ein fester Stein. Dieser Vorgang der Wasserbindung heißt ________.

(unter Wasser, Hydratation, Anmachen, quillt, fester Stein, erstarren, Bindemittel, Erhärten, Wärme, 1 Stunde)

5. Die Papiersäcke für Zement und der zugehörige Aufdruck haben bestimmte Farben. Wozu dienen diese Farben?

- ☐ Zur Kennzeichnung des Herstellerwerkes.
- ☐ Zur Kennzeichnung der Anwendungsbereiche.
- ☐ Zur Kennzeichnung der Festigkeitsklasse.
- ☐ Zur Kennzeichnung der Zementart.
- ☐ Zur Kennzeichnung der Zementeigenschaften.

6. Welcher Zement eignet sich am Besten bei kühler Witterung (z. B. November) für Beton im normalen Hochbau?

- ☐ CEM I 32,5 N
- ☐ CEM I 32,5 R
- ☐ CEM I 42,5 N
- ☐ CEM I 42,5 R
- ☐ CEM II 52,5 N

7. Ein Gebäude wird in einem Baugrund errichtet, wo ein hoher Grundwasserspiegel vorliegt. Die Kelleraußenwände werden daher aus Beton gemacht. Welchen Zement sollte man bei der Betonherstellung verwenden und woran erkennt man den Zement?

___

___

8. Eine ganz „normale" Decke soll am Freitag betoniert werden. Ab Montag sollen die Maurer weiter arbeiten können. Welche Mahlfeinheit sollte der Zement besitzen?

___

9. Aus welchem Rohmaterial wird Portlandzement (CEM I) gewonnen?

___

Klasse:	Name:	Datum:	93

1. Welche Gesteinskörnungen benötigen wir für Beton?

2. Beurteilen Sie die Auswirkungen der 3 Kornzusammensetzungen.
Setzen Sie die entsprechenden Worte in die Tabelle ein.

(wird vermindert, viele kleine, wird begünstigt, große, wird begünstigt, wenige, hoch, geringer, geringe, niedrig, viel, kleine, niedrig, viel, große)

	Fein	Grob	Gemischt
	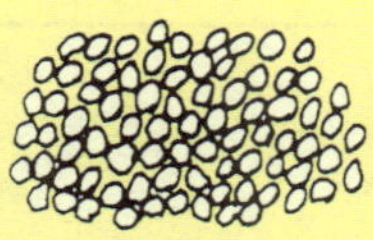		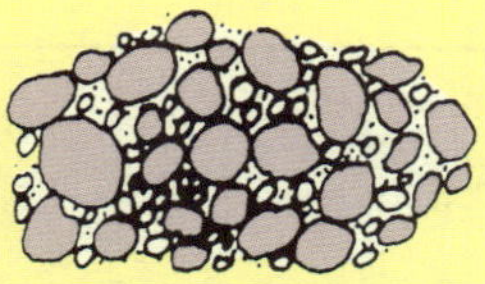
Hohlräume			
Oberfläche			
Bindemittelbedarf			
Druckfestigkeit			
Schwindrissbildung			

3. Welche Kornzusammensetzung ergibt beim Beton den geringsten Bindemittelbedarf?

4. Was bedeutet „werksgemischte Lieferkörnung"?

5. Sie bauen in der Nähe eines Flusses. Dort befindet sich auch eine mit Wasser gefüllte alte Kiesgrube. Können Sie dieses Wasser zum Anmachen verwenden?

6. Welche Anforderungen werden an die Gesteinskörnungen gestellt?

7. Welchen Vorteil weisen gedrungene Kornformen gegenüber plattigen Kornformen auf?

- [ ] Sie sind leichter.
- [ ] Die Betonverarbeitung wird erleichtert.
- [ ] Sie benötigen weniger Transportraum.
- [ ] Es kann besser gemischt werden.
- [ ] Es ist kein Vorteil vorhanden.

8. Bis zu welcher Korngruppe spricht man von einer feinen Gesteinskörnung?
(Mehrfachankreuzungen)

- [ ] 1 – 2 mm
- [ ] 0 – 0,063 mm
- [ ] 0 – 4 mm
- [ ] 0,063 – 4 mm
- [ ] 1 – 8 mm

Klasse: | Name: | Datum:

So könnte ein Kurztest bzw. eine Klassenarbeit zum Lernabschnitt „Beton" aussehen.
Hilfsmittel: keine Zeit: .... Minuten

1. Nennen Sie alle 5 Normalzemente mit den Abkürzungen.

2. Nennen Sie die Festigkeitsklassen der Normalzemente.

3. Nennen Sie den Grundrohstoff für die Normalzemente.

4. Was bedeutet die Bezeichnung CEM I 32,5 R?

5. Wie werden die Gesteinskörnungen aus natürlichen Gesteinen unterschieden?

6. Welche Bedeutung hat die Kornzusammensetzung auf den Bindemittelbedarf?

7. Welche Anforderungen werden an die Gesteinskörnungen gestellt? (Nennen Sie mindestens 3 Stück)

8. Welche Folgen können Verunreinigungen der Gesteinskörnung hervorrufen?

9. Wann dürfen Normalzemente nach dem Anmachen frühestens erstarren?

Klasse:	Name:	Datum:	95

1. Versuchsbeschreibung:

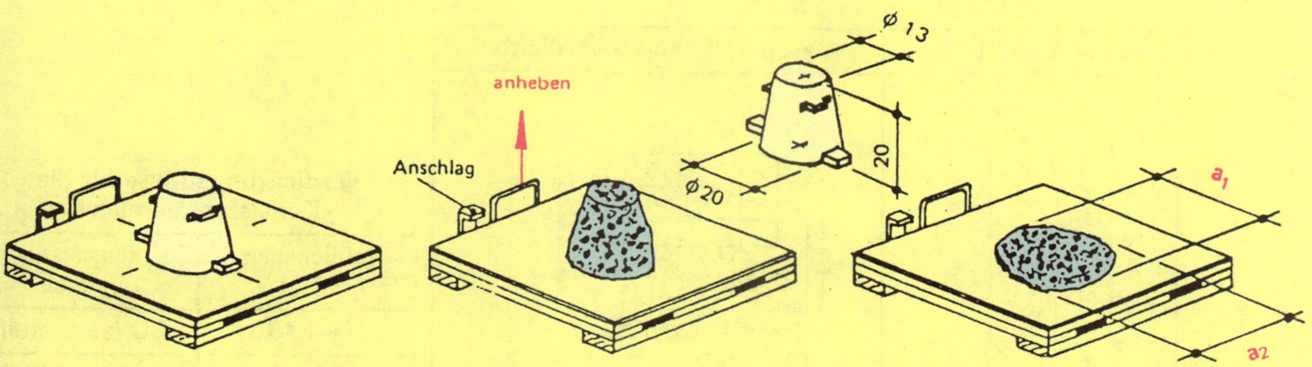

1. Schritt:
- Ausbreittisch waagerecht und unnachgiebig lagern
- Tischplatte und Form (innen) feucht abwischen.
- Form mittig auf Ausbreittisch stellen
- Form mit der Kelle in zwei etwa gleich hohe Schichten füllen.
- Beton mit Holzstab waagerecht ebnen, nicht verdichten.
- Beton mit Stahllineal bündig mit oberen Rand der Form abziehen.
- Freie Fläche des Ausbreittisches reinigen.

2. Schritt:
- Eine halbe Minute nach dem Abziehen des Betons die Form langsam lotrecht hoch ziehen
- Tischplatte am Handgriff in etwa 15 Sekunden 15 mal bis zum Anschlag anheben und frei fallen lassen.

3. Schritt:
- Zu den Tischkanten die parallelen Durchmesser a_1 und a_2 des ausgebreiteten Betons messen.
- Ausbreitmaß *a* als Mittelwert in ganzen Zentimetern errechnen.
- Nach Vorschrift den Konsistenzbereich bestimmen,

- zuletzt:
  Zusammenhalt, Wasserabsonderung des Betons augenscheinlich prüfen.

2. Versuchsauswertung:

nach Vorschrift gilt:

Konsistenzbereich	F1 (steif)	F2 (plastisch)	F3 (weich)	F4 (sehr weich)	F5 (fließfähig)	F6 (sehr fließfähig)
Ausbreitmaß *a* (in cm)	≤ 34	35 – 41	42 – 48	49 – 55	56 – 62	≥ 63

Proben-Nr.	**a1** (in cm)	**a2** (in cm)	**a = (a1 + a2) : 2**	**a** (in cm)	Konsistenzbereich

Beispiel:

7	38	39	(38 + 39) : 2	38,5	F2

Klasse:	Name:	Datum:	96

1. Versuchsdarstellung:

Prüfbehälterdarstellung

Beton lose eingefüllt	Beton vollständig verdichtet
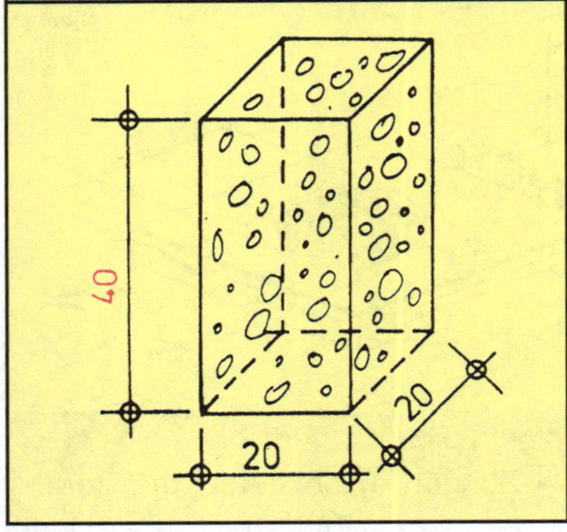	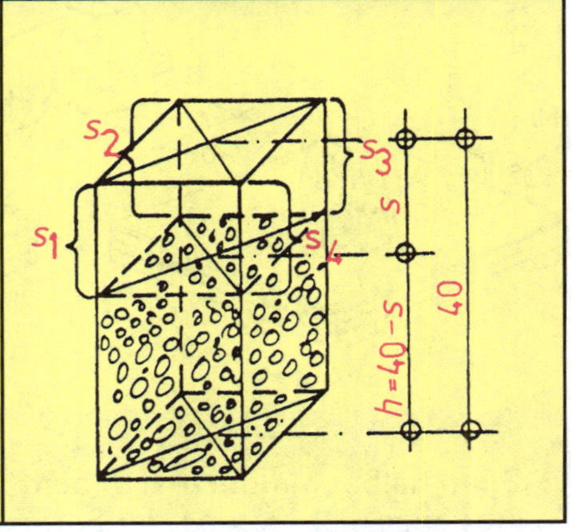

Verdichtungsmaße für die Konsistenzbereiche	
Verdichtungsmaß v:	**Konsistenzbereich:**
≥ 1,46	**CO** (sehr steif)
1,45 – 1,26	**C1** (steif)
1,25 – 1,11	**C2** (plastisch)
1,10 – 1,04	**C3** (weich)

Formeln zur Konsistenzbestimmung

mittlere Abstichhöhe: $S = \frac{S1 + S2 + S3 + S4}{4}$ (cm)	Verdichtungsmaß: $v = \frac{40}{(40 - S)}$

2. Versuchsauswertung:

a) Mittlere Abstichhöhe

Versuch: Abstichhöhe	$S1$ (cm)	$S2$ (cm)	$S3$ (cm)	$S4$ (cm)	$S = \frac{S1 + S2 + S3 + S4}{4}$ (cm)
Nr. 1					$S = \frac{S1 + S2 + S3 + S4}{4} =$ (cm)
Nr. 2					$S = \frac{S1 + S2 + S3 + S4}{4} =$ (cm)
Nr. 3					$S = \frac{S1 + S2 + S3 + S4}{4} =$ (cm)
Nr. 4					$S = \frac{S1 + S2 + S3 + S4}{4} =$ (cm)

b) Verdichtungsmaß

Versuch:	$v = \frac{40}{(40 - s)}$	Konsistenzbereich:	Konsistenzbezeichnung:
Nr. 1	$\frac{40}{(40 - \_\_\_)} =$ _____	C _____	(_____)
Nr. 2	$\frac{40}{(40 - \_\_\_)} =$ _____	C _____	(_____)
Nr. 3	$\frac{40}{(40 - \_\_\_)} =$ _____	C _____	(_____)
Nr. 4	$\frac{40}{(40 - \_\_\_)} =$ _____	C _____	(_____)

Klasse:	Name:	Datum:	**97**

1. Versuchsdurchführung:

Beispiel: Abdrücken eines Würfels

1. Mehrere unterschiedliche Betonproben als Standardbeton herstellen.
2. Probekörper (entweder Zylinder h/d = 300 mm/150 mm oder Würfel *a*1 = *a*2 = 150 mm) mit den Betonproben füllen und verdichten.
3. Probekörper erhärten und 28 Tage unter Wasser lagern.
4. Von den Probekörpern jeweils die Druckfläche in mm² bestimmen.
5. Jeden Probekörper quer zur Druckfläche abdrücken und Bruchlast notieren.
6. Betondruckfestigkeit in N/mm² berechnen (Bruchlast : Druckfläche).
7. Betondruckfestigkeitsklasse bestimmen.

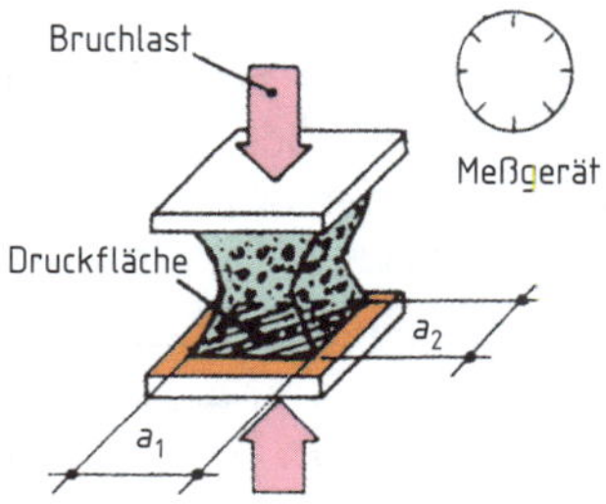

2. Versuchsbeobachtung:

Würfel	Druckfläche			Bruchlast		Betondruckfestigkeit
	*a*1	*a*2	*A* = *a*1 x *a*2	abgelesen	umgerechnet	Bruchlast : Druckfläche
Nr.	mm	mm	mm²	kN	N	N/mm²
1						______ = ______
2						______ = ______
3						______ = ______

Zylinder	Druckfläche				Bruchlast		Betondruckfestigkeit
	$\pi/4$	*d*	d^2	$A = p/4 \times d^2$	abgelesen	umgerechnet	Bruchlast : Druckfläche
Nr.	= 0,785	mm	mm²	$= 0{,}785 \times \pi^2$ mm²	kN	N	N/mm²
1							______ = ______
2							______ = ______
3							______ = ______

3. Versuchsauswertung:

Normalbeton					
Betondruckfestigkeitsklasse	Zylinderdruckfestigkeit in N/mm²	Würfeldruckfestigkeit in N/mm²	Betondruckfestigkeitsklasse	Zylinderdruckfestigkeit in N/mm²	Würfeldruckfestigkeit in N/mm²
C8/10	8	10	C30/37	30	37
C12/15	12	15	C35/45	35	45
C16/20	16	20	C40/50	40	50
C20/25	20	25	C45/55	45	55
C25/30	25	30	C50/60	50	60

Bewertung: **Die Betonproben erfüllen die Anforderungen der Betondruckfestigkeitsklasse.**

Würfel				Zylinder		
Würfel 1	Würfel 2	Würfel 3		Zylinder 1	Zylinder 2	Zylinder 3
C______	C______	C______		C______	C______	C______

Klasse:	Name:	Datum:	98

1. Kreuzen Sie die richtige Erklärung der folgenden Fachausdrücke an:

Frischbeton ist Beton, der
- gerade eingebracht worden ist.
- sich noch verarbeiten lässt.
- sich im Erstarrungszustand befindet.
- etwa 70% seiner Endfestigkeit hat.
- erhärtet ist.

Baustellenbeton wird
- auf der Baustelle verarbeitet.
- auf der Baustelle zusammengestellt, gemischt und verarbeitet.
- auf der Baustelle nur eingebracht.
- auf der Baustelle bis C20/25 hergestellt.

Schwerbeton ist Beton, der
- besonders dicht ist.
- schwer herzustellen ist.
- aus Schwerzuschlag (z. B. Bims) besteht.
- eine Rohdichte ≥ 2,6 kg/dm³ hat.
- eine Rohdichte < 2,0 kg/dm³ hat.

Normalbeton besteht vorwiegend aus
- Feinsand, Kies und Wasser
- Feinsand, Zement und Wasser.
- Grobsand, Kies, Zement und Wasser
- Sand, Kies, Zement (und Wasser).
- Sand, Kies, Zement, Kalk und Wasser.

Unter **Stahlbeton** versteht man
- Beton, der vor Stahl geschützt wird.
- Verbundbaustoff aus Stahlsplitter/Beton.
- Beton, der in Stahlschalungen eingelegt ist.
- Verbundbaustoff aus Betonstahl/Beton.

Unbewehrter Beton ist Beton
- mit einer Rohdichte < 2,0 kg/dm³.
- mit Leichtzuschlag (z. B. Naturbims).
- ohne Stahleinlagen.
- mit Fasern statt Stahleinlagen.

Der **Wasserzementwert** ist
- das Verhältnis von Zement zu Wasser.
- das Verhältnis von Wasser zu Zement.
- das Verhältnis von Wasser + Zement.
- ist ein fester Wert von 0,5.

Ortbeton ist Beton, der
- „vor Ort" (Baustelle) hergestellt wird.
- auf der Baustelle in seine endgültige Lage eingebaut wird.
- „vor Ort" hergestellt und überprüft wird.

2. Erklären Sie die nachfolgenden Begriffe:

Die **Konsistenz** ist …

____
____
____
____

Betonfertigteile sind …

____
____
____
____

3. Was bedeutet die Bezeichnung C20/25?
- Zement mit einer Festigkeit von 20–25 N/mm².
- Eine Konsistenz (C) von 20–25 %.
- Die Betondruckfestigkeitsklasse C 20/25.
- Die Zementfestigkeitsklasse C 20/25.
- Eine Gesteinskörnung von 20 bis 25 cm.
- Die Mindestdruckfestigkeit eines Betons.

4. Welche Aussagen über die Betondruckfestigkeit sind richtig? *(Mehrfachankreuzung möglich)*
Die Betondruckfestigkeit hängt ab
- vom w/z-Wert.
- den Festigkeitsklassen des Zementes.
- von der Herstellungsart des Betons.
- von der Konsistenz des Betons.
- von der Wahl der geeigneten Zementart.

5. Bis zu welcher Betondruckfestigkeitsklasse sprechen wir von Normalbeton?
- C20/25
- C60/75
- C50/60
- C16/20
- C80/95

6. Woran erkennt man einen „Steifen Beton"?

____
____

7. Was bedeutet die Bezeichnung „Regelkonsistenz"?

____

Klase:	Name:	Datum:	**99**

8. Für die Herstellung eines Frischbetons braucht man 150 Liter Wasser und 300 kg Zement.

a) Wie groß ist der w/z-Wert?

b) Es werden noch 60 l Wasser dazugegeben.
Wie groß ist jetzt der w/z-Wert?

c) Welche Auswirkung auf die Betondruckfestigkeit ist zu erwarten?

9. Welche Anforderungen bei der Betonherstellung werden gestellt an:

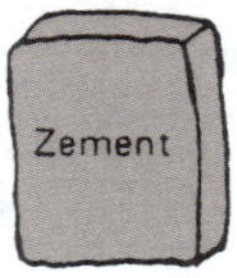

Gesteinskörnung:

Normalzement:

Wasser:

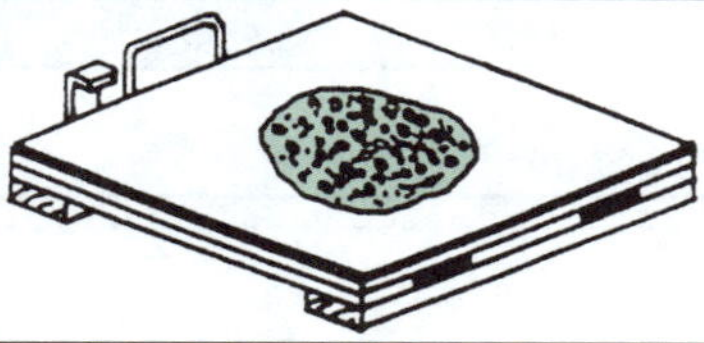

10. Welcher Versuch wurde hier durchgeführt?

Wozu dient dieser Versuch?

11. Welches ist die Zielanforderung an den Festbeton?

12. Würfelprobekörper haben folgende Betondruckfestigkeiten unter der Prüfpresse erreicht:

Würfel 1	***Würfel 2***	***Würfel 3***
Druckfestigkeit: 32,5 N/mm²	*Druckfestigkeit: 20,2 N/mm²*	*Druckfestigkeit: 25,7 N/mm²*

Ermitteln Sie die Betondruckfestigkeitsklasse.

Würfel 1: ______ Würfel 2: ______ Würfel 3: ______

Nach der vielen Anstrengung haben Sie sich eine Erholung verdient.

RÄTSELECKE

Finden und kennzeichnen Sie folgende Begriffe aus dem Betonbereich:
FESTBETON, BLUTEN, FLIESSBETON, WASSER, KONSISTENZ, SAND, FESTIGKEIT, ERHAERTEN, PROBEWÜERFEL, ZEMENT, FRISCHBETON, KORNFORM, KIES, JUNGER BETON, RUETTELN, SIEBLINIE, CEM

(alles ist möglich: senkrecht, waagerecht, diagonal)

6	4	A	W	Z	U	S	C	H	L	A	G	K	W
T	B	C	V	A	8	6	K	3	R	T	O	4	9
F	L	I	E	S	S	B	E	T	O	N	T	F	L
E	U	8	T	R	A	S	1	0	S	O	E	E	J
S	T	M	K	4	N	A	E	I	7	I	F	S	U
T	E	R	E	I	D	T	S	R	N	R	R	T	N
B	N	O	E	Y	E	T	T	I	E	N	N	I	G
E	X	F	5	T	E	S	L	U	Z	I	E	G	E
T	C	N	2	N	U	B	W	M	E	E	T	K	R
O	E	R	Z	R	E	E	3	D	M	T	R	E	B
N	M	O	6	I	B	H	A	5	E	E	E	I	E
K	T	K	S	O	H	O	N	I	N	N	A	T	T
E	L	E	R	D	U	7	3	G	T	5	H	R	O
T	M	P	R	U	E	T	T	E	L	N	R	O	N
F	R	I	S	C	H	B	E	T	O	N	E	T	9

Klasse:	Name:	Datum:	**100**

Rechenhilfe:

1. Stoffanteile für 1 m³ Frischbeton (nur Anhalt):

Betonfestigkeitsklasse →				C8/10			C12/15			C16/20		
Zement-festigkeits-klasse	Größtkorn der Gesteins-körnung	Sieblinien-bereich	Kon-sistenz	Zement * (kg)	Zugabe Wasser (l)	Gesteins-körnung (kg)	Zement * (kg)	Zugabe Wasser (l)	Gesteins-körnung (kg)	Zement * (kg)	Zugabe Wasser (l)	Gesteins-körnung (kg)
32,5 N 32,5 R	32	günstig	steif	210	85	2008	272	88	1953	290	86	1935
			plastisch	230	108	1935	300	110	1872	320	112	1860
			weich	260	130	1852	330	138	1790	360	136	1769
	16	günstig	steif	230	108	1940	300	110	1878	320	110	1878
			plastisch	250	133	1866	330	135	1800	350	130	1778
			weich	288	156	1780	362	158	1710	398	157	1682
42,5 N 42,5 R	32	günstig	steif	189	85	2025	243	87	1977	261	87	1968
			plastisch	207	109	1958	270	110	1902	288	109	1895
			weich	234	131	1875	297	133	1826	324	131	1801
	16	günstig	steif	210	108	1960	270	112	1907	290	107	1885
			plastisch	230	131	1886	300	135	1825	320	130	1812
			weich	260	154	1798	330	157	1739	360	154	1718

* = Mindestzementgehalt

2. Anzahl der Mischungen für 1 m³ Frischbeton nach Mischergröße (grober Anhalt):

Mischergröße →		150 l	250 l	375 l	500 l	750 l	1000 l
Anzahl der Mischungen bei:	Steifer Beton	8	5	3,5	2,5	1,5	1
	Plastischer Beton	7,5	4,5	3,5	2	1,5	1
	Weicher Beton	7	4	3	2	1,5	1

Den Angaben liegen folgende Verdichtungswerte zugrunde:
bei steifem Beton C1 = 1,3, bei plastischem Beton: C2 = 1,15, bei weichem Beton: C3 = 1,05

Stoffanteile für Standardbeton

Ganz bestimmte Betonfestigkeitsklassen dürfen als Ortbeton noch auf der Baustelle hergestellt werden. Hierfür müssen die Stoffanteile berechnet werden.

Draufsicht

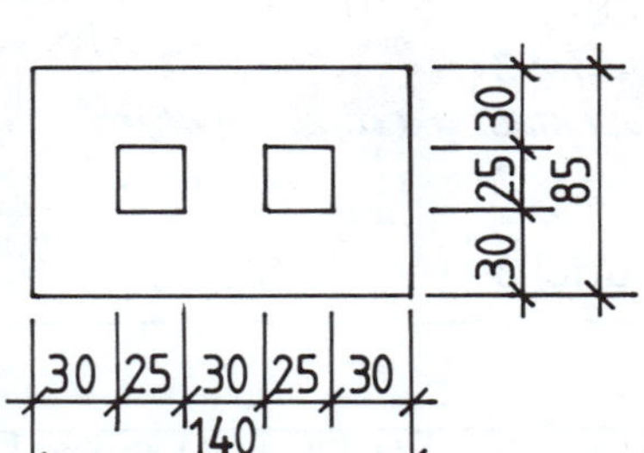

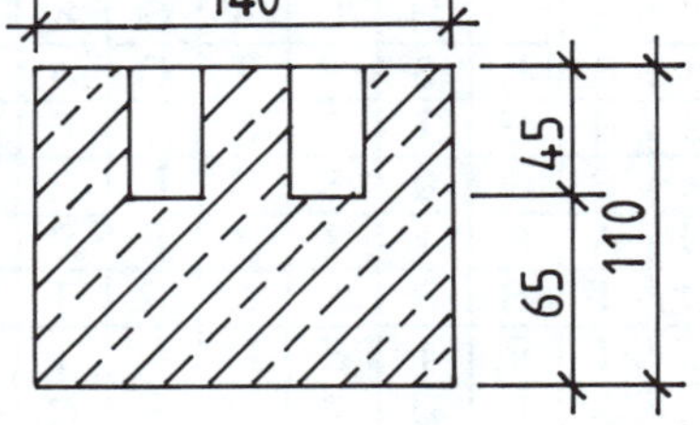

Seitenansicht

Aufgabe:
Ein Einzelfundament mit zwei Aussparungen soll in Ortbeton (als Standardbeton) erstellt werden.

Vorgaben:
- Betonfestigkeitsklasse C16/20
- Körnung 0/32 günstig
- Zement CEM I 32,5 N
- Konsistenz plastisch
- Verdichtungsmaß 1,15

a) Berechnen Sie zunächst das (Fest)volumen des Fundamentes.
b) Bestimmen Sie die erforderliche Masse des Frischbetons.
c) Berechnen Sie den erforderlichen Baustoffbedarf an Wasser, Zement und Kies.

Formelsammlung „Stoffanteile für Standardbeton"

Die Berechnungen hierzu machen Sie bitte auf einem Extrablatt!

Klasse:	Name:	Datum:	101

Das ist der genaue Fundamentplan.

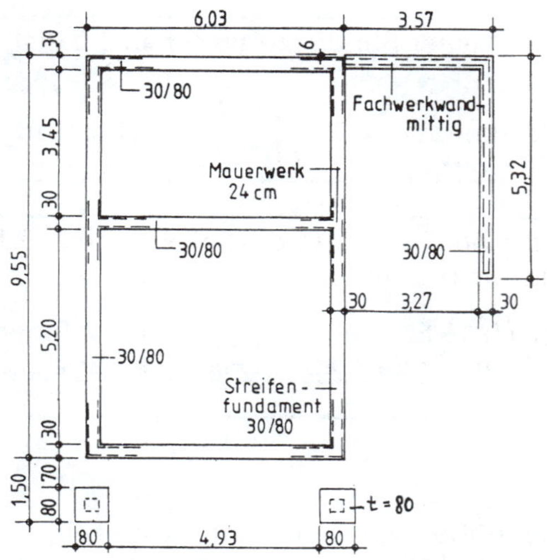

Das ist der vereinfachte Fundamentplan.

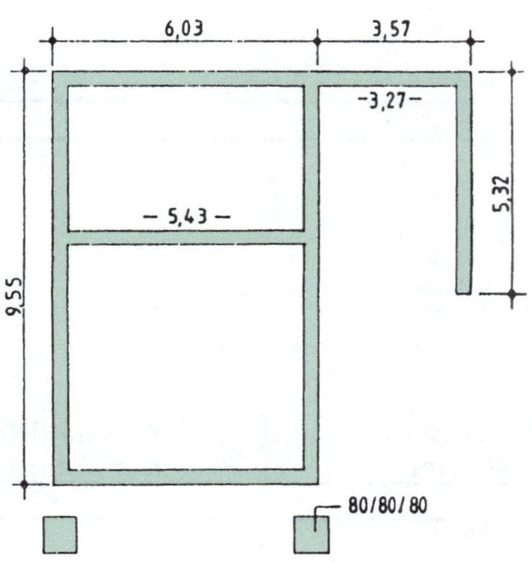

Aufgaben aus „unserem" Ferienhaus

Vorgaben:

- Fundamentbeton: C16/20
- Konsistenz: steif
- Sieblinienbereich: günstig
- Korngröße: 0 – 32 mm
- Zementfestigkeitsklasse: CEM I 32,5R
- Verdichtungsmaß: C1 = 1,30

Die Fundamente sollen betoniert werden!

Fundamentgräben und Einzelfundamente

Aufgabe 1:
Wie viel m^3 (= Gesamtvolumen) Beton müssten Sie bestellen, wenn Transportbeton verwendet werden soll?

Aufgabe 2:
Bei der Bestellung wurde die Betonmenge für die beiden Einzelfundamente „vergessen". Die Betonmenge soll nun als „Baustellenbeton" selbst hergestellt werden.

Berechnen Sie dazu:

a) den Bedarf an Zement, Wasser und Gesteinskörnung für 1 m^3 Frischbeton,

b) den Gesamtbedarf der einzelnen Anteile,

c) die zu liefernde Menge an Zementsäcken (je 25 kg),

d) die Gesamtanzahl der notwendigen Mischungen, wenn ein 250-l-Mischer zur Verfügung steht;

e) die Stoffanteile (Zement, Wasser, Gesteinskörnung) für eine Mischung.

BEANTWORTEN SIE ALLE FRAGEN AUF EINEM EXTRABLATT.

Klasse:	Name:	Datum:	102

So könnte ein Kurztest bzw. eine Klassenarbeit zum Lernabschnitt „Beton" aussehen.

Hilfsmittel: XXX oder Formelsammlung Zeit: .... Minuten Ankreuzen und freie Beantwortung.

1. Beton wird nach der Rohdichte unterteilt. Wie wird Beton mit einer Rohdichte zwischen 2,0 bis 2,6 kg/dm^3 bezeichnet?

- ☐ Fließbeton
- ☐ Normalbeton
- ☐ Frischbeton
- ☐ Ortbeton
- ☐ Festbeton
- ☐ Schwerbeton
- ☐ Leichtbeton
- ☐ Stahlbeton

2. Beim Betonieren einer Massivdecke wurden zur Überprüfung der Betondruckfestigkeit Probewürfel hergestellt. Nach wie viel Tagen ist im Normalfall die Festigkeitsprüfung vorzunehmen?

- ☐ Nach 3 Tagen
- ☐ Nach mind. 21 Tagen
- ☐ Nach 18 Tagen
- ☐ Nach 28 Tagen
- ☐ Nach 18 Stunden
- ☐ Wenn der Beton 50 % Festigkeit erreicht hat.
- ☐ Nach 7 Tagen

3. Welche Aussagen über Beton sind richtig?

- ☐ Beton wird so lange als Frischbeton bezeichnet, wie er noch verarbeitet werden kann.
- ☐ Je mehr Wasser dem Frischbeton zugesetzt wird, um so größer wird seine Druckfestigkeit.
- ☐ Standardbeton darf nur in ganz bestimmten Betondruckfestigkeitsklassen hergestellt werden.
- ☐ Der w/z-Wert beeinflusst die Verarbeitbarkeit des Betons, hat aber keinen Einfluss auf die Festigkeit.
- ☐ Arbeitsschritte der Betonverarbeitung sind das Erstarren und das Erhärten des Betons.

4. Welche Arten der Nachbehandlung sind üblich?

- Im Sommer: ______________________
- Im Winter: ______________________

5. Nennen Sie die 3 „Lieferformen" von Beton auf die Baustelle.

____

____

6. Was bedeutet bei Frischbeton die Bezeichnung C1?

- ☐ Plastischer Beton
- ☐ Weicher Beton
- ☐ Ausbreitmaß 1
- ☐ Korngröße C-Sand-1
- ☐ Steifer Beton
- ☐ Fließbeton
- ☐ Kalksandsteine
- ☐ Konsistenz

7. Was ist „Standardbeton"?

____

____

____

8. Was soll durch das Verdichten erreicht werden?

- ☐ Das Grobkorn soll sich nach unten ablagern.
- ☐ Der Beton wird später druckfester.
- ☐ Das Wasser soll herausgepresst werden.
- ☐ Das „Bluten des Betons" wird verhindert.
- ☐ Der Beton wird wasserdicht.
- ☐ Verringern der Hohlräume bzw. Poren im Beton.

9. Nennen Sie 3 Kriterien, die für die Herstellung eines Standardbetons unbedingt beachtet werden müssen.

____

____

____

____

____

Klasse:	Name:	Datum:	103

10. Das dargestellte Lagerhallenfundament soll in Ortbeton (als Standardbeton) erstellt werden.

Vorgaben:

- Betonfestigkeitsklasse C 12/15

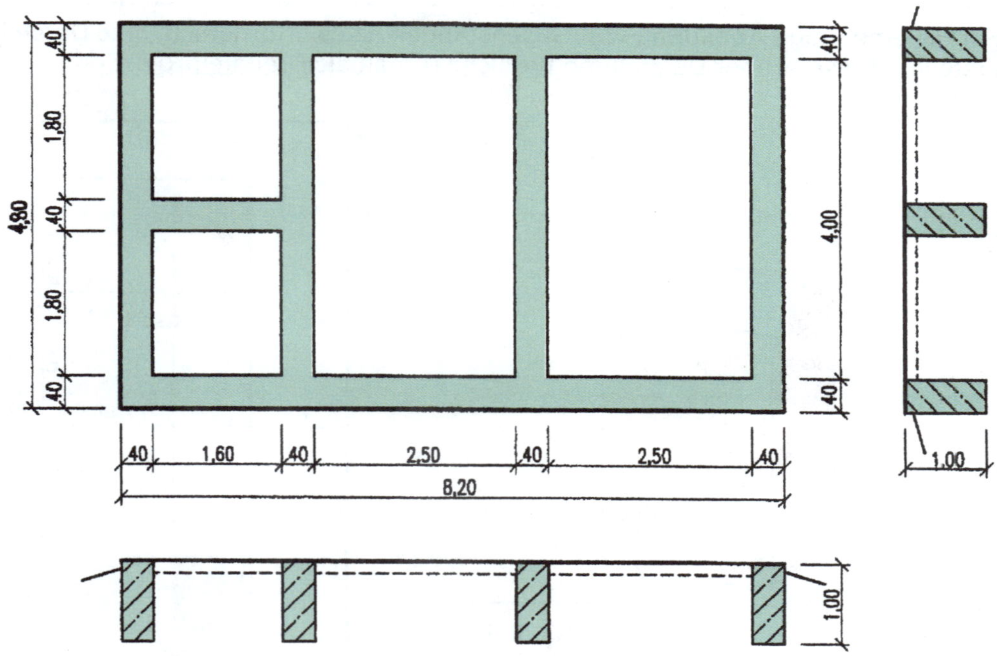

Berechnen Sie das Fest- und Frischbetonvolumen und den Baustoffbedarf.

Berechnungen:

11. Welche Abbildung stellt entmischten Beton dar? (Richtige Nr. ankreuzen)

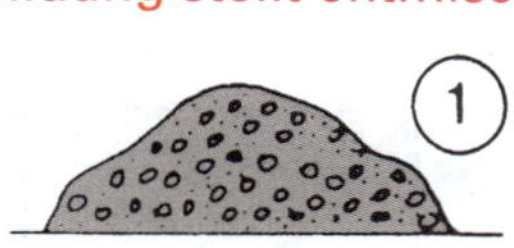

Was bedeutet Entmischung?

12. Welche 3 Regeln sind bei der Betonverdichtung zu beachten?

13. Für die Herstellung eines Frischbetons braucht man 180 Liter Wasser und 360 kg Zement!

a) Wie groß ist der w/z-Wert?

b) Es werden noch 80 l Wasser dazugegeben.
Wie groß ist jetzt der w/z-Wert?

Klasse:	Name:	Datum:	104

Zeichenhilfe. Dreitafelprojektion.

Für die eindeutige Abbildung von Gegenständen ist es erforderlich, eine Darstellung in drei Ansichten zu erstellen. Diese Art der Darstellung bezeichnet man als Dreitafelprojektion.

Dieser Körper soll dargestellt werden!

Das soll dabei herauskommen!

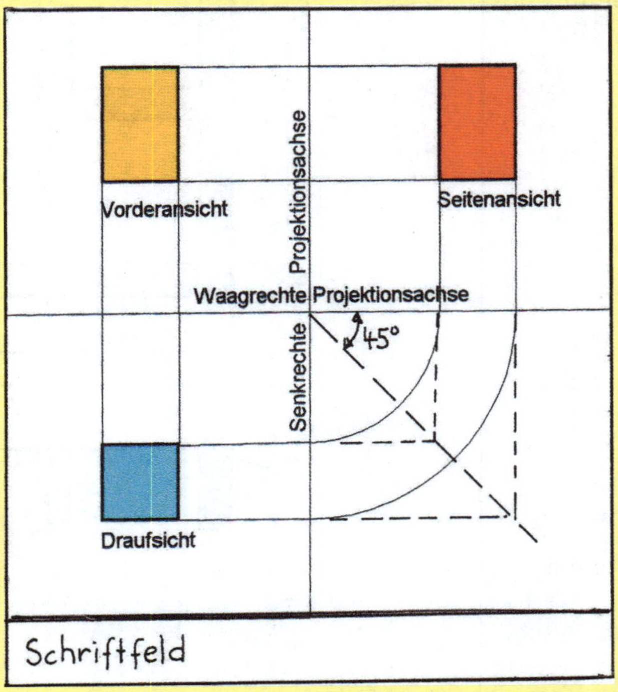

Die Darstellungsart und Vorgehensweise kann unterschiedlich sein. Ihr Lehrer wird Ihnen dieses genauer erklären. Das Ergebnis ist aber eindeutig. Und zwar so:

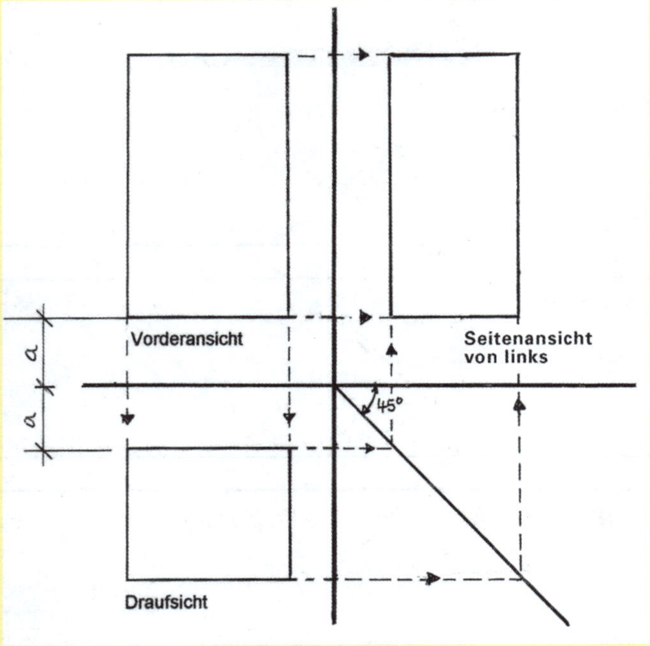

Zur Übung:

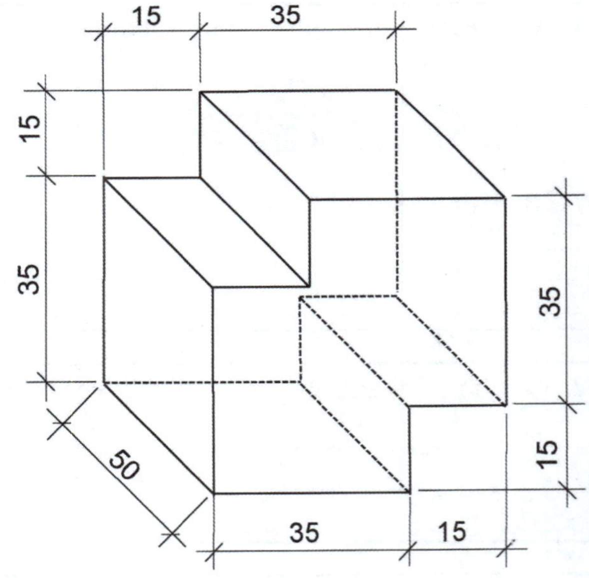

Abgestufter Baukörper I

Zeichnen Sie von dem im Schrägbild dargestellten Bauteil als Dreitafelprojektion die Vorderansicht (VA), Draufsicht (DS) und die Seitenansicht (SA) auf einem Zeichenblatt.

M 1 : 10 (m, cm)

Klasse: Name: Datum:

Rechenhilfe:

Volumenberechnung am Stamm (Fachbegriff: Waldmaß = **Volumen**), i. d. R. in $\mathbf{m^3}$

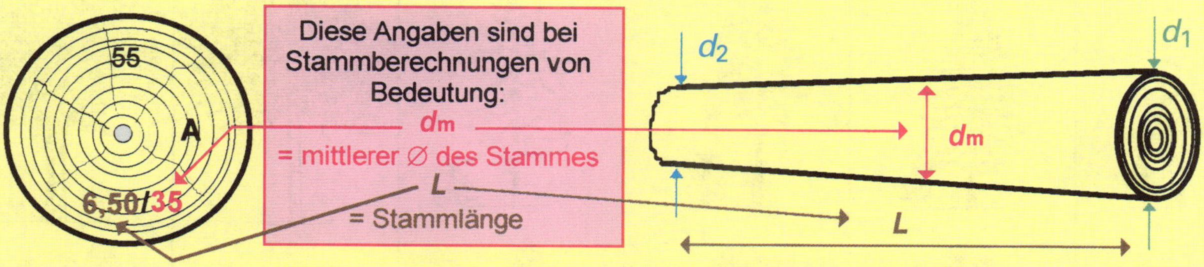

Berechnungsformeln: $d_m = \frac{d_1 + d_2}{2}$ $V_{Stamm} = (d_m)^2 \times 0{,}785 \times L_{Stamm}$

1. Berechnen Sie den Rauminhalt von Baumstämmen, die folgende Maße haben:

d_1 (in cm)	d_2 (in cm)	d_m (in cm)	L (in m)	(**Berechnung**) in m	V (in m³)
48	36		6,50		
		35	9,20		
	24	32	5,20		
42	28	35	8,00		

Und nun wollen wir dieses üben.

2. Die Verkaufslänge eines Baumstammes beträgt 4,40 m. d_m = 53 cm. Wie viel Holz liegt vor?

3. Prüfen Sie, ob dieser Baum wirklich 0,7 m³ Holz hat. L = 6 m; d_m = 400 mm.

4. Ein Stamm hat ein Volumen (Waldmaß) von 5,2 m³ und einen dm von 46 cm. Welche Länge hatte der Baumstamm?

Die Formel oben muss umgestellt werden nach L_{Stamm}.

5. In Stamm-Mitte ist der größte quadratische Querschnitt herauszuschneiden. Wie groß ist die Seite a?

Tipp: „Pythagoras"

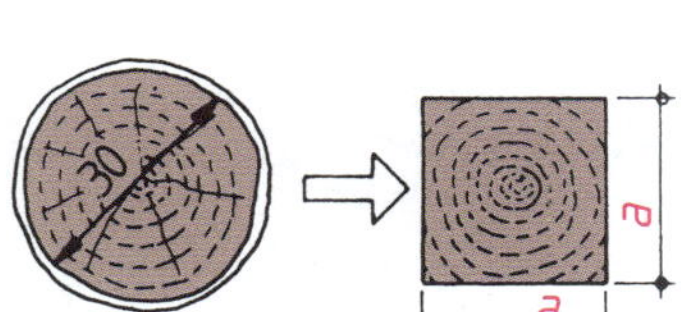

Klasse:	Name:	Datum:	106

1. Wie heißen die dargestellten Holzarten?

2. Benennen Sie die einzelnen Teile am Stammquerschnitt.
(Kambium, Markröhre, Splintholz, Borke/Rinde, Kernholz, Bast, Markstrahl)

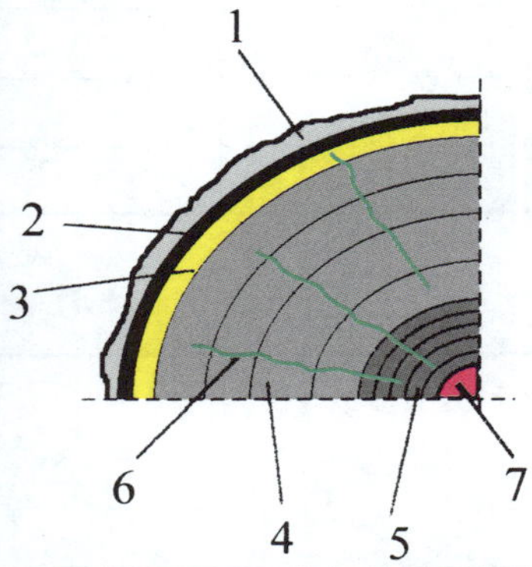

1 = ______

2 = ______

3 = ______

4 = ______

5 = ______

6 = ______

7 = ______

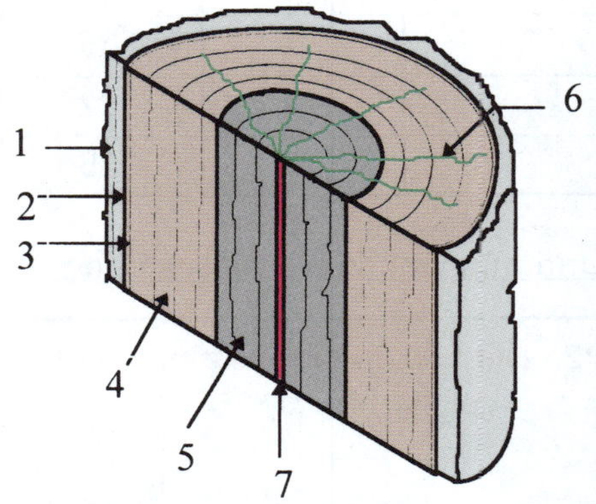

3. Welche Aufgaben erfüllen die einzelnen Schichten? *Nennen Sie jeweils nur das Schlagwort.*

4. Holzfehler beeinträchtigen die Verwendung. Welche Holzfehler sind hier dargestellt?

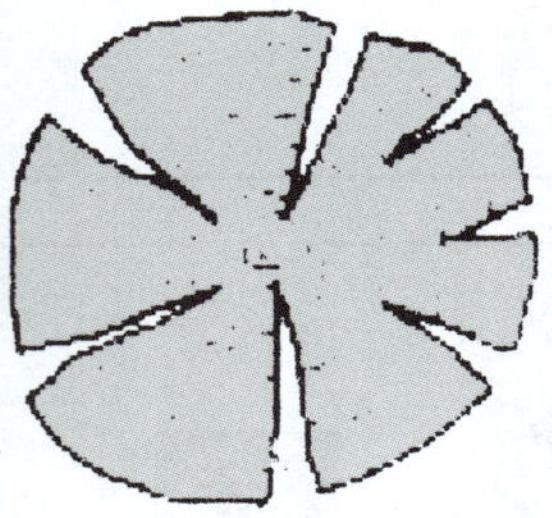

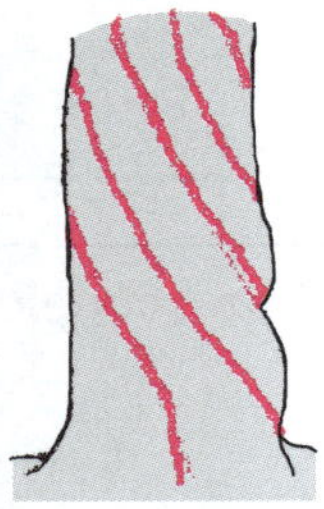

5. Nach dem „Schlagen“ des Holzes wird es gekennzeichnet. Erklären Sie die Kennzeichen.

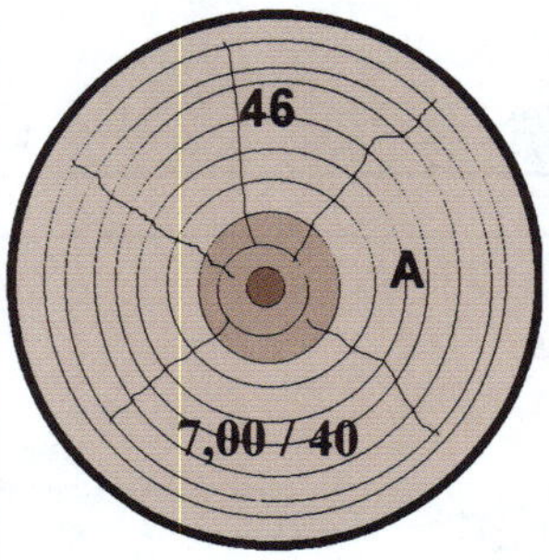

46 = ______

A = ______

7,00 = ______

40 = ______

Klase:	Name:	Datum:	107

1. Ergänzen Sie die nachstehende Tabelle: (da wo ________)

Art des Schnittholzes	Mindest-abmessungen	Abmessungen (Beispiele)	Vorwiegende Verwendung für:
________	≥ 8 cm	________ ________ ________	________ ________
DACHLATTEN		________ ________ ________	DACHDECKUNGEN WANDBEKLEIDUNGEN
________	____ > 6 ____	________ ________ ________	________ ________ ________
________	d < ____ cm	________	________
________	d ≥ ____ cm	________	GERÜSTE, VERBAU IM KANALBAU, ABDECKUNGEN

2. Welches Bauholz ist in der Skizze dargestellt?

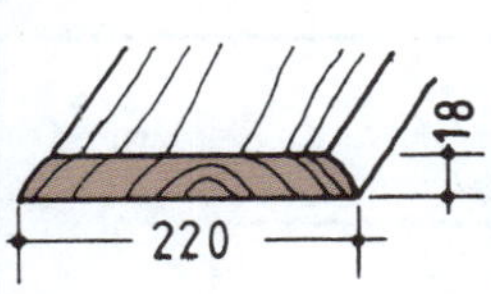

- ☐ Besäumte Bohle
- ☐ Unbesäumte Bohle
- ☐ Unbesäumtes Brett
- ☐ Schwarte
- ☐ Furnierholz

3. Wie wird das skizzierte Kantholz bezeichnet?

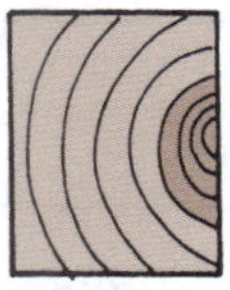

- ☐ Vollholz
- ☐ Halbholz
- ☐ Kreuzholz
- ☐ Seitenholz
- ☐ Viertelholz

4. Wie heißen die dargestellten Bretter nach der Lage im „Block“?

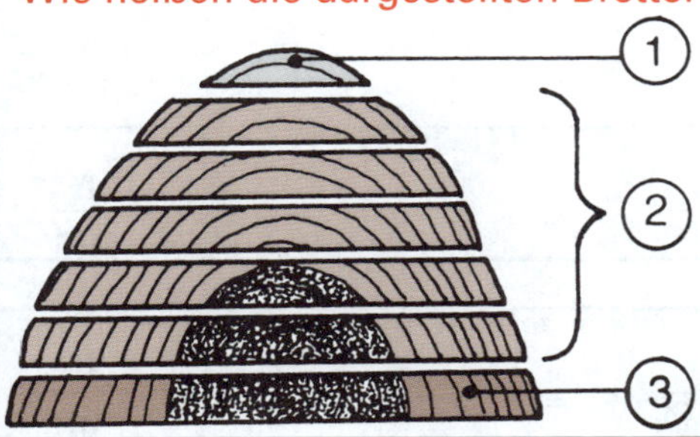

① = ________________

② = ________________

③ = ________________

5. Wodurch werden Sperrholzplatten „abgesperrt“?

____

6. Wie werden die Holzwerkstoffe eingeteilt?

____

____

____

Klasse:	Name:	Datum:	108

	Lernfeld 5: Herstellen einer Holzkonstruktion	Holz- und Holzwerkstoffe Versuch: **Druckfestigkeitsprüfung von Weich- und Hartholz**	**V** **Te**

1. Versuchsbeschreibung

- Je 1 Prüfkörper von 2 Holzarten wird <u>in</u> Faserrichtung und <u>quer</u> zur Faserrichtung bis zum Bruch belastet.
- Die aufnehmbare Druckkraft (= Bruchkraft) wird am Manometer abgelesen, anschließend die Druckfestigkeit ermittelt.

2. Versuchsdurchführung

Versuch Nr.	Darstellung der Prüfkörper	Beschreibung der Prüfkörper	Holzart	Aufnehmbare Druckkraft in kN	in N
1	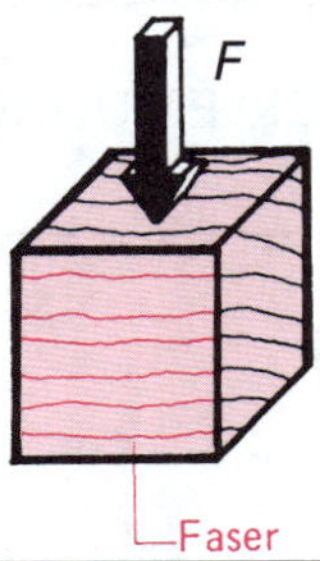	Holzwürfel Kantenlänge = 10 cm	**Fichte**		
2		Beanspruchungsrichtung = Quer zur Faser (senkrecht)	**Eiche**		
3	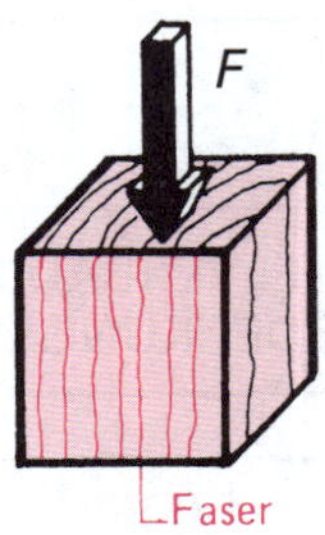	Holzwürfel Kantenlänge = 10 cm	**Fichte**		
4		Beanspruchungsrichtung = In Faserrichtung (parallel)	**Eiche**		

3. Versuchsauswertung

<u>**Formel:**</u>

$$\textbf{Druckfestigkeit} = \frac{\textbf{Druckkraft in N}}{\textbf{Druckfläche in mm}^2} \qquad \sigma = \frac{F}{A}$$

<u>A. Druckfestigkeit **quer** zur Faser (senkrecht)</u>

Versuch Nr. **1** = **Fichtenholz**
Druckkraft ist: ________ **N**

$\sigma = \frac{\_\_\_\_\_\_\_\_ \text{ N}}{100 \text{ mm}^2 \times 100 \text{ mm}^2} = \_\_\_\_\_\_ \frac{\text{N}}{\text{mm}^2}$

Versuch Nr. **2** = **Eichenholz**
Druckkraft ist: ________ **N**

$\sigma = \frac{\_\_\_\_\_\_\_\_ \text{ N}}{100 \text{ mm}^2 \times 100 \text{ mm}^2} = \_\_\_\_\_\_ \frac{\text{N}}{\text{mm}^2}$

<u>B. Druckfestigkeit **in** Faserrichtung (parallel)</u>

Versuch Nr. **3** = **Fichtenholz**
Druckkraft ist: ________ **N**

$\sigma = \frac{\_\_\_\_\_\_\_\_ \text{ N}}{100 \text{ mm}^2 \times 100 \text{ mm}^2} = \_\_\_\_\_\_ \frac{\text{N}}{\text{mm}^2}$

Versuch Nr. **4** = **Eichenholz**
Druckkraft ist: ________ **N**

$\sigma = \frac{\_\_\_\_\_\_\_\_ \text{ N}}{100 \text{ mm}^2 \times 100 \text{ mm}^2} = \_\_\_\_\_\_ \frac{\text{N}}{\text{mm}^2}$

Klasse:	Name:	Datum:	**109**

1. Schauen Sie sich die vier Bilder gut an:

a) In welcher Richtung darf Holz nicht auf Zug (Bilder ① und ②) belastet werden? ____________

b) Was kann hinsichtlich der Druckfestigkeit (Bilder ③ und ④) gesagt werden?

____

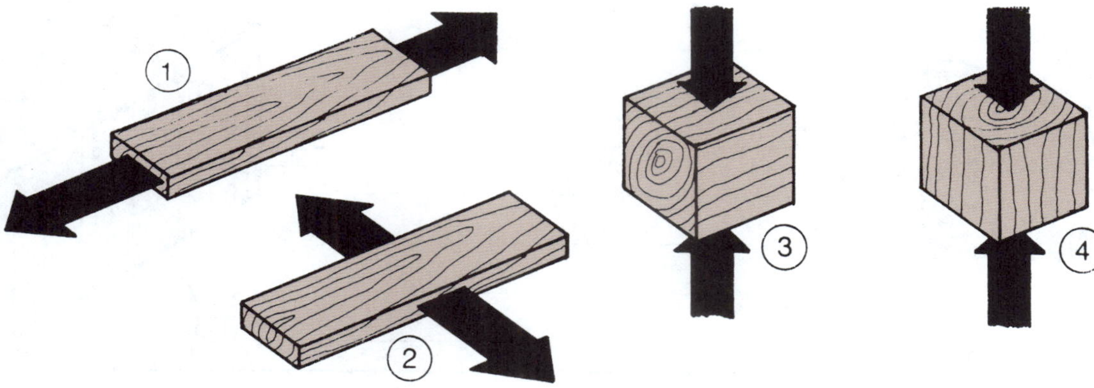

2. Skizzieren Sie (mit dickem Strich) in die Vorgaben die Formveränderungen in Folge „Schwindens".

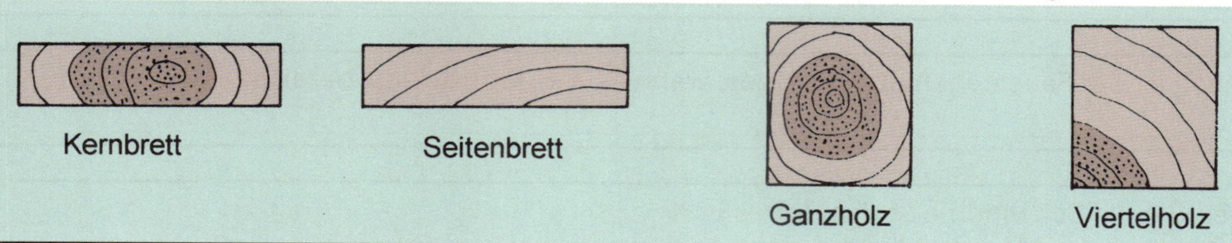

3. Ein Bauholz mit einer Holzfeuchte von etwa 30 % wird eingebaut. Was passiert?

- ☐ Das Holz quillt.
- ☐ Das Holz wird an der Außenseite nass.
- ☐ Das Holz schwindet.
- ☐ Beim Fasersättigungspunkt ist kein Wasser mehr in den Zellen und es passiert nichts.

4. Welche Aussage zum Schwindverhalten von Holz ist richtig?

- ☐ Schwindendes Holz vergrößert sein Volumen.
- ☐ Holz schwindet so lange, bis alle Zellen „darr" sind.
- ☐ Holz schwindet am stärksten in Faserrichtung.
- ☐ Holz schwindet am stärksten in Richtung der Jahresringe.

5. Die Maßänderungen des Schnittholzes treten am stärksten auf in Richtung …

- ☐ der Jahresringe.
- ☐ der Markstrahlen.
- ☐ der Faserrichtung.
- ☐ der Markröhre.

6. In welcher Richtung (bzw. an welcher Stelle) ist die Druckbelastung von Bauholz am größten?

- ☐ Quer zur Faser.
- ☐ Am Holzrand.
- ☐ In Holzmitte.
- ☐ In Längsrichtung zur Faser.

7. Tragen Sie folgende Begriffe in die Skizze ein: (hohl, rund, rechte Seite, linke Seite).

8. Wovon sind die Formveränderungen durch das Arbeiten des Holzes abhängig?

____

____

____

____

9. Für die Feuchtigkeit von Holz sind zwei Wasserarten von Bedeutung. Wie heißen diese?

____

Klasse:	Name:	Datum:	**110**

So könnte ein Kurztest bzw. eine Klassenarbeit zum Lernabschnitt „Holz und Holzwerkstoffe“ aussehen.
Hilfsmittel: keine Zeit: .... Minuten

1. Benennen Sie die gekennzeichneten Baumteile.
(Kambium, Markröhre, Splintholz, Borke/Rinde, Kernholz, Bast, Markstrahl)

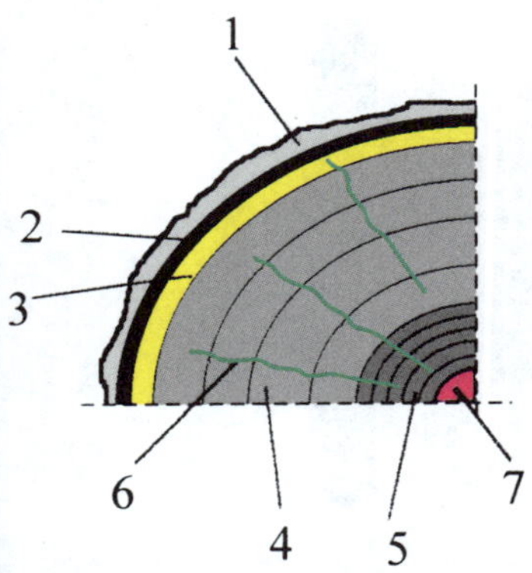

1 = ____________________
2 = ____________________
3 = ____________________
4 = ____________________
5 = ____________________
6 = ____________________
7 = ____________________

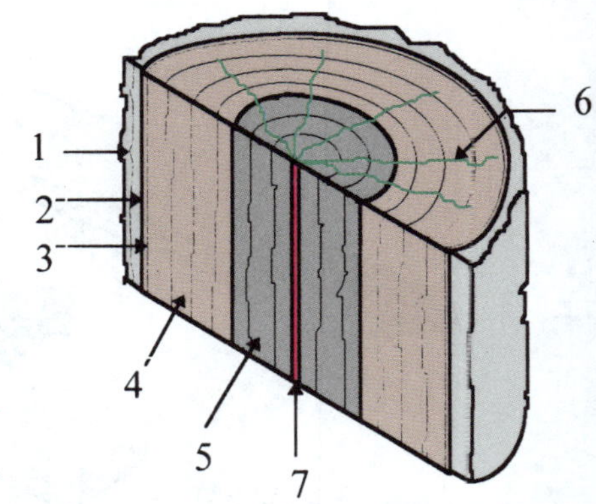

2. Erklären Sie den Begriff „Arbeiten des Holzes“.

____

3. Wie hoch ist der Feuchtegehalt des Holzes, wenn es als „lufttrocken“ bezeichnet wird?

____

4. Nennen Sie die Schwindmaße des Holzes in %:
a) in Richtung der Markstrahlen ____________________
b) in Richtung der Jahresringe ____________________

5. Was ist bei der Anlage eines Kastenstapels zu beachten? Nennen Sie 3 Punkte.

____
____
____
____
____

6. Ordnen Sie folgende Holzabmessungen den Bauschnitthölzern zu. *Alle Angaben in cm.*

16/18 ____________________
10/20 ____________________
4/6 ____________________
3,5/12 ____________________
4/20 ____________________

7. Holz hat unterschiedliche Druckfestigkeiten.
In welcher Richtung ist die Druckfestigkeit am größten?

____

8. Ein Jahresring hat unterschiedliches Holz. Wie heißt das?

____

Klasse:	Name:	Datum:	111

9. Aus einem Baumstamm soll ein Balken mit einem Querschnitt von 30/30 cm geschnitten werden.

a) Wie groß muss der Durchmesser *d* des Baumstammes mindestens sein?
b) Wieviel m^3 beinhaltet der Baumstamm bei einer Länge von 9,50 m?
c) Welche Masse in kg besitzt der Baumstamm bei einer Dichte von 0,6 kg/dm^3?

Formelsammlung: „Umrechnen von Volumeneinheiten"

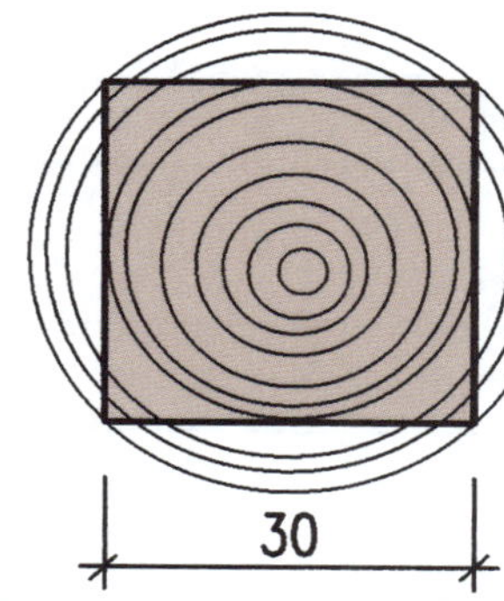

Berechnungen:

10. Eine Garage erhält eine Holzbalkendecke.

a) Ermitteln Sie das Achsmaß der Balkenlage und tragen Sie dieses in die Zeichnung ein.

b) den Holzbedarf anhand einer Tabelle (Holzliste).

siehe unten

Vorgaben:
- Balkenauflagerlänge = 15 cm je Seite,
- Balkenquerschnitt 8/16 cm,
- Balkenabstand ≤ 80 cm,
- Abstand zwischen Balken und Mauerwerk 3 cm.

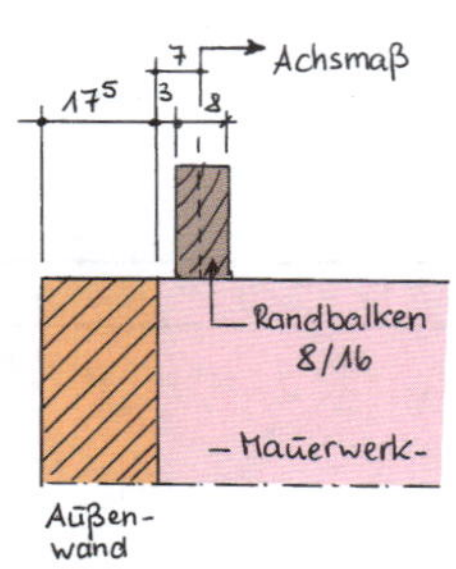

Achsmaß der Balkenlage =......... m

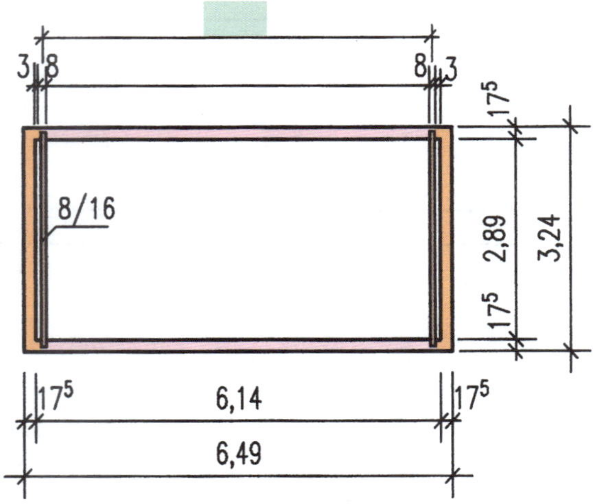

Berechnungen

zu a): $\text{Balkenanzahl} = \dfrac{\text{Achsmaß der Balkenlage}}{\text{Balkenabstand}} + 1$ (Aufrunden!)

zu b):

Holz-nummer	Benennung des Holzes	Anzahl Stück	Querschnitt in m/m	Einzellänge in m	Gesamtlänge in m	Volumen in m^3
1	Deckenbalken					

Klasse:	Name:	Datum:	112

1. Welche baulichen Schutzmaßnahmen sind hier getroffen worden?

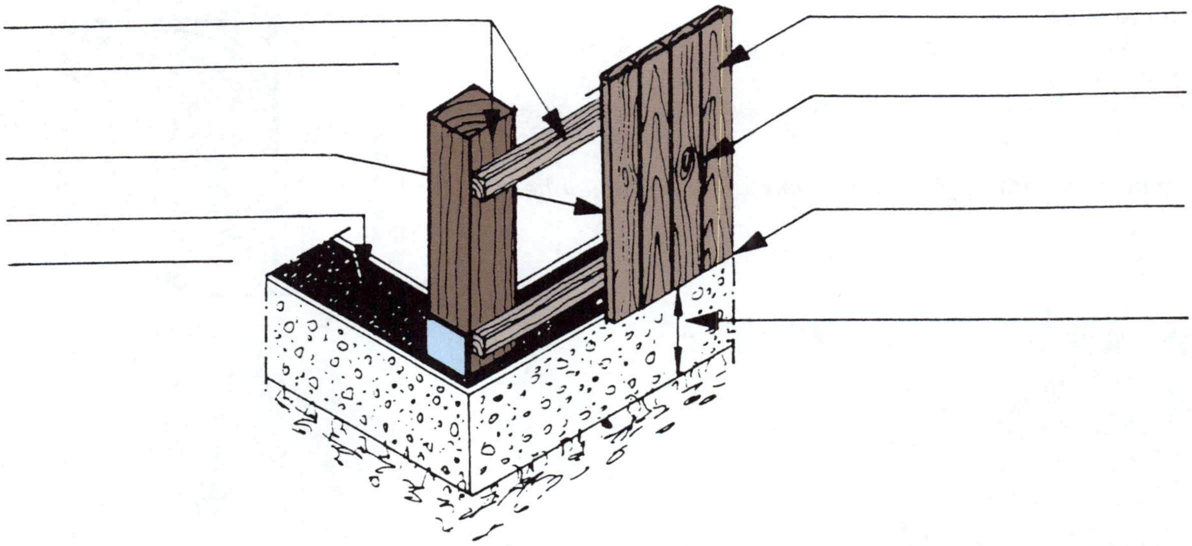

2. Wodurch zerstören Insekten das Holz?

3. Wogegen müssen Holzschutzmaßnahmen ergriffen werden?

4. Der skizzierte Eichenholzbalken soll als Schwelle eingebaut werden. Was meinen Sie dazu?

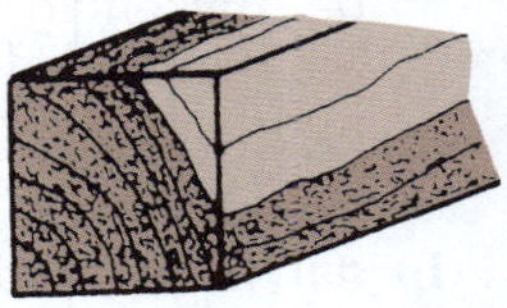

5. Warum ist der Hausbockkäfer für Bauholz so gefährlich?

Denken Sie dabei an die Merkmale!

6. Umgang mit Holzschutzmitteln verlangen besondere Schutzregeln. Auf welche Schutzregeln weisen die dargestellten Zeichen und Bilder hin?

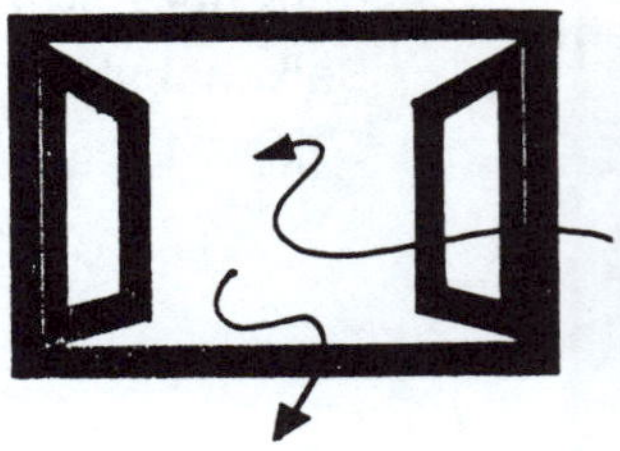

Klasse:	Name:	Datum:	113

1. Wie heißen die in Nummer ① – ⑨ dargestellten Zeichen und Risse?

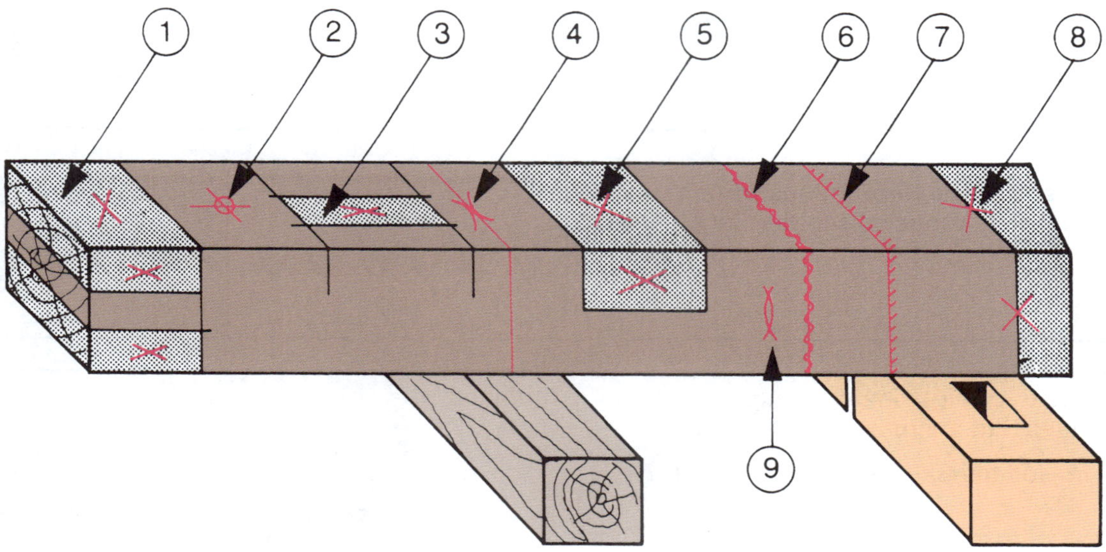

2. Welche Fehler wurden beim Messen und Anreißen des Holzes gemacht?

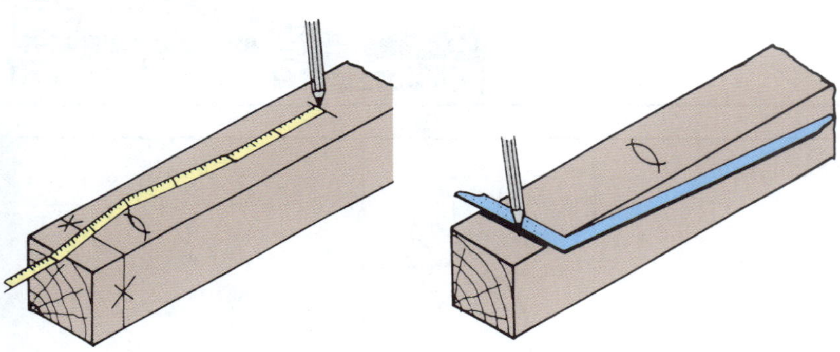

3. Benennen Sie die dargestellten Bearbeitungsrichtungen des Holzes.

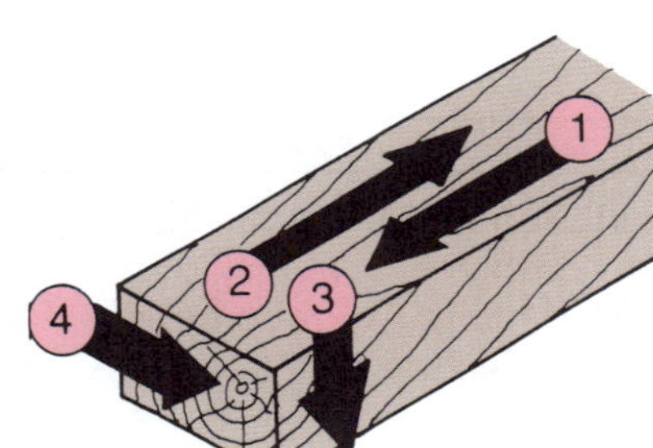

4. Von welcher Seite des Holzes werden alle Anreiß- und Messarbeiten durchgeführt?

5. Nennen Sie 4 Beispiele für Mess- und Anreißwerkzeuge.

Klasse:	Name:	Datum:	**114**

1. Erläutern Sie die Wirkungsweise der Säge.

2. Es gibt verschiedene Bezahnungsformen und damit andere Wirkungsweisen der Sägeblätter.
Wie wirken die dargestellten Zahnformen?

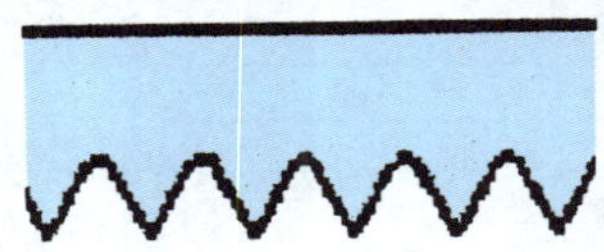

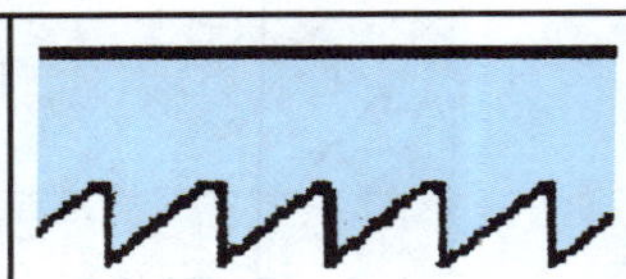

3. **a)** Welches Bild zeigt ein richtig „geschränktes" Sägeblatt? (Richtiges Bild ankreuzen)

b) Warum soll die Säge „geschränkt" sein?

c) Wie groß soll die „Schränkung" sein?

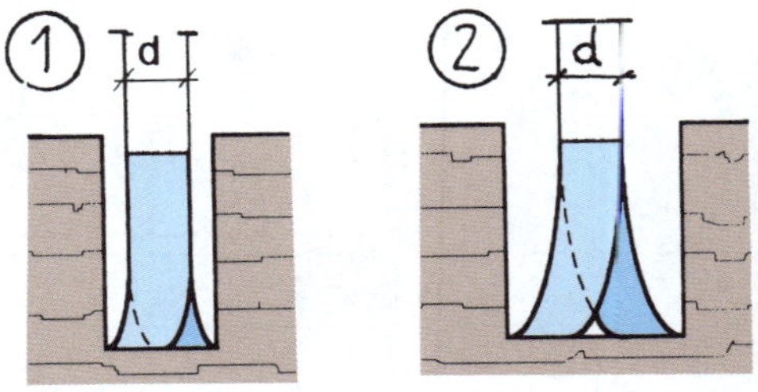

4. Welche Aufgabe hat die Druckkante?

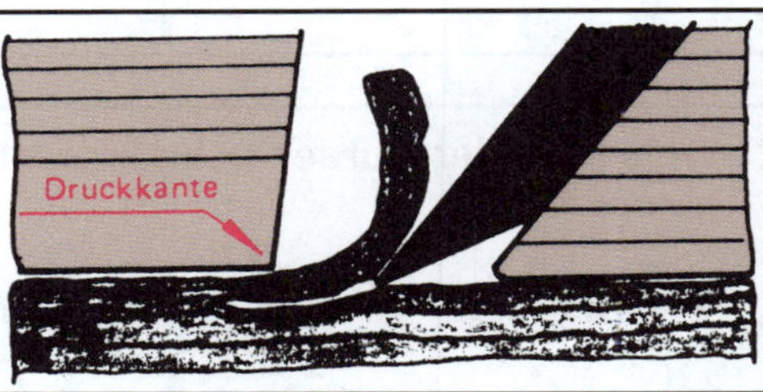

5. **a)** Benennen Sie die Teile ① – ④ des Schlangenbohrers.
b) Welche Aufgabe hat die Hauptschneide und der Vorschneider?

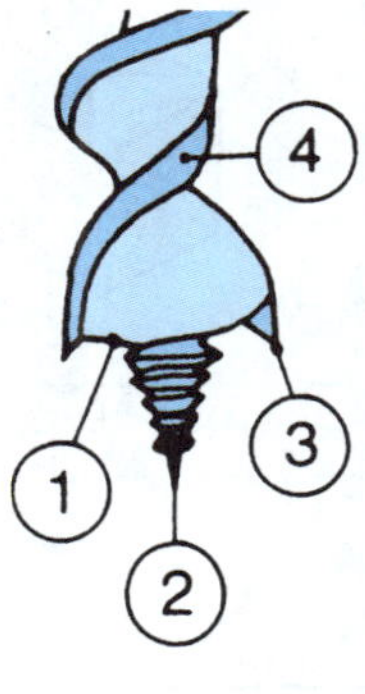

① =

② =

③ =

④ =

6. Wovon hängt die Oberflächengüte einer gehobelten Fläche hauptsächlich ab? *3 Punkte*

7. Was ist beim Stemmen eines Zapfenloches zu beachten?

Vor der Bearbeitung des Holzes sollte man eine möglichst genaue Vorstellung besitzen, wie das Werkstück später aussehen soll. *Dadurch erspart man sich „Abfallstücke".*
Daher wollen wir im Folgenden die Vorstellungskraft schulen.

Aufgabe: Bei den dargestellten Kanthölzern werden die gekennzeichneten Teile herausgearbeitet. Stellen Sie den entstehenden Restkörper in den gestrichelten Vorgaben dar.

Lösungen:

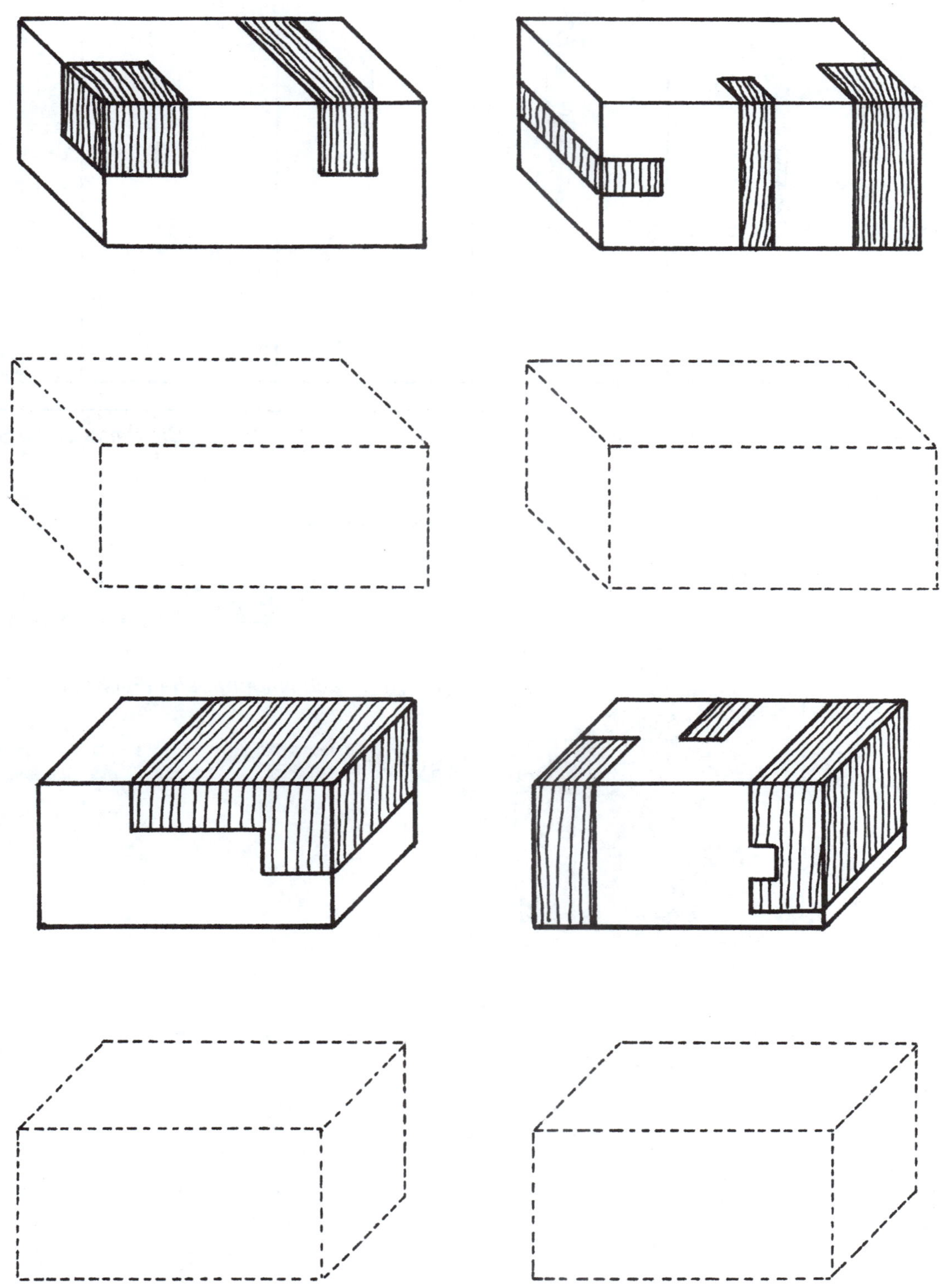

1. Erklären Sie die Kennzeichnung auf dem Nagelpaket!

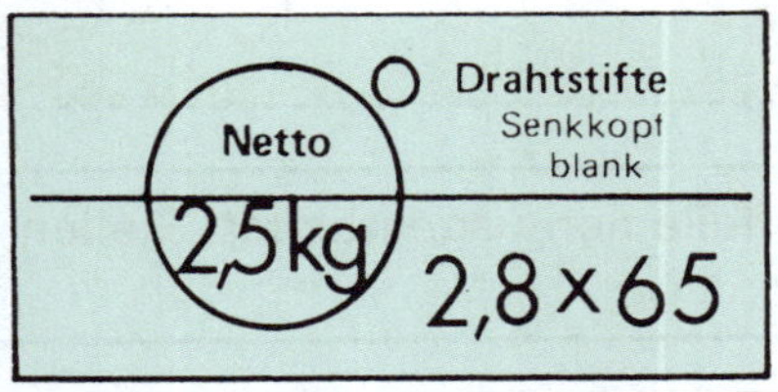

- Art des Nagels: ______
- Ausführungsart: ______
- Nageldicke/Nagellänge: ______
- Masse des Nagelpaketes: ______

2. Benennen Sie die dargestellten Schrauben- und Nagelformen.

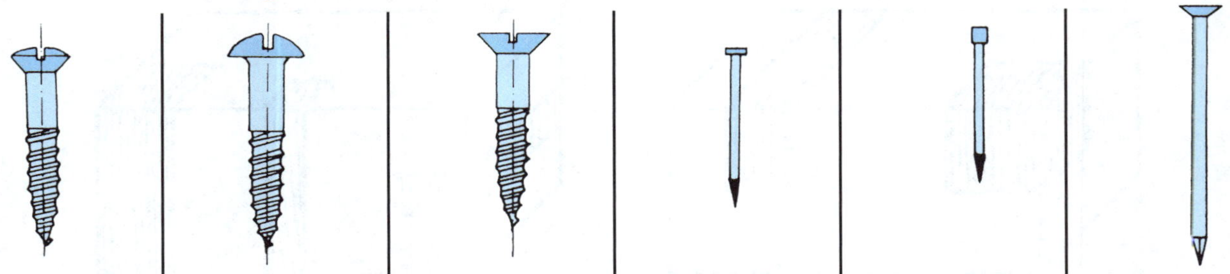

3. a) Welche Regeln gelten bei einer Nagelverbindung? *Tragen Sie diese in die Skizze ein.*

b) Welchen Senkkopfnagel würden Sie für die dargestellte Holzverbindung wählen, wenn d_{Holz} = 3,0 cm beträgt?

a)

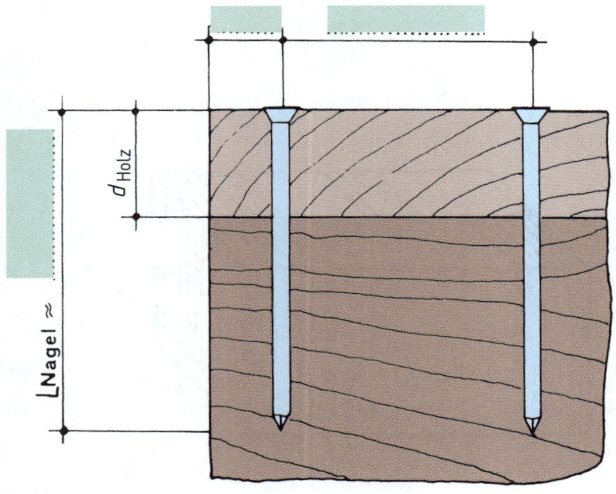

b) Nagellänge: ______

gewählt: *nach Nageltabelle (Fachbuch)*

Senkkopf: ______

4. Welchen Bohrer würden Sie zum Vorbohren einer Schraubenverbindung mit „Flako 3,0 x 40" wählen? Begründen Sie ihre Entscheidung.

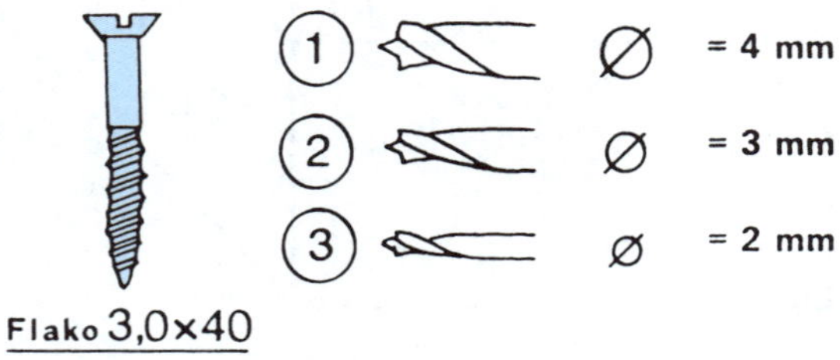

Klasse:	Name:	Datum:	117

5. Welche Fehler werden hier bei der Herstellung von Nagel- und Schraubenverbindungen gemacht?

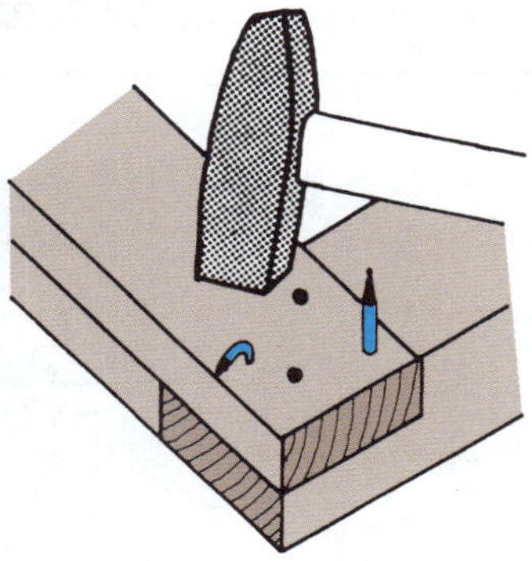

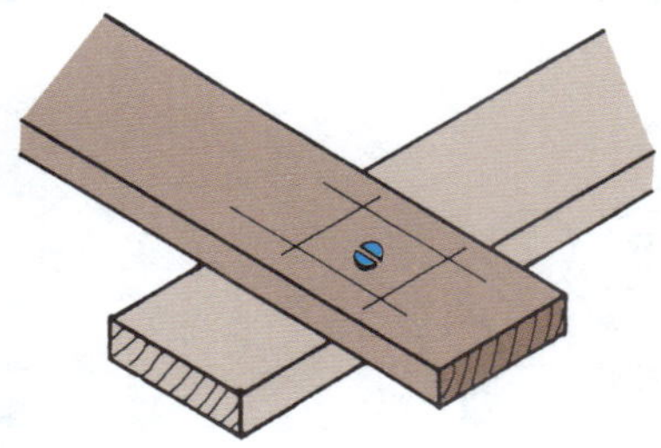

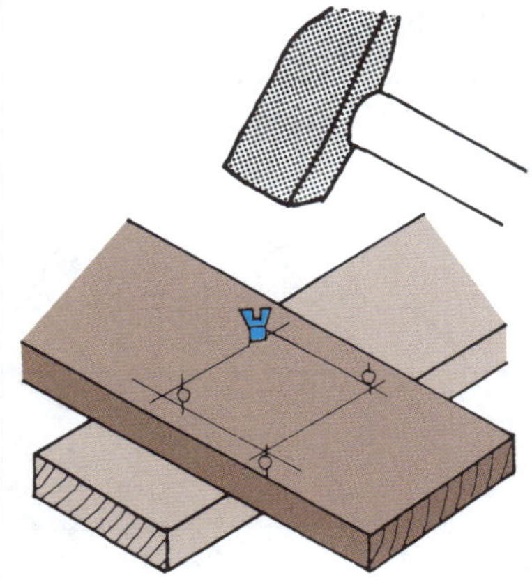

6. Für „stärkere Hölzer“ werden Blechformteile eingesetzt. Welche sind auf den Skizzen dargestellt?

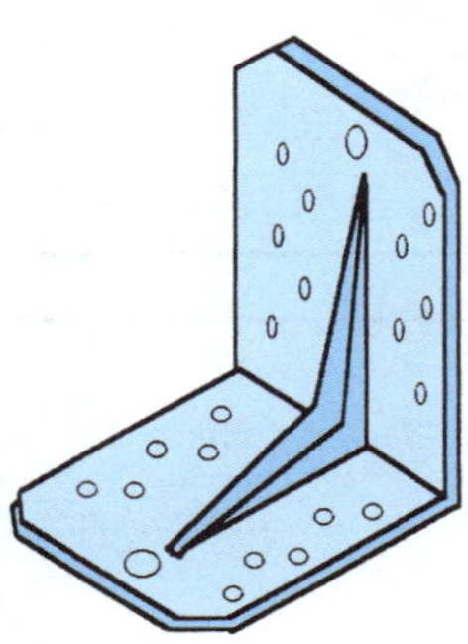

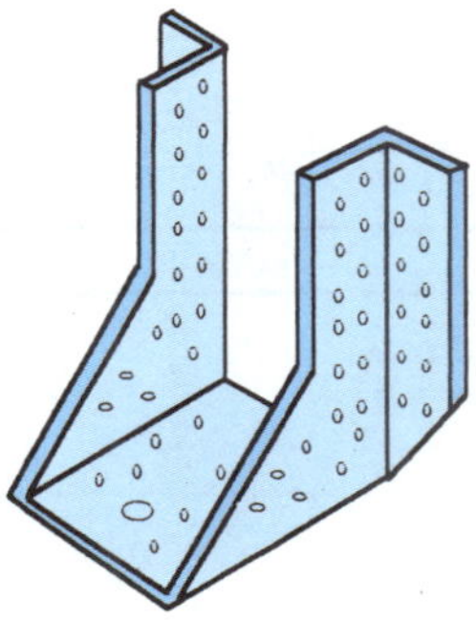

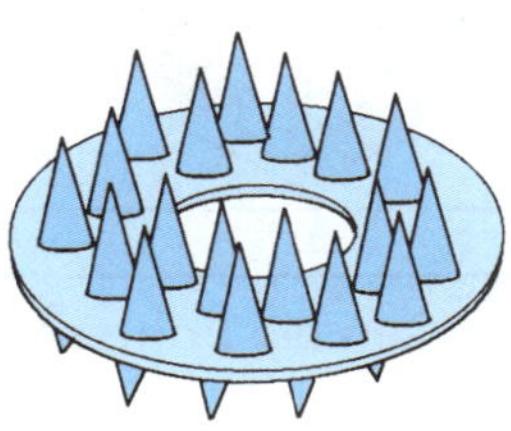

7. Welche Merkmale kennzeichnen eine Schraubenverbindung?

8. Welche Kräfte wirken an den gekennzeichneten Stellen in der Klebefuge? *Tragen Sie die Begriffe ein.*

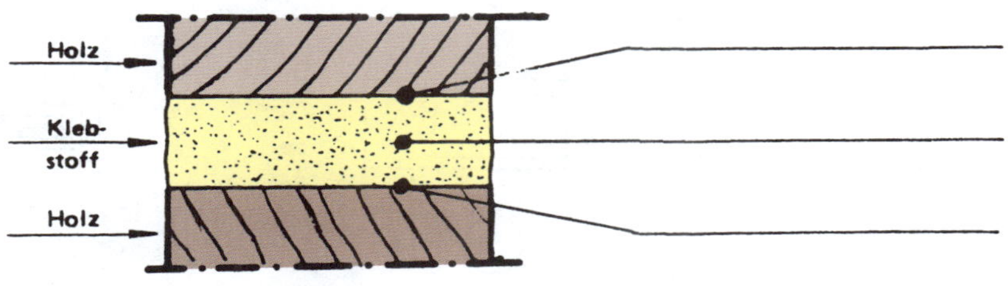

Klasse:	Name:	Datum:	**118**

So könnte ein Kurztest bzw. eine Klassenarbeit zum Lernabschnitt „Holzbearbeitung und Holzverbindungsmittel" aussehen.

Hilfsmittel: keine Zeit: .... Minuten Ankreuzen und freie Beantwortung.

1. Wie heißen die dargestellten Zeichen und Risse?

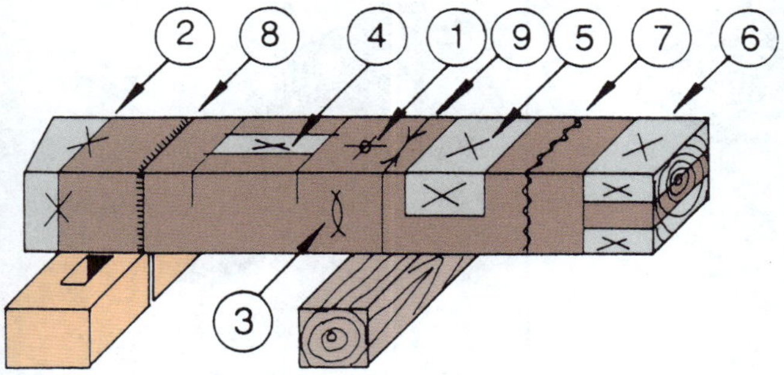

2. Benennen Sie die dargestellten Bearbeitungsrichtungen des Holzes.

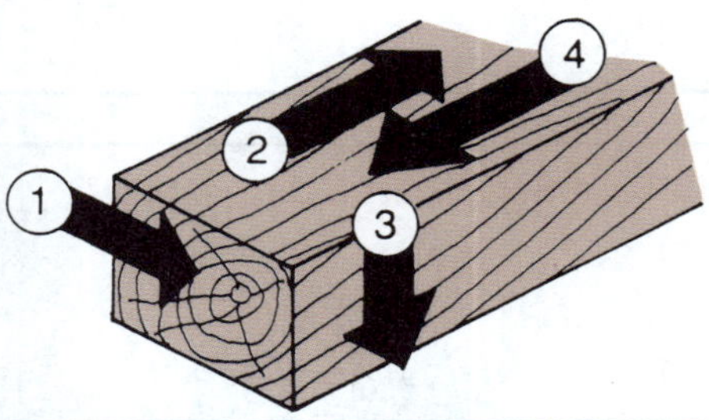

3. Wie heißen die Bohrer?

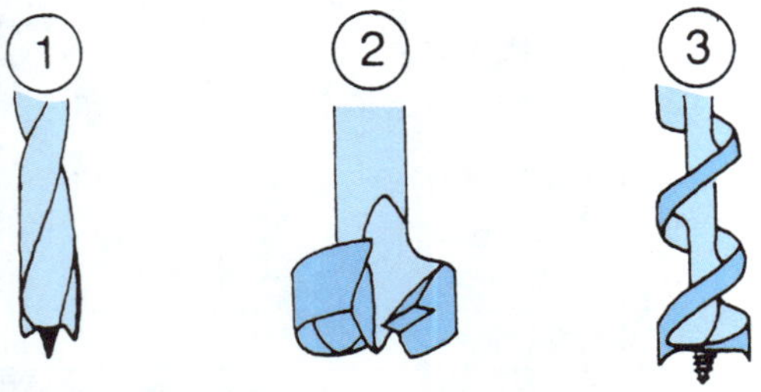

4. Holzverbindungen müssen gekennzeichnet werden. Welche Abbildung stellt eine Verbindung mit Holzschrauben dar?

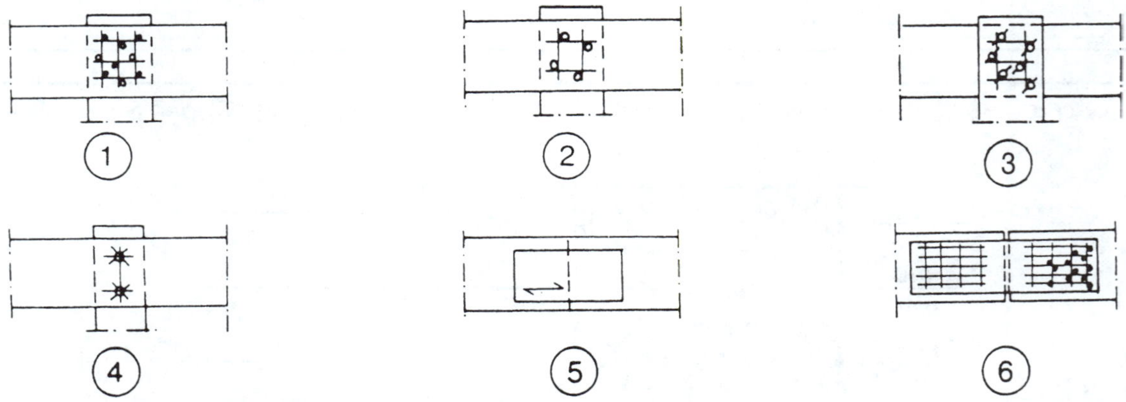

Klasse:	Name:	Datum:	119

5. Welche Abbildung stellt eine Linsenkopfschraube mit Kreuzschlitz dar?

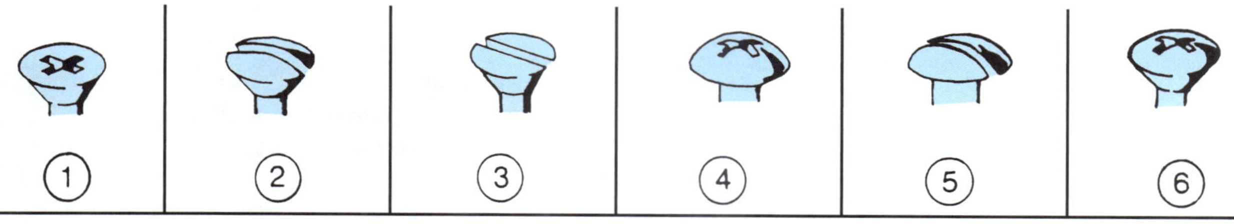

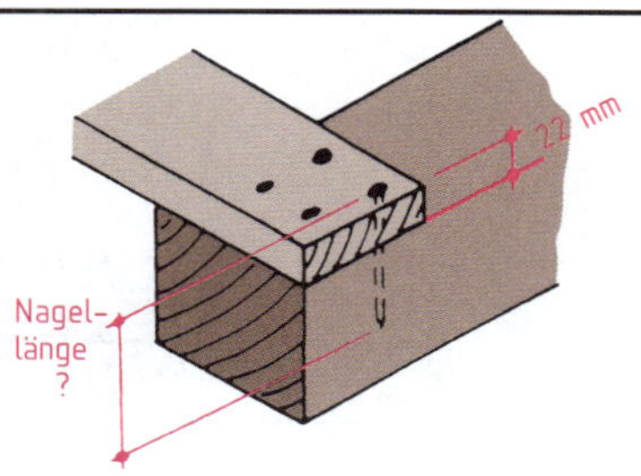

6. Gesucht wird der passende Nagel für die dargestellte Nagelverbindung. Welche Nägel könnten Sie wählen?

- 2,0 x 40
- 2,5 x 55
- 1,8 x 35
- 4,5 x 90
- 2,8 x 65
- 2,2 x 50
- 2,5 x 60
- 3,8 x 100
- 3,1 x 80
- 4,0 x 70
- 3,1 x 70
- 3,4 x 80

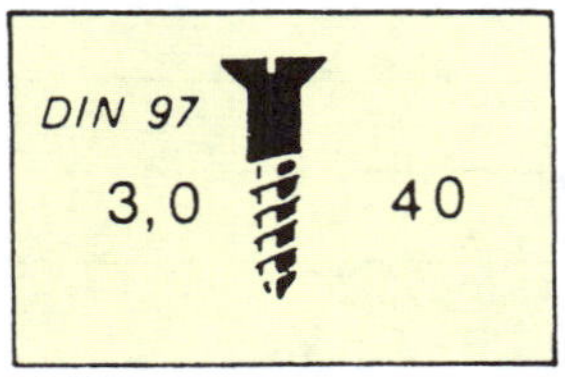

7. Welche Aussagen sind richtig?

- Der Durchmesser der Schraube beträgt 3,0 mm.
- Es handelt sich um eine Flachkopfschraube.
- Der Durchmesser der Schraube beträgt 40 mm.
- Die Schraubenlänge ist 40 mm.
- Die Schraubenlänge der Ruko-Schraube ist 40 mm.
- Die Schraubenlänge ist 40 cm.

8. Welche Aussagen sind richtig?

- Die Haltekraft von Nägeln und Schrauben ist in Faserrichtung (Hirnholz) größer als senkrecht zur Faser.
- Schraubenverbindungen müssen vorgebohrt werden. Dabei entspricht der Durchmesser des Bohrers dem Durchmesser der Schraube.
- Die Festigkeit einer Klebeverbindung beruht auf dem Zusammenwirken von Adhäsion und Kohäsion.
- Die Haltekraft von Schrauben ist in Vollholz größer als in einer Spanplatte.
- Die Kennzeichnung einer Nagelverbindung gilt nur bei Kanthölzern.
- Schrauben dürfen mit dem Hammer teilweise oder ganz eingeschlagen werden.
- Eine tragende Holzverbindung besteht aus mindestens 4 gleichen Nägeln.

9. Von diesen Abbildungen sind drei falsch. Kreuzen Sie die **richtigen** an und begründen Sie Ihre Entscheidung.

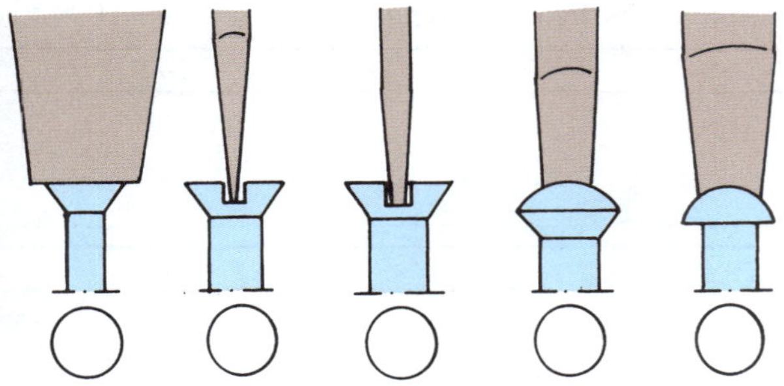

10. Wählen Sie für die angegebenen Schrauben den passenden Bohrer zum Vorbohren.
(Schreiben Sie die entsprechenden Buchstaben in die Kreise).
Begründen Sie ihre Entscheidungen.

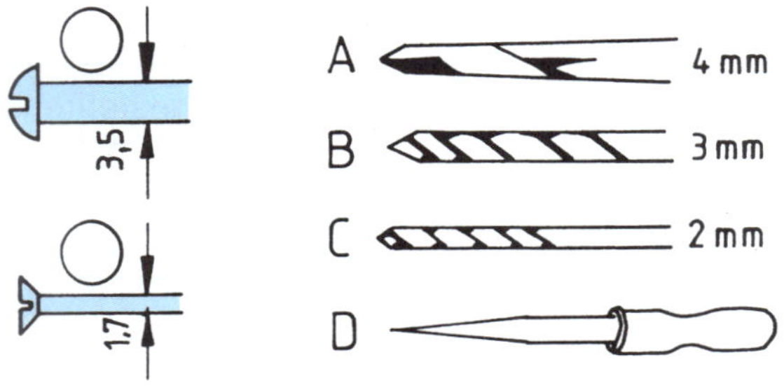

1. Benennen Sie **a)** die Arten der Holzverbände und
b) die entsprechende Art der Ausführung der besonders gekennzeichneten Punkte A–E an der dargestellten Fachwerkwand.

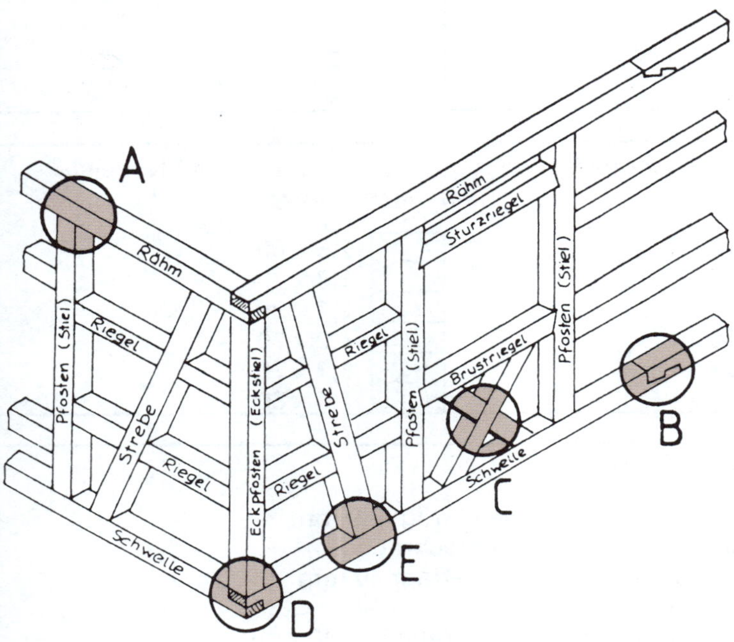

Beispiel:
A = Rechtwinkliger Winkelverband/ Normaler Zapfen

B = ______

C = ______

D = ______

E = ______

2. Die dargestellten Hölzer sollen verbunden werden.
Tragen Sie die fehlenden Anreißmaße in die Skizzen ein.

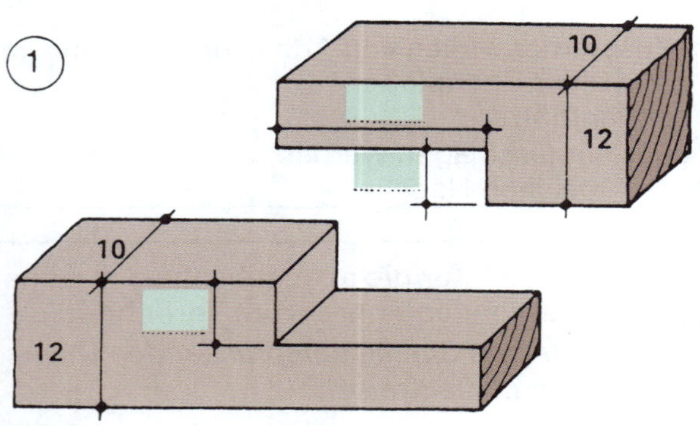

Längsverbindung

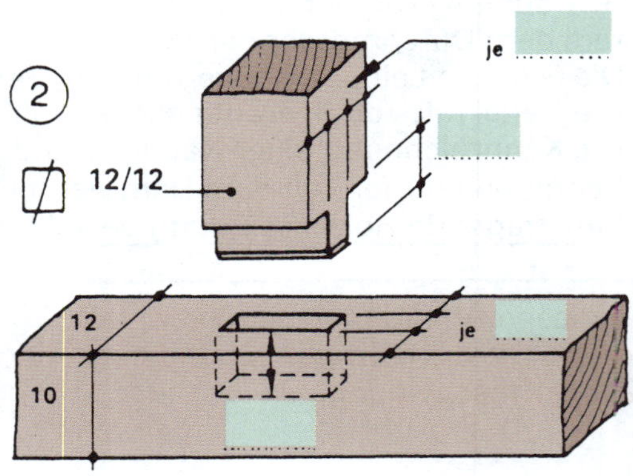

Rechtwinkliger Winkelverband

3. Wie heißen die in Aufgabe 2 dargestellten Holzverbindungen?

① = ______ ② = ______

4. Was ist bei der Herstellung eines Zapfenloches zu beachten?

______

5. Die Sicherung einer Holzverbindung geschieht „stilecht" durch Holznägel. Was ist hierbei zu beachten?

______

Klasse:	Name:	Datum:	121

Holzverbindungen müssen sowohl im Ganzen wie auch im Detail dargestellt werden können. Dieses soll zunächst an einem Fachwerkhaus geübt werden.

Fachwerkhaus – Grundriss (o. M.)

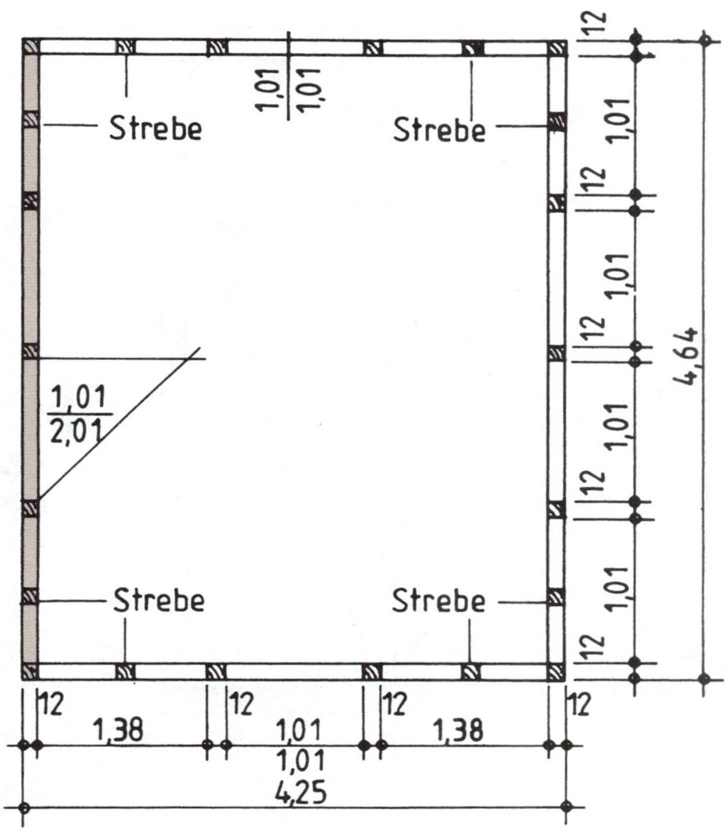

Aufgabe 1:
Aus Grundriss und Giebelansicht heraus soll die WESTANSICHT *(Traufseite mit der Tür)* im Maßstab 1:25 (m, cm) – ohne Dachkonstruktion – auf einem **Zeichenblatt** dargestellt werden.

Gleichzeitig sollen die Hölzer der gezeichneten Fachwerkwand benannt (beschriftet) werden.

Fachwerkhaus – Giebelansicht (o. M.)

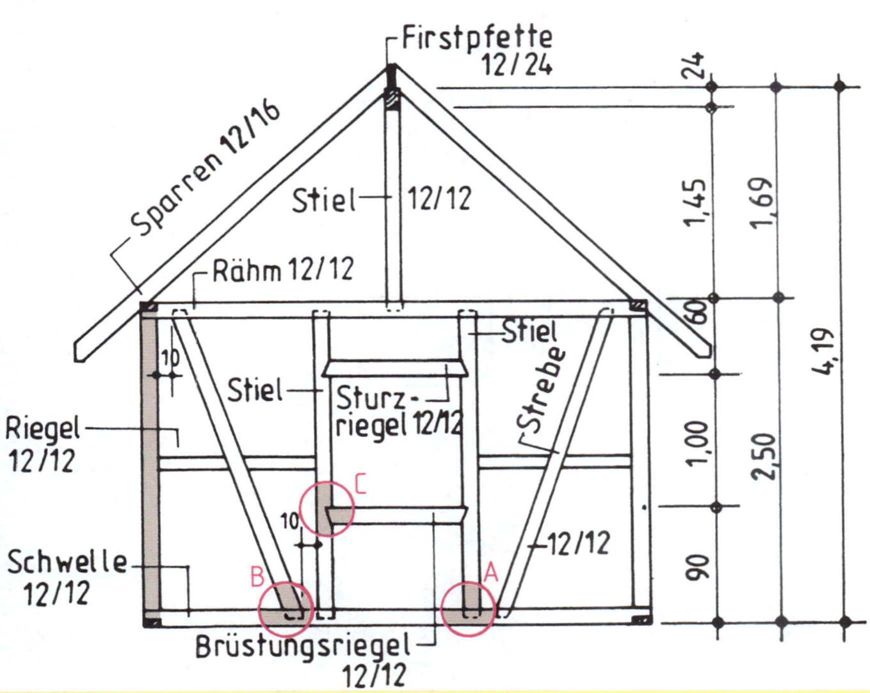

Aufgabe 2: → **Extrablatt**

Skizzieren (Handskizze) und bemaßen Sie die Holzverbindungen A, B und C. Zeichnen Sie jeweils die Einzelteile der Hölzer sowie die Ansicht und den Schnitt der Verbindung.

a) A = Stiel – Schwelle mit einem normalen Zapfen

b) B = Strebe – Schwelle mit einem abgestirnten Zapfen

c) C = Brüstungsriegel – Stiel Versatz + normaler Zapfen

(Das ist schwer.)

Allgemeine Vorgaben:
- Zapfenlänge = 5 cm
- Zapfenbreite = 1/3 Holzbreite
- Versatz = 2 cm

Klasse:	Name:	Datum:	122

	Lernfeld 5:	Holzverbindungen Materialbedarf (Kap. 12) **Berechnung von Holzverbindungen**	**I/Ü**
	Herstellen einer Holzkonstruktion		**Ma**

Holzverbindungen müssen nicht nur dargestellt, sondern auch berechnet werden können *(zwecks Holzbestellung)*. An dem vorher dargestellten Fachwerkhaus soll dieses anschließend geübt werden!

Schwierigkeiten bereitet in der Regel die Berechnung von schrägen Teilen, z. B. von Streben. Dieses soll daher vorher „eingeschoben" werden.

Berechnungen von Strebenlängen

Was muss man machen?

Um die Länge der Strebe ausrechnen zu können müssen bekannt sein oder ausgerechnet werden:

1. **Die Breite des Gefaches *b***
2. **Der Abstand von den Stielen bis zur Strebenmitte** *(hier 18 cm)*
   Meist ist in Zeichnungen der Abstand bis zur Strebe angegeben, dann muss b_s errechnet werden.
3. Der Abstand der Querhölzer (Gefachehöhe *h*) **bzw. die lichte Gefachehöhe h_s zwischen den Querhölzern**
4. Mittels ***„Phythagoras"*** *hier rot unterlegt* kann dann die Strebenlänge L_s – unter Berücksichtigung der Strebenzapfenlängen – bestimmt werden.

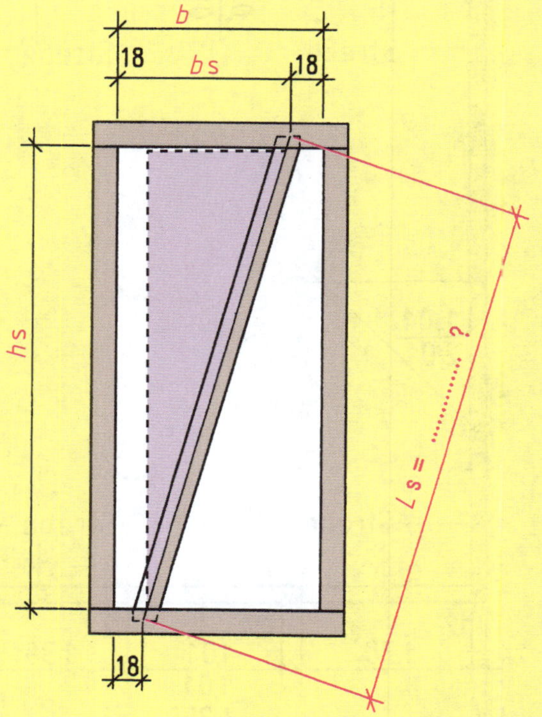

Aufgaben zum Üben:

Ermitteln Sie die Strebenlänge L_s, wenn für 2 Zapfen jeweils ein Zuschlag von 7 cm zu berücksichtigen ist und tragen Sie das Ergebnis in die Tabelle ein.

	Beispiel 1	Beispiel 2	Beispiel 3
Gefachebreite ***b*** in m	1,01	1,135	1,385
Lichte Gefachehöhe h_s in m	2,51	2,57	2,635
Strebenlänge L_s in m einschl. Zapfen			

Berechnungen:

Klasse:	Name:	Datum:	123

	Lernfeld 5: **Herstellen einer Holzkonstruktion**	Holzverbindungen Materialbedarf (Kap. 12) **Holzliste für eine Fachwerkgiebelwand**	**A** **Ma**

Das gezeichnete Fachwerkhaus soll gebaut werden. Dazu müssen die Hölzer gemäß einer Holzliste bestellt werden. Dieses wollen wir beispielhaft an der Giebelwandseite üben.

Holzliste einer Fachwerkgiebelwand

Vorgaben:

Angaben für Längenzuschläge:

- Rähm und Schwelle + 4,0 cm
- Normale Zapfenlänge + 6,0 cm
- Strebenzapfen je + 8,0 cm
- Stiele (Pfosten) = lichtes Maß + 2 Zapfenlängen
- Riegel/Strebenriegel = lichtes Maß zwischen den Stielen + 2 Zapfenlängen
- Streben = errechnete Strebenlänge + 2 Strebenzapfenlängen
- Brüstungsriegel = lichtes Maß + je 2 cm Versatz
- Sparrenlänge + 10 cm

Holzquerschnitte:

- Fachwerk 12/12 cm
- Sparren 12/16 cm

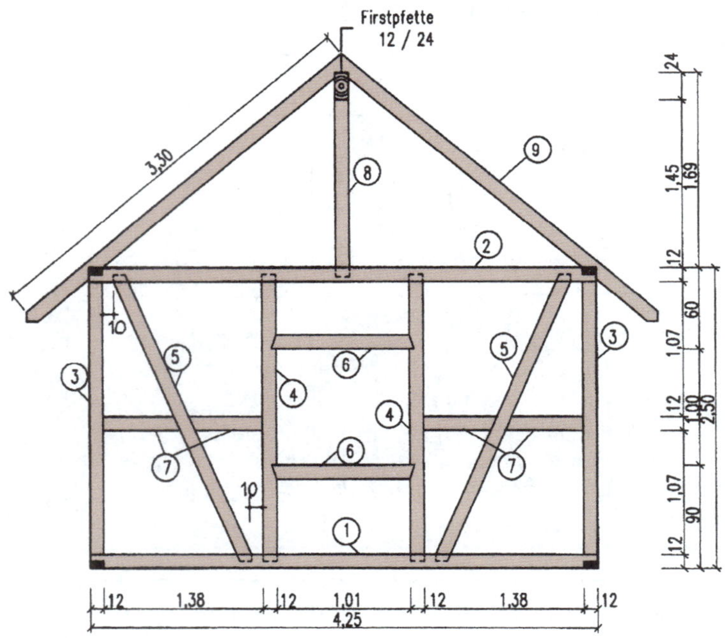

Erstellen Sie die Holzliste für diesen Fachwerkgiebel. **(Extrablatt für Nebenrechnungen)**

Holz-nummer	Benennung des Holzes	Anzahl Stück	Querschnitt in m/m	Einzellänge in m	Gesamtlänge in m	Volumen in m²
1	Schwelle					
2	Rähm					
3	Eckstiel					
4	Stiel					
5	Strebe					
6	Brüstungsriegel					
7	Strebenriegel					
8	Stiel					
9	Sparren					
				Summe:		

Herstellungskosten

Für den Fachwerkgiebel (siehe oben) sind die Materialkosten zu ermitteln.

Angaben für die Kalkulation:

Kantholzpreis 12/12 cm = 300,00 €/m³ ; Kantholzpreis 12/16 cm = 330,00 €/m³

Berechnung

Klasse:	Name:	Datum:	**124**

„Unser“ Ferienhaus: Im hinteren Teil soll ein Gerätehaus (für Gartengeräte; Werkstatt o. Ä.) errichtet werden. Und so sehen die Planungsunterlagen aus:

Das ist der vorgesehene Lageplan:

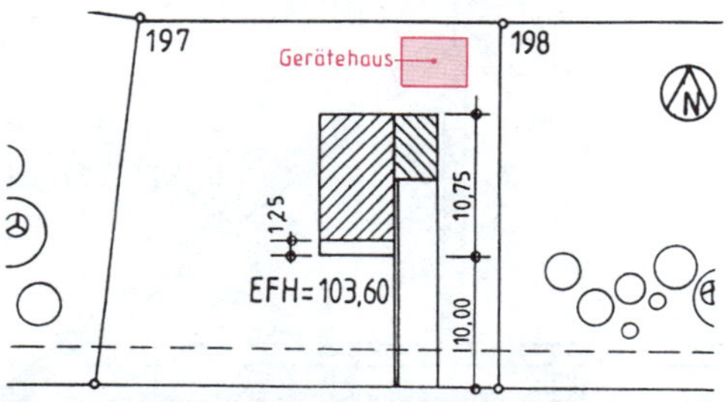

Das ist der Grundriss:

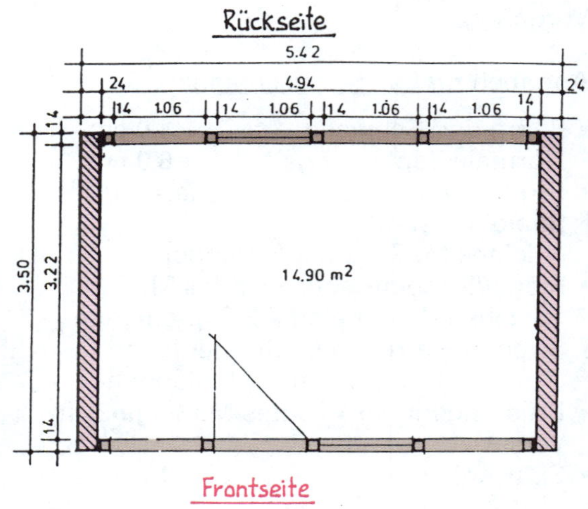

Kurzbeschreibung:
- Abmessungen 5,42 x 3,50 m, Streifenfundamente außen,
- 30 cm Kiesschüttung mit Pflasterung innen,
- Holzbalkendecke mit aufgesetztem Flachdach,
- seitliche Außenwände in 24er Mauerwerk beidseitig verputzt,
- Front- und Rückseite als Fachwerk mit Ausfachung,
- Gefache beidseitig verputzt

Ansicht: **Frontseite** (nur Fachwerk, ohne Maßstab)

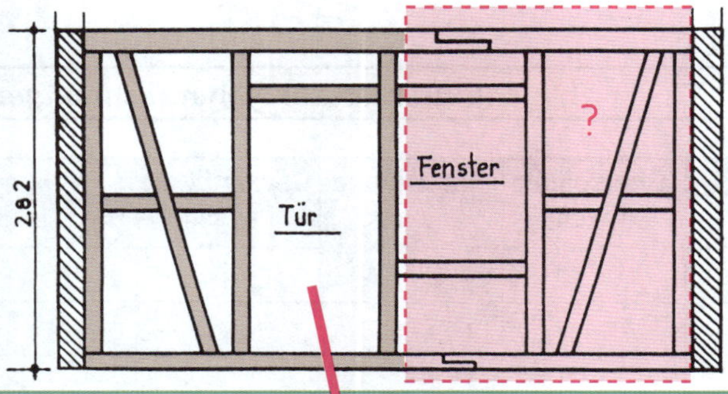

Ansicht: **Rückseite** (nur Fachwerk, ohne Maßstab)

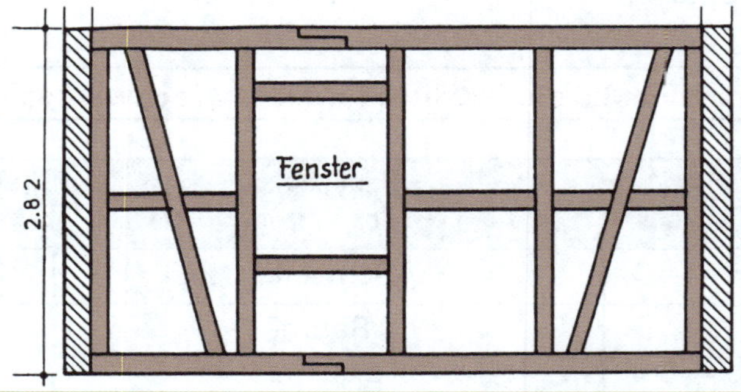

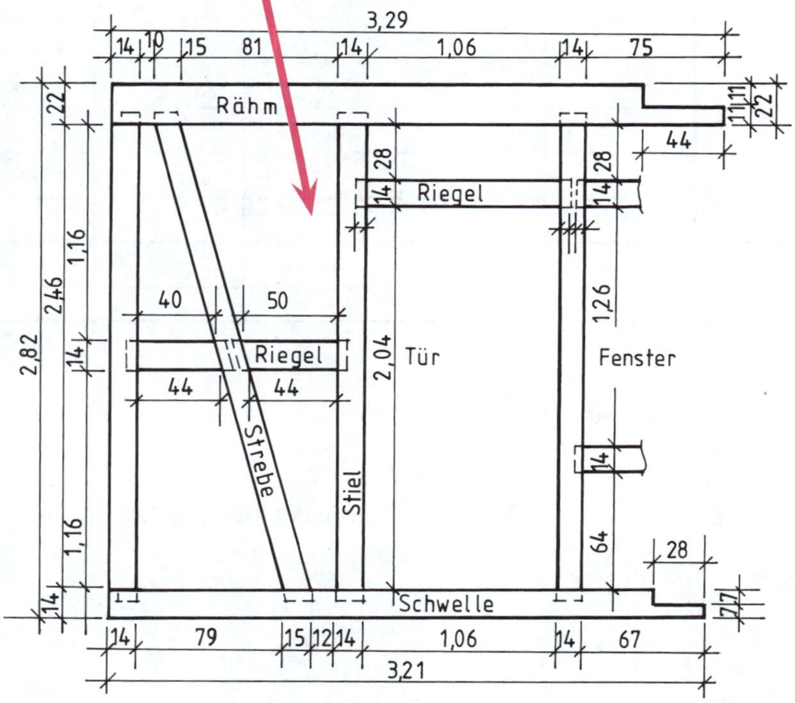

Das ist eine Detailzeichnung !

Hier sind alle Hinweise zur Erstellung – auch der gleich ausgebildeten rechten Frontseite – vermerkt.

Aufgabe: Zeichenblatt

Fertigen Sie eine Detailzeichnung der hier **fehlenden rechten Frontseite** bis kurz hinter die Überblattung an.

(Siehe oben roter Teil)

Maßstab 1:20 (m, cm)

Klasse:	Name:	Datum:	**125**

Lernfeld 5: Herstellen einer Holzkonstruktion	Holzverbindungen Gerätehaus (Kap. 10–12) **Herstellung eines Gerätehauses (2)**	**Proj** **TK/Ma**

„Unser“ Ferienhaus: Zu dem geplanten Gerätehaus sollen Sie nun die Holzliste für die Front- und Rückseite erstellen und die Bestellung aufgeben. Tipp: *Benutzen Sie unbedingt Ihr Fachbuch als Hilfe.*

a) Tragen Sie in die dargestellten Ansichten alle für Sie notwendigen Angaben (z. B. Maße, Abmessungen und Nummerierung der Hölzer) ein, die Sie für die unten stehende Holzliste benötigen.

b) Erstellen Sie die Holzliste. Zuschläge beachten und aufrunden.

Diese Zuschläge beachten, dann aufrunden.

Rähm und Schwelle:	3,5 cm für Verschnitt (insgesamt)
Pfosten:	Stielhöhe (zwischen Rähm und Schwelle) + 2 Zapfenlängen
Strebe:	+ 2 Zapfenlängen
Riegel und Riegelteile:	Maß zwischen den Pfosten + 2 Zapfenlängen (Teile eines Riegels werden wie ein Riegel berechnet)

Frontseite

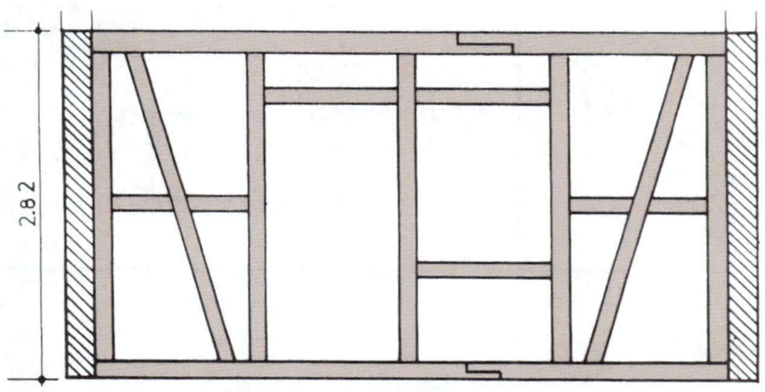

Rückseite

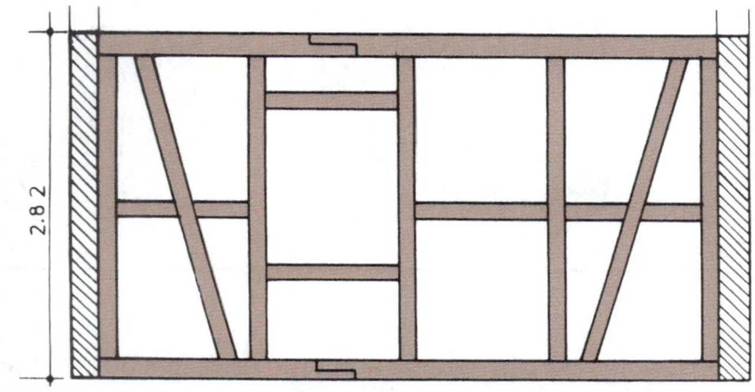

Holznummer:	Benennung des Holzes:	Anzahl	Querschnitt in m/m	Einzellänge in m	Gesamtlänge in m	Volumen in m^3
				Summe:		
				gerundet:		

Anmerkung: Anhand dieses Gerätehauses können weitere Berechnungen durchgeführt werden:
z. B.: Stein- und Mörtelbedarf (Ausfachungen)
Putzberechnungen, Holzbalkendecke (Holzliste), Flachdachkonstruktion + Materialbedarf

Klasse:	Name:	Datum:	**126**

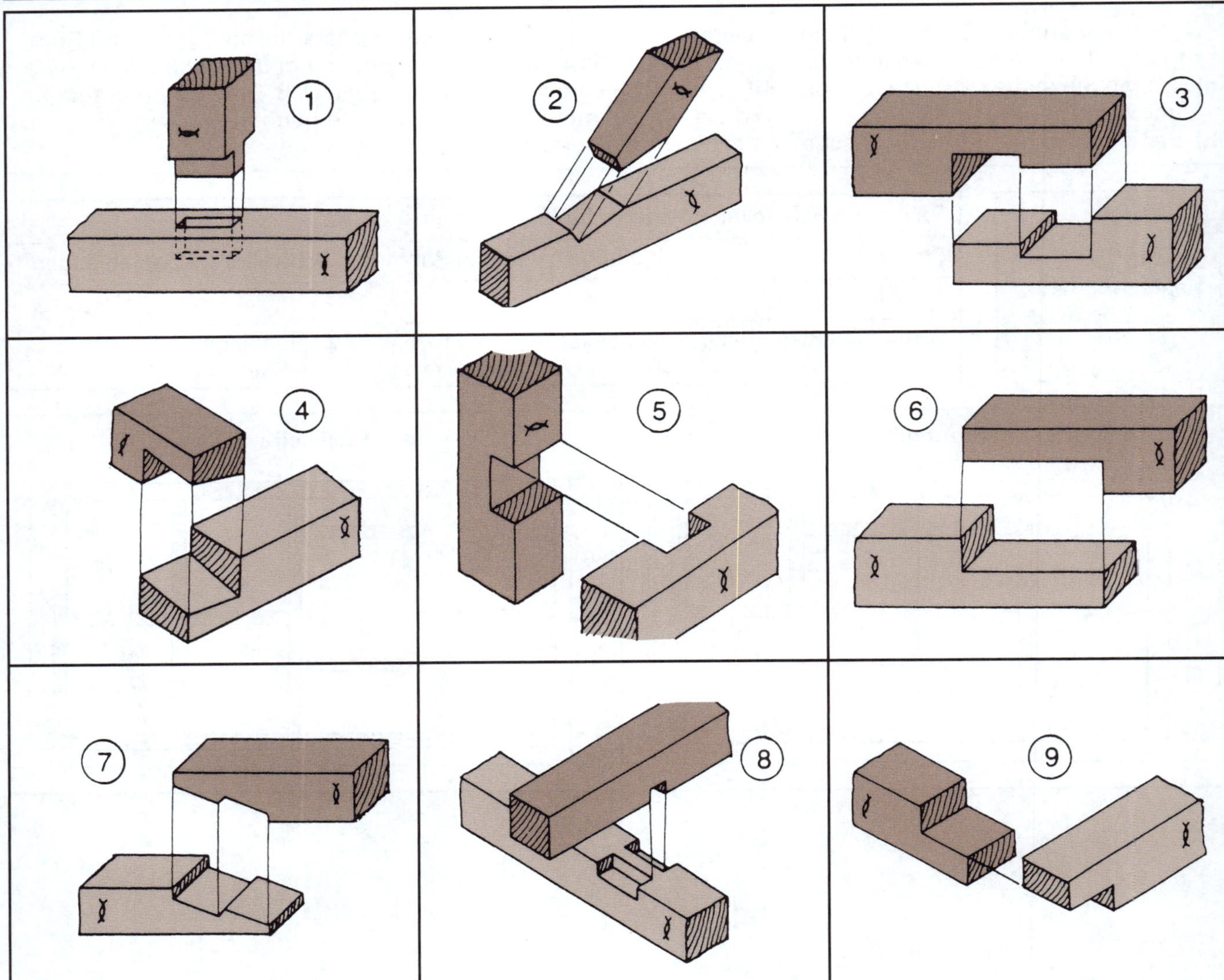

1. Beantworten Sie zu den Abbildungen ① – ⑨ folgende Fragen:

a) Welche Abbildungen stellen Eckverbindungen dar? __________

b) Welche Abbildung stellt ein Druckblatt dar? __________

c) Wie nennt man die Abbildung ⑥? __________

d) Welche Abbildung zeigt ein Kreuzblatt? __________

e) Wie lang muss der überlappende Holzabschnitt bei Abbildung ⑥ sein, wenn Kanthölzer 10/10 cm verwendet werden? __________

2. Ergänzen Sie die 4 fehlenden Maße!

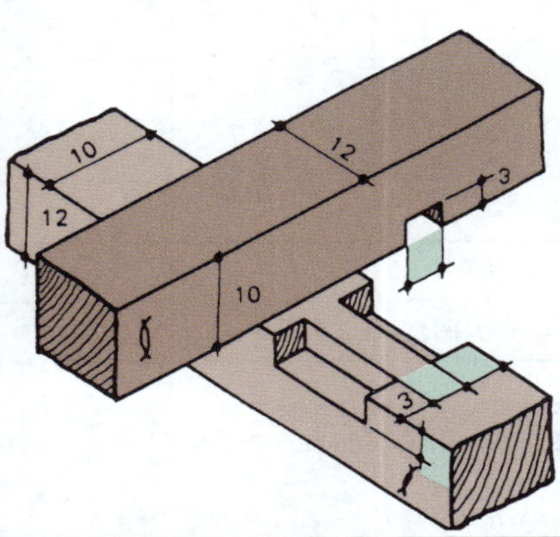

3. Wie heißt im ingenieurmäßigen Holzbau die Verbindung, bei der das abgebildete Verbindungsmittel benutzt wird?

- ☐ Nagelverbindung
- ☐ Nagelplattenverbindung
- ☐ Leimverbindung
- ☐ Dübelverbindung
- ☐ Bolzenverbindung
- ☐ Stabdübelverbindung

Klasse:	Name:	Datum:	127

4. Wie wird das dargestellte Maß bezeichnet?

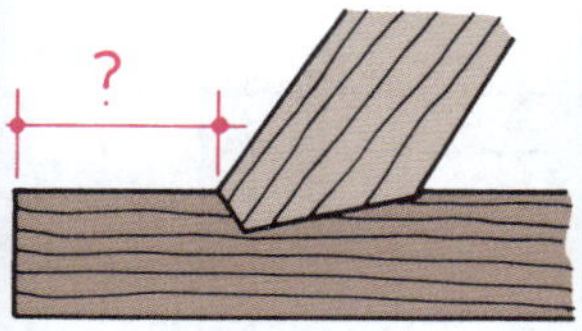

- Stirnholzlänge
- Balkenendlänge
- Vorholzlänge
- Scherlänge
- Versatzlänge
- Überstand

5. Die dargestellte Nagelverbindung ist eine ...

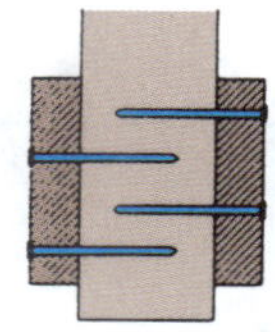

- ... einschnittige Verbindung.
- ... zweischnittige Verbindung.
- ... vierschnittige Verbindung.
- ... eingeschlagene Verbindung.
- ... aufgesetzte Verbindung.

6. Welche Abbildung stellt die Grundform für ein Pfettendach dar?

1

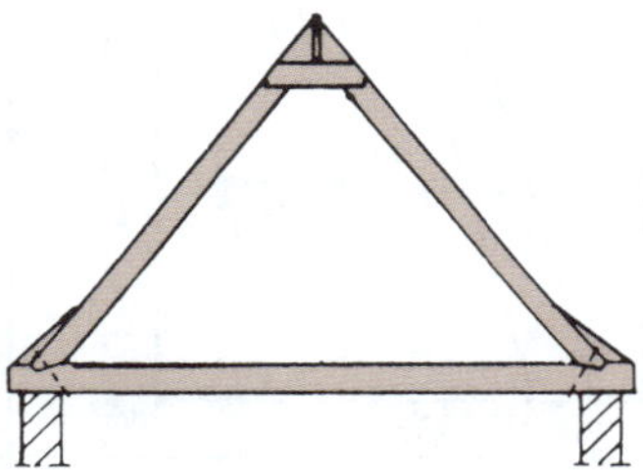

2

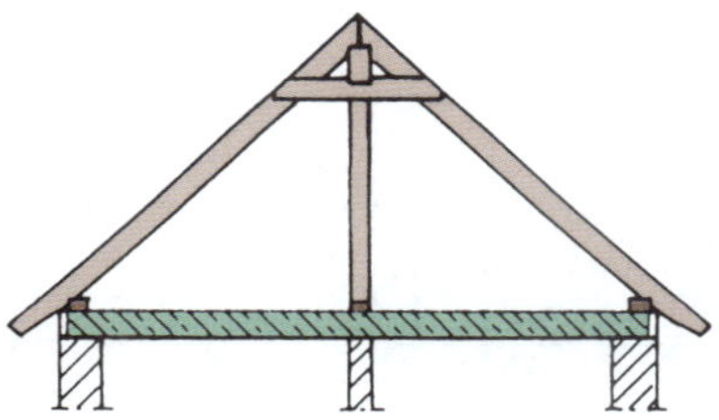

3

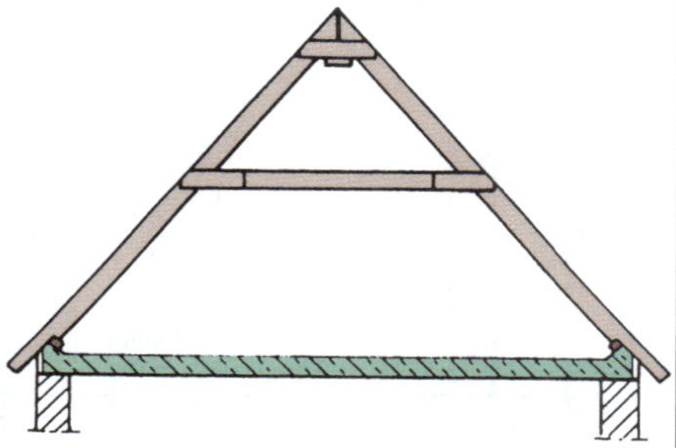

7. Benennen Sie die Holzteile an den dargestellten Punkten.

Detail Firstpunkt

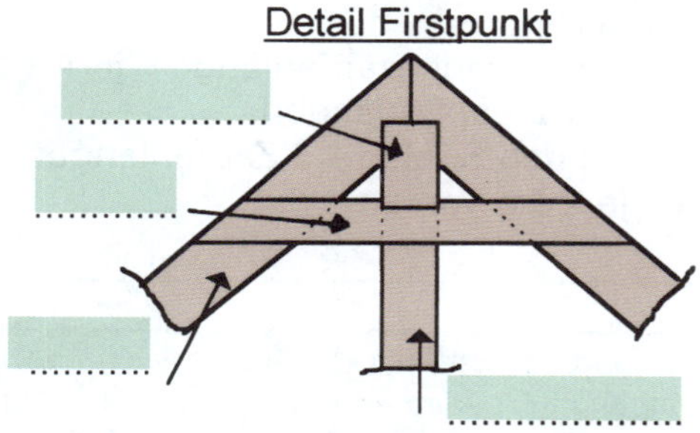

Detail Fußpunkt

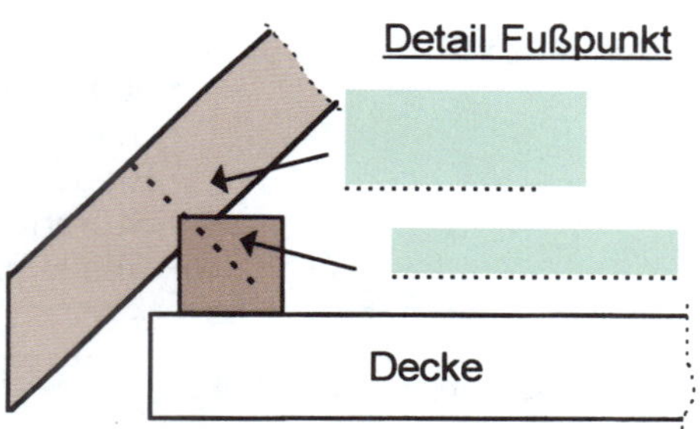

8. Die dargestellten Hölzer sollen verbunden werden.
Tragen Sie die fehlenden Anreißmaße in die Skizzen ein.

1

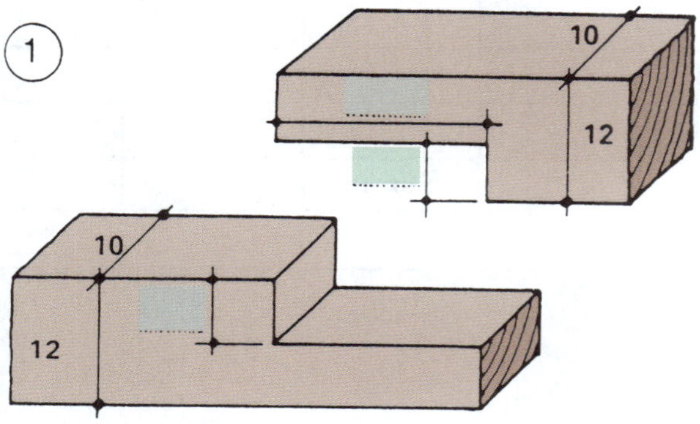

2

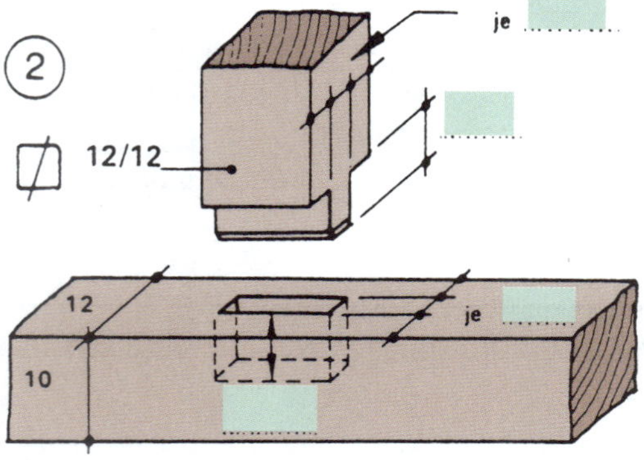

9. Welche Art einer zimmermannsmäßigen Holzverbindung stellt das „Einschalen" eines Dachstuhls dar?

Klasse: | Name: | Datum:

128

10. Erstellen Sie eine Holzliste für die dargestellte Fachwerkwand.

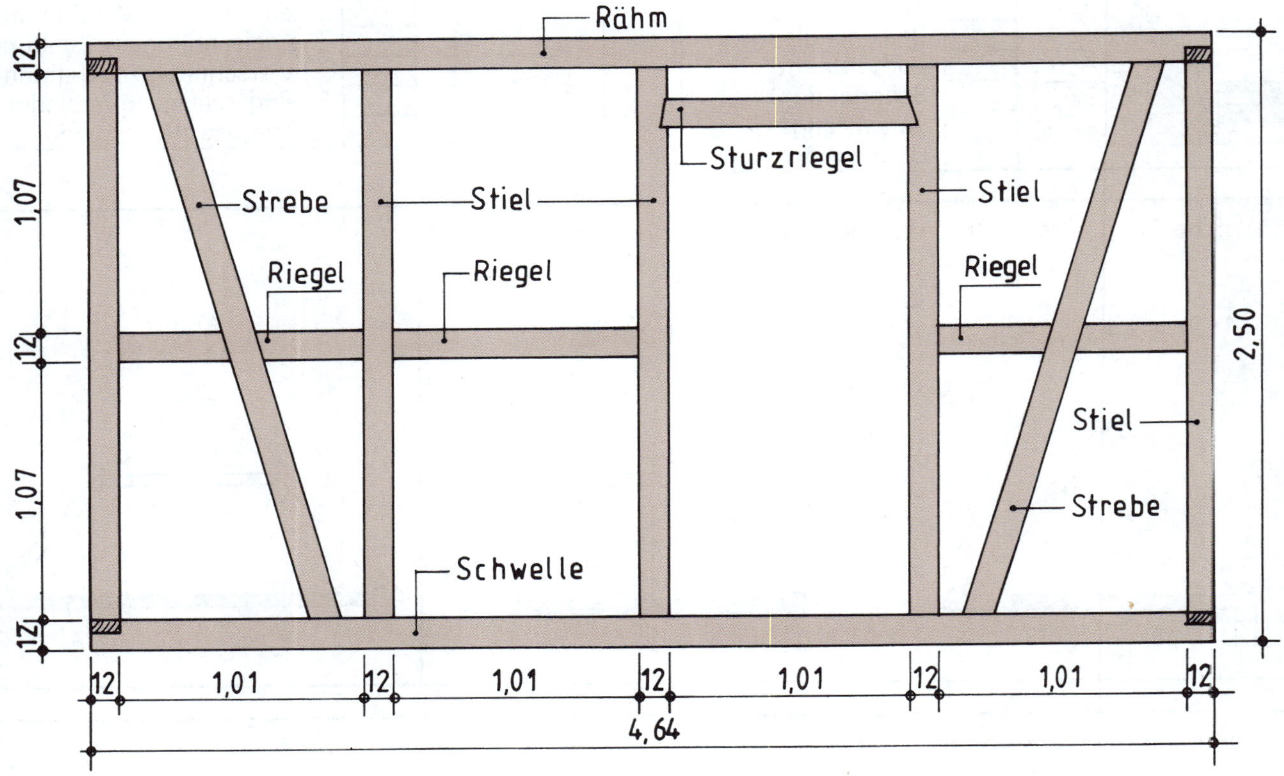

Vorgaben:

Angaben für die Längenzuschläge:

- Rähm und Schwelle = + 4 cm insgesamt
- Normale Zapfenlänge = + 6 cm; Strebenzapfenlänge = je + 8 cm
- Stiele (Pfosten) = lichtes Maß + 2 Zapfenlängen
- Riegel = lichtes Maß zwischen den Stielen + 2 Zapfenlängen
- Sturzriegel = lichtes Maß + je 2 cm Versatz
- Alle Hölzer 12/12 cm

Holz-nummer	Benennung des Holzes	Anzahl	Querschnitt in m/m	Einzellänge in m	Gesamt-länge in m	Volumen in m^2
				Summe:		

Platz für Berechnungen bzw. Extrablatt benutzen

Klasse: | Name: | Datum:

Rechenhilfe (für Putzarbeiten):

Die Material**berechnung** und die Material**abrechnung** sind auch hier „zwei verschiedene Schuhe“ und dürfen daher nicht verwechselt werden.

Material-BERECHNUNG
Was wird an Material benötigt?

hier werden berücksichtigt und abgezogen
– **alle** Öffnungen (z. B. Türen, Fenster) egal wie groß

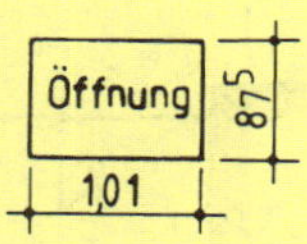

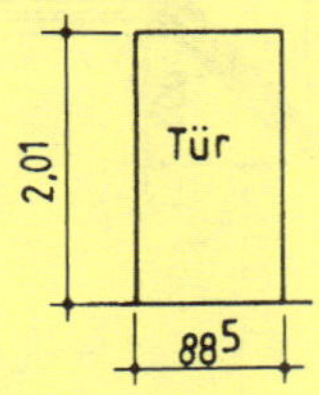

Fensteröffnung
abziehen

Tür
abziehen

Material-ABRECHNUNG
Was muss an Material bezahlt werden?

hier werden berücksichtigt und abgezogen
– **nur** Öffnungen über einer Größe von **2,5 m², dann aber** werden die Leibungen (in m) extra berechnet.

Beispiel: Fenster

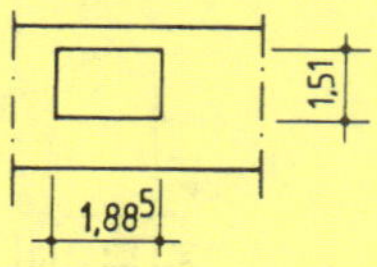

1. Fensterfläche

$A = 1{,}885\ m \times 1{,}51\ m$
$= 2{,}85\ m^2$

> 2,5 m² abziehen

2. Leibung berechnen:

$L = (1{,}885\ m + 1{,}51\ m) \times 2$
$= 6{,}79\ m$

gesondert abrechnen

Außenwandputze
Können 1- oder 2-lagig ausgeführt werden, wobei auch heute vorwiegend Fertigmörtel verwendet wird. Die gängigen Putzsysteme hierfür werden in Tabellen vorgegeben.

Aufgabe:

Die dargestellte Giebelwand soll mit einem Außenputz versehen werden.

Vorgaben:
- Glattputz 2,0 cm
- P II b (Kalkzementmörtel)
- Putzbedarf je m²: 24 Liter
- Lieferung als Werk-Trockenmörtel mit einer Ausbeute von 30 l je 40-kg-Sack

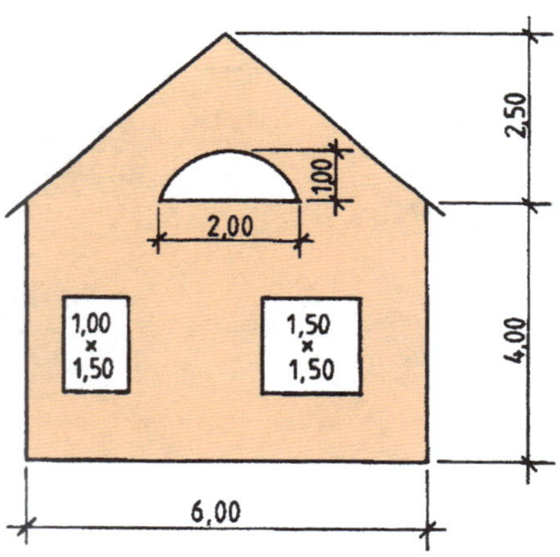

a) Ermitteln Sie die Putzfläche in m².
Alle Öffnungen werden abgezogen.

b) Wie viel Liter Putzmörtel werden benötigt?

c) Wie viel 40-kg-Säcke Fertigmörtel müssen bestellt werden?

Berechnungen:

Innenwand- und Deckenputze
werden meist einlagig hergestellt. Auch hier sind die Putzsysteme Tabellen zu entnehmen.
Formelsammlung Putzsysteme

Aufgabe:
Der dargestellte Wohnraum soll einen Wand- und Deckenputz erhalten.

Vorgaben:
- Innenwandputz als Glattputz, 17 Liter/m² Bedarf
- Deckenputz als Glattputz, 20 Liter/m² Bedarf
- Wandhöhe: 3,00 m

a) Wie viel m² Wandfläche sind zu putzen und wie hoch ist der Putzbedarf?

b) Wie viel m² Deckenfläche sind zu putzen und wie hoch ist der Putzbedarf?

c) Wie viel lfd. Meter Stuckleiste sind unter der Decke am Rand ringsherum anzubringen?

d) Welche Flächen müssen bei der Abrechnung berücksichtigt werden?

Formelsammlung „Putzarbeiten"

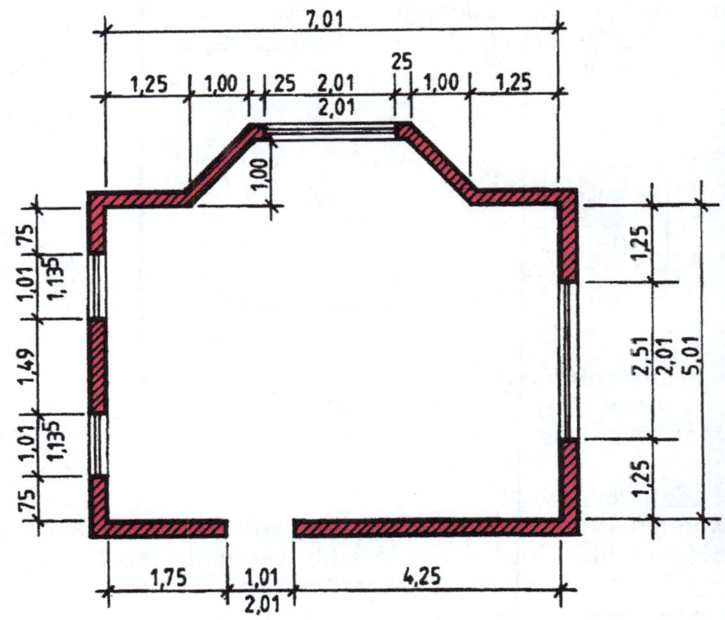

Berechnungen:

Klasse: | Name: | Datum:

131

Beispiele für Putzberechnungen finden Sie in allen 3 Ferienhäusern in Hülle und Fülle.
Wir greifen 2 Bäder heraus:

„Unser" Ferienhaus *(Fachbuch)*:

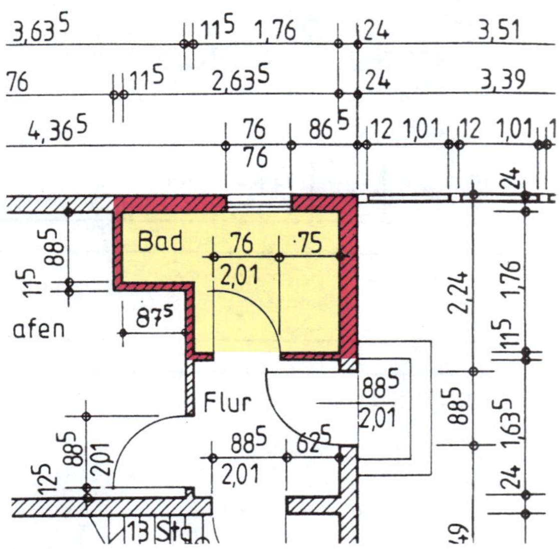

Ferienhaus Familie Huber:

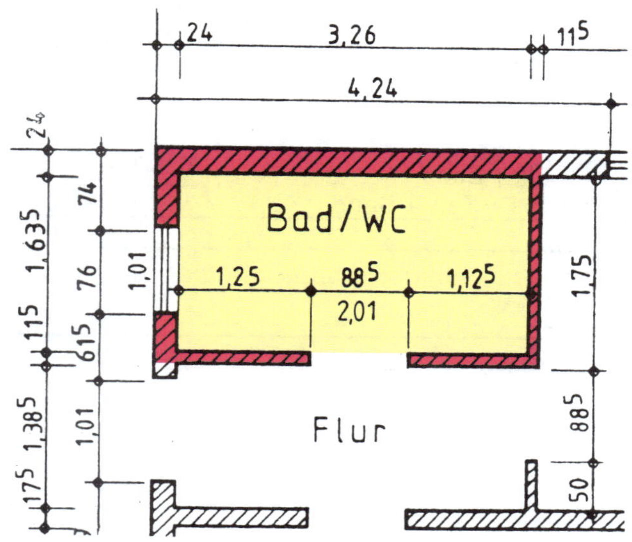

Aufgaben:

Die beiden Bäder sollen **innen** einen 1,5 cm dicken Kalkmörtelputz erhalten, bevor sie verfliest werden.

a) Wie viel Liter Frischmörtel werden jeweils in dem Bad benötigt, wenn die Raumhöhen 2,50 m betragen?

b) Wie viel kg Trockenmörtel werden jeweils gebraucht?

(Ausbeute bei 40 kg Trockenmörtel etwa 27 Liter Frischmörtel)

c) Nach der Arbeit sollen die Rechnungen erstellt werden. Sie sollen das „Aufmaß" berechnen. Wie groß ist jeweils die abzurechnende Putzfläche?

(Aufmaß = für die Materialabrechnung werden normgerecht berechnet)

Tab.: **Baustoffbedarf – Putzmörtel**

1 m² glatter Wandputz 1,5 cm dick	17 Liter Mörtel
1 m² glatter Wandputz 2,0 cm dick	22 Liter Mörtel

Klasse:	Name:	Datum:	132

1. Aus welchen Bestandteilen setzt sich die Mörtelgruppe P III zusammen?

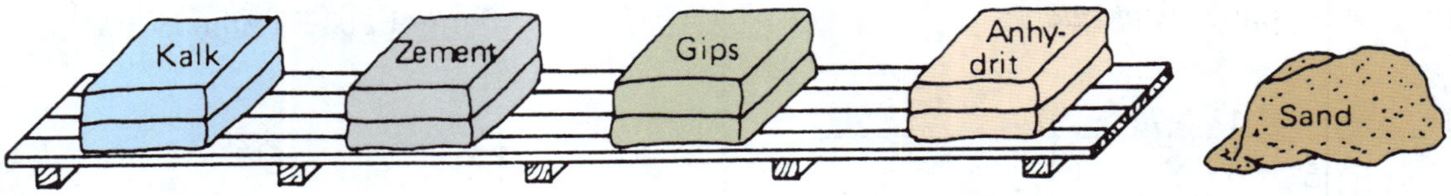

- [ ] Kalk + Sand
- [ ] Gips + Kalk + Sand
- [ ] Gips + Zement + Sand
- [ ] Zement + Sand
- [ ] Gips + Sand
- [ ] Anhydrit + Sand

2. Welche Putzmörtelgruppe wird besonders für „normale“ Außenputze verwendet?

____

3. Welche Anforderungen werden an den Putzgrund gestellt? Der Putzgrund soll …

1. ______________________________
2. ______________________________
3. ______________________________

4. Welche Vorarbeit ist bei ungeeignetem Putzgrund zu machen? Der Putzgrund …

- [ ] … ist aufzurauen.
- [ ] … muss mit Spezialmitteln vorgestrichen werden.
- [ ] … muss mit Putzträgern überspannt werden.
- [ ] … muss entfernt werden.
- [ ] … muss mit Spritzbewurf versehen werden.

5. Sie sollen eine Stahlbetonwand verputzen. Welche Vorbehandlungsmaßnahme ist richtig?

- [ ] Oberfläche abschmirgeln.
- [ ] Mit P III voll deckend vorspritzen.
- [ ] Mit P II „warzenförmig“ vorspritzen.
- [ ] Mit Rippenstreckmetall überspannen.
- [ ] Mit Ziegeldraht überspannen.

6. Welche beiden Eigenschaften soll der Putzmörtel als <u>Frischmörtel</u> besitzen?

____

7. Um welche Putzmörtelgruppe handelt es sich, wenn folgende Eigenschaften aufgezählt werden: „ wenig saugend, hart, sehr wetterfest“?

____

8. Welche Mörtelgruppe hat als Bindemittel immer Gipsanteile dabei?

- [ ] P I
- [ ] P II
- [ ] P III
- [ ] P IV
- [ ] P V
- [ ] P 0

9. Erklären Sie den Begriff „Werk-Trockenmörtel“.

____
____
____
____

10. Welche Putzmörtelgruppe wird <u>besonders</u> für Außenputze verwendet?
(Mehrfachankreuzung möglich)

- [ ] Gipsmörtel
- [ ] Zementmörtel
- [ ] Anhydritmörtel
- [ ] Kalkmörtel
- [ ] Kalkzementmörtel

11. Für welche Putzgründe ist normalerweise ein voll deckender Spritzbewurf erforderlich?
(Richtige ankreuzen)

- [ ] Mauerziegel
- [ ] Kalksandsteine
- [ ] Betonbauteile
- [ ] Bims- Betonsteine
- [ ] Leichtbauplatten

Klasse:	Name:	Datum:

So könnte ein Kurztest bzw. eine Klassenarbeit zum Lernabschnitt „Putzmörtel" aussehen.
Hilfsmittel: Taschenrechner Zeit: .... Minuten Ankreuzen und freie Beantwortung.

1. Wie viel lagig ist folgender Putzaufbau?
- Spritzbewurf,
- Unterputz,
- Oberputz?

2. Beim Putzen einer Außenwand spielt das Wetter eine Rolle. Worauf müssen Sie im Sommer/Winter achten?

Winter:

Sommer:

3. Wie viel lagig sind normalerweise (Regelausführung) Außenputz und Innenputz?

Außenputz: Innenputz:

4. Welche Vorbehandlung ist bei den verschiedenen Putzgründen erforderlich? (Füllen Sie die Tabelle aus.)

Putzgrund:	erforderliche Vorbehandlung:
Beton	
Kalksandsteine	
Ziegelmauerwerk	

5. Welche Putzmörtelgruppe wird besonders für Außenputze verwendet? *(Mehrfachankreuzungen möglich)*

- [ ] Gipsmörtel
- [ ] Zementmörtel
- [ ] Anhydritmörtel
- [ ] Kalkmörtel
- [ ] Kalkzementmörtel

6. Ordnen Sie die Arbeitsschritte richtig zu. (1–3) (Putzen von Hand, Innenputz)

- [ ] Oberfläche mit dem Reibebrett glätten.
- [ ] Anlegen von Putzleisten (Putzlehren).
- [ ] In den Zwischenfeldern Mörtel aufwerfen und abziehen.

7. Wie viel lagig ist ein Putzaufbau aus Spritzbewurf + Unterputz?

8. Was ist eigentlich „Spritzbewurf?

Klasse:	Name:	Datum:	134

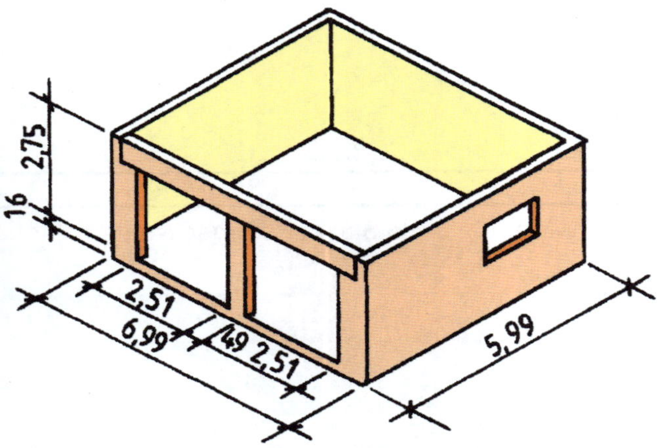

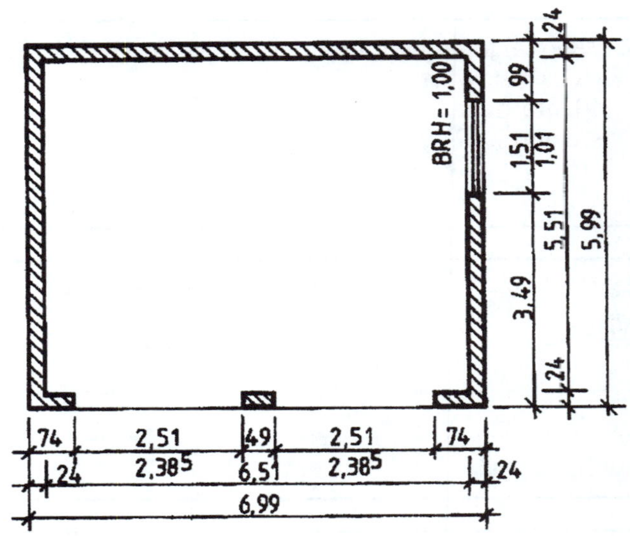

Aufgabe:

Die dargestellte Doppelgarage erhält einen 1,5 cm dicken Innenwandputz und einen 2,5 cm dicken Außenwandputz. Die Leibungen werden verputzt. Wandhöhe 2,75 m außen und innen.

Berechnen Sie für die Abrechnung die maßgebliche

a) **Innenputz- und**

b) **Außenputzfläche.**

Beachten Sie die Aufmaßregeln für Putzarbeiten. → Formelsammlung

Berechnungen:

Klasse:	Name:	Datum:

Lernfeld 6: Bekleiden und Beschichten eines Bauteiles	Estrich (Kap. 3) **Estriche, Estrichausführungen**	**A** **Te**

1. Welche Anforderungen werden allgemein an einen Estrich gestellt?

____

2. Beantworten Sie zu den folgenden Darstellungen die Fragen:
a) Wie heißen die dargestellten Estrichausführungen?
b) Was sind die Kennzeichen dieser Estrichausführungen?
c) Welche Mindestdicke des Estriches gilt bei einer Ausführung mit Zementestrich?

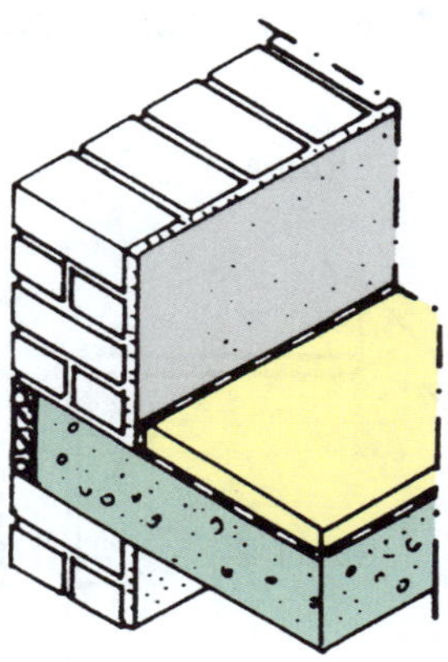

a) ______________________________

b) ______________________________

c) Mindestdicke: ______________________________

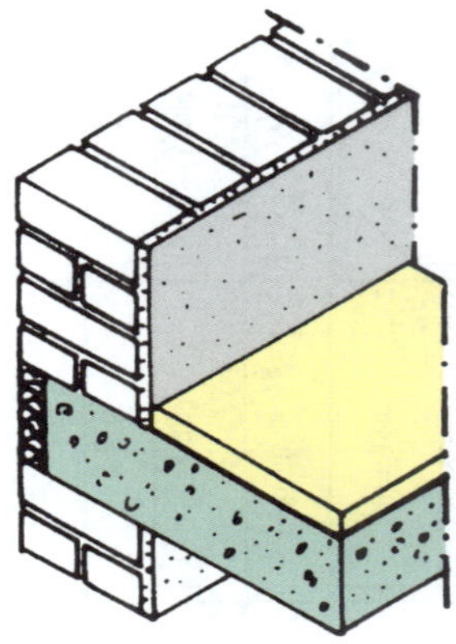

a) ______________________________

b) ______________________________

c) Mindestdicke: ______________________________

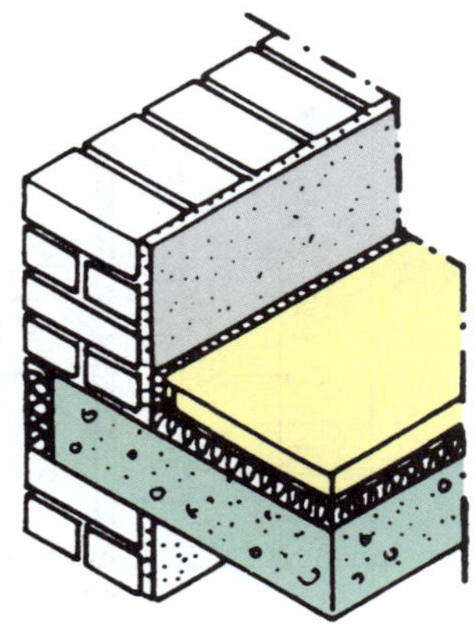

a) ______________________________

b) ______________________________

c) Mindestdicke: ______________________________

3. Wozu dienen die Dehnungsfugen im Estrich?

- [ ] Vermindern die Schallübertragung.
- [ ] Ableiten der Abbindefeuchtigkeit.
- [ ] Längenänderungen ausgleichen und Risse vermeiden.
- [ ] Ausgleichen unterschiedlicher Setzungen.

4. In einem Wohngebäude werden unter einem Estrich eine Trennlage und Mineralfaserplatten eingebaut? Welchen Sinn hat diese Maßnahme?

____

5. Warum wird bei einem schwimmenden Estrich eine Folie über die Dämmschicht gelegt?

____

Klasse:	Name:	Datum:	**136**

Kombinierte Projektaufgabe: Beim Ferienhaus Meier stehen Putz- und Estricharbeiten an!

Grundriss o. M.

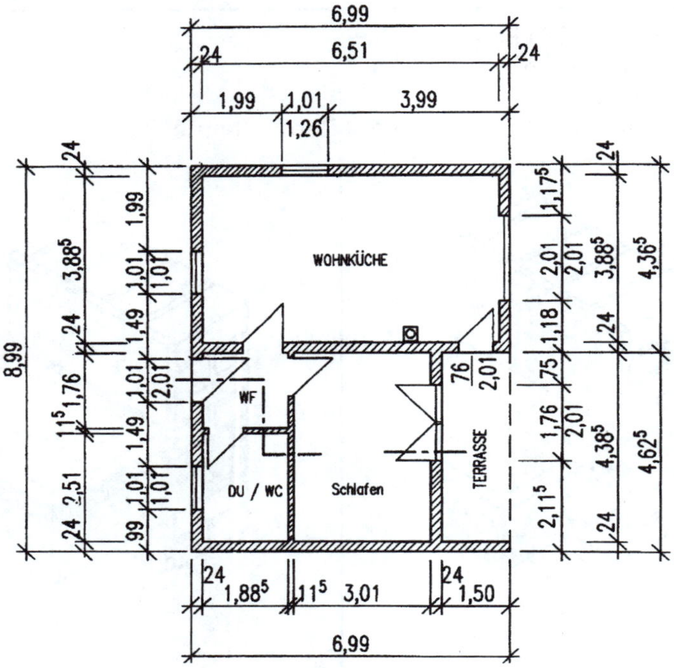

Vereinfachter Grundriss o. M.

Die 11,5er Wände werden in Trockenbauweise errichtet und daher nicht berücksichtigt.

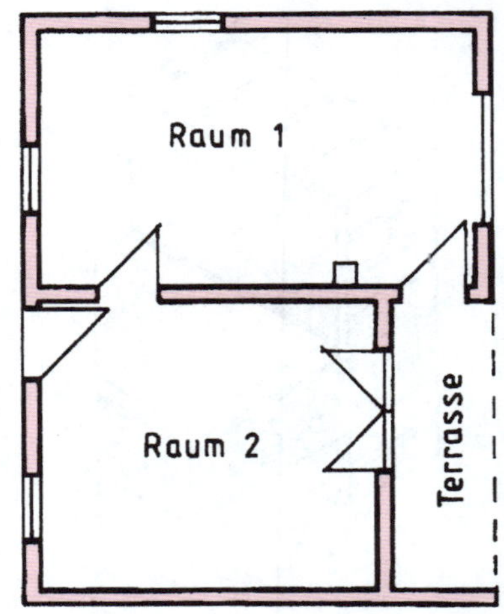

Alle Türen (außer der Eingangs- und Terrassentür) haben das Maß: 88,5 cm/2,01 m

Schnitt o. M.

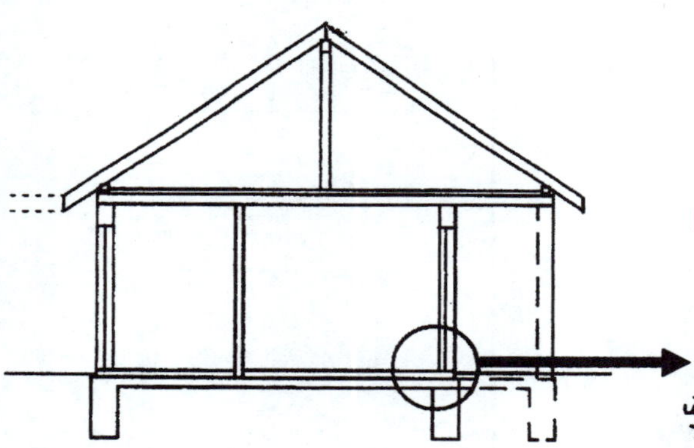

Wand- und Fußbodenaufbau o. M.

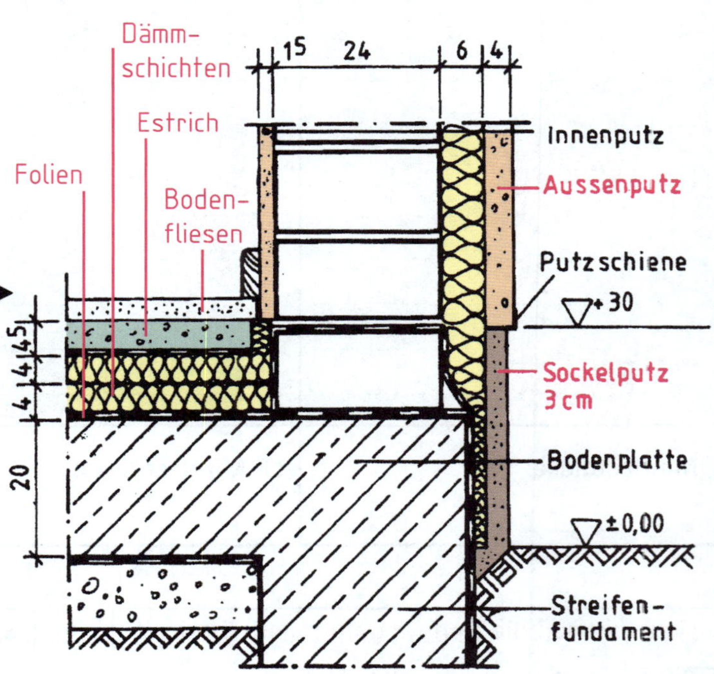

1. Vorgaben zum Putzaufbau

- Sockelputzhöhe = 30 cm, P IIIb
- Außenputzhöhe = 2,625 m, P IIb
- Innenputzhöhe = 2,50 m, P IVd
- Kunststoffhartschaumplatten für die Außenwand, 6 cm dick, Einbauhöhe = 2,90 m
- Putzschienen an allen Ecken und Öffnungen

2. Vorgaben zum Estrichaufbau:

- Dämmplatten 2-lagig aus je 40 mm Polystyrol-Hartschaum
- Dämmplatten, Lieferform: 1,00 m x 0,50 m; 4 cm dick
- Randdämmstreifen: Polystyrol 10 mm x 50 mm
- Zementestrich 45 mm
- Abdichtung: 2-lagig, 0,2 mm PE-Folie, an den Seiten 10 cm hochziehen, Lieferform: Rollen 40 m lang, 1,00 m breit

Klasse:	Name:	Datum:	137

Und nun sollen Sie üben.

1. Putzaufgaben zum Projekt „Ferienhaus Meier" BERECHNEN SIE:

a) die Sockelputzfläche in m² und Mörtelbedarf in l *(je 1 cm Putzdicke = 11 l/m²)*

b) die Menge der Dämmplatten (Fassadenmatten) als Putzträger in m², Einbauhöhe = 2,90 m
(Anm.: der Putz kann nicht ohne einen „Träger" auf die Dämmung aufgebracht werden)

c) die abzurechnende Außenputzfläche in m² und den Mörtelbedarf in l,
(je 1 cm Putzdicke = 12 l/m²)

d) die abzurechnende Innenputzfläche in m² und den Mörtelbedarf in l (ohne 11,5er Wände)
(je 1,5 cm Putzdicke = 18 l/m²)

Klasse:	Name:	Datum:	138

Hier geht es weiter:

e) die Mörtelmengen für Sockel-, Außen- und Innenputz in kg, wenn 27 l Putzmörtel etwa einem Gewicht von 40 kg entsprechen

f) die lfd. Meter Putzschienen für alle Öffnungen im Innenbereich

2. Estrichaufgaben zum Projekt „Ferienhaus Meier" gleichzeitig **TESTARBEIT =**

a) den Bedarf an Dämmplatten in m^2 *(für die Türöffnungen wird pauschal 1 m^2 angenommen)*

b) Anzahl der Dämmplatten einschl. 5 % Verschnitt

c) den Bedarf an Randdämmung in m

d) die Abdichtfolie in m^2 und in Rollen

e) den Estrichmörtel in Liter (dm^3)

Klasse: | Name: | Datum:

1. Welche Einteilung der Platten kennen Sie?

2. Wie lautet die handelsübliche Bezeichnung für gebrannte Platten?

3. Erklären und erläutern Sie die beiden Hauptunterschiede zwischen Steingutfliesen und Steinzeugfliesen.

4. In einem Haus sollen
a) die Badezimmerwände,
b) der Bodenbelag der Essdiele und
c) der Terrasse verfliest werden.
Welche Fliesensorte würden Sie wählen? Begründen Sie Ihre Entscheidung.

a) für die Badezimmerwände:

b) für den Bodenbelag der Essdiele:

c) für die Terrasse:

5. Sie wollen Fliesen kaufen. Die Fliese, die Ihnen gefällt, ist in einer blauen Verpackung und hat auf der Fliesenrückseite dieses Zeichen: ♦. Um was für eine Fliese handelt es sich?

6. Was ist der Unterschied zwischen feinkeramischen und grobkeramischen Platten?

Klasse:	Name:	Datum:	**140**

1. Fliesenbedarf

Die dargestellten Wände sollen mit STG-Fliesen 15 x 15 im Dünnbett verkleidet werden. Fugenbreite 2 mm.

a) Berechnen Sie die Gesamtfläche in m^2,
b) die erforderliche Stückzahl an Fliesen.

Formelsammlung „Fliesen und Platten"

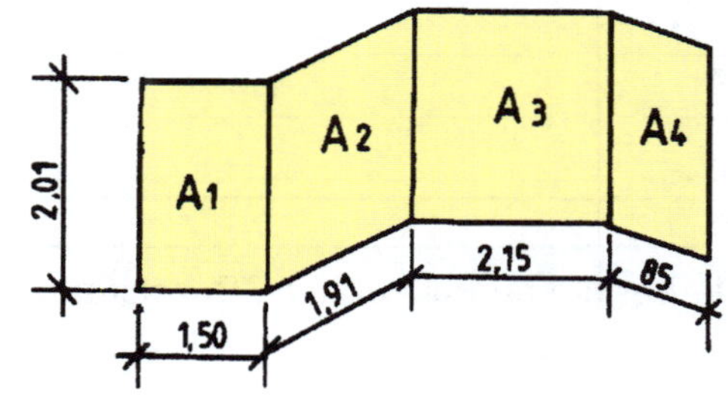

Berechnungen:

2. Fliesen- und Mörtelbedarf

Die dargestellte Bodenfläche soll mit STZ 20 x 20 auf Trennschicht im Innenbereich (Dickbettverfahren) hergestellt werden.

Berechnen Sie:

a) die Bodenfläche in m^2,
b) die Mörtelbettdicke,

Formelsammlung „Fliesen u. Platten"

c) die Anzahl der STZ-Fliesen,
d) den Fertigmörtelbedarf MG III in Liter (dm^3).

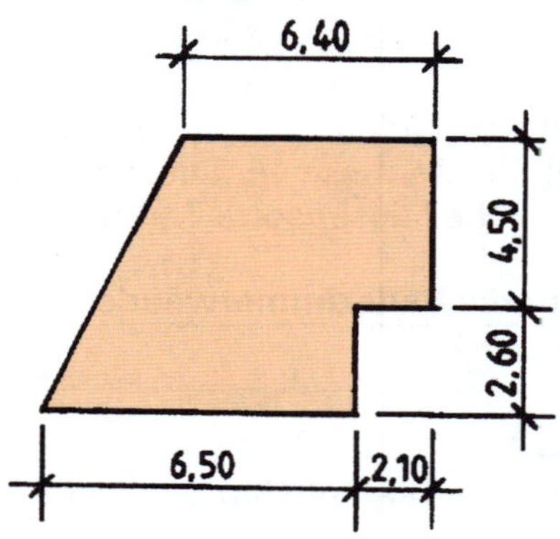

Berechnungen:

Rechenhilfe *(Fliesenverlegeplan)*

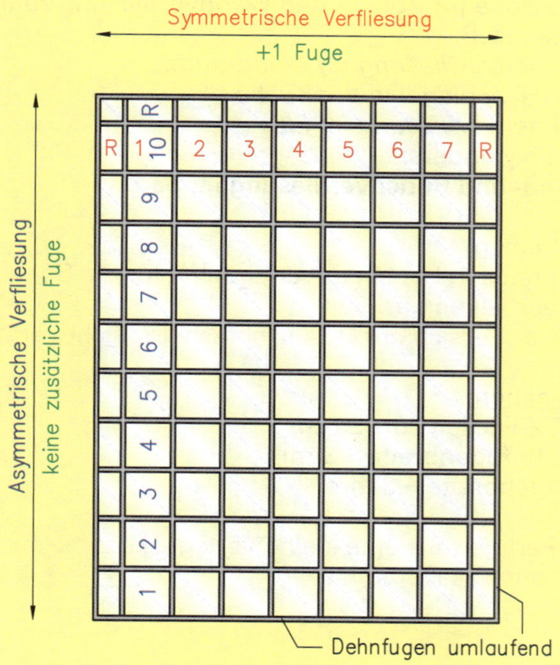

Beispiel: Bodenverfliesung

Grundsätzliche Überlegungen zum Verlegeplan

Das Verlegen von Fliesen muss geplant, berechnet und erst dann ausgeführt werden.

Um eine „klasse" Fliesenverlegung zu erreichen, sollten Sie bei der Berechnung der Fliesenzahl beachten:

① Dehnfugen müssen immer abgezogen werden.

② Ist die Zahl hinter dem Komma **größer als 0,5** (z. B. 10,63) keine symmetrische Aufteilung erforderlich; d.h. hier kann auch nur eine Teilfliese verwendet werden (asymmetrische Verfliesung).
Das bedeutet: hier ist keine zusätzliche Fuge zu berücksichtigen.
Fliesenzahl und Fugenzahl sind gleich.

③ Ist die Zahl hinter dem Komma **kleiner als 0,5** (z. B. 10,23) ist eine symmetrische Aufteilung unbedingt zu empfehlen; d. h. hier sollten 2 Teilfliesen verwendet werden, sonst ist die optische Wirkung schlecht.
Das bedeutet: hier ist eine **zusätzliche** Fuge zu berücksichtigen.
Fliesenzahl und Fugenzahl sind ungleich, d. h. 1 Fuge mehr abziehen.

So kann eine „gute" Verfliesung aussehen. Wie man zu solch einem Ergebnis kommt, wollen wir exemplarisch noch einmal üben, damit Sie die nachfolgenden Beispiele meistern können.

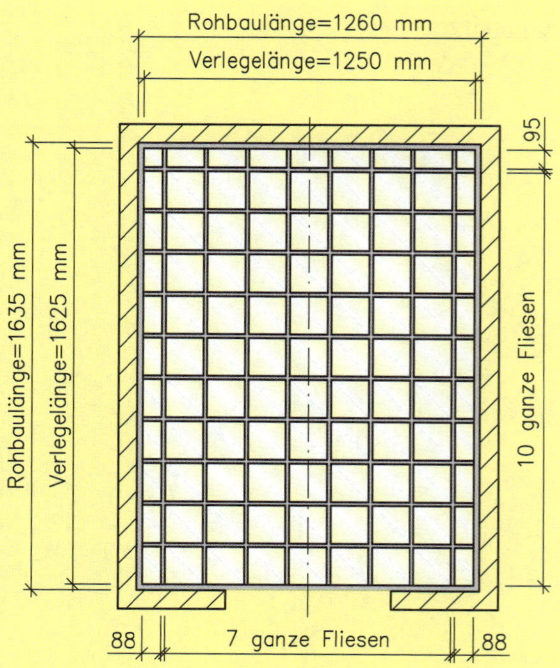

Vorgaben:
- STZ-Fliesen 15 x 15 cm
- Fugenbreite: 3 mm
- Dehnfugen: 5 mm

in Längsrichtung:

Verlegelänge = 1.635 mm – 2 x 5 mm = 1.625 mm

$$\text{Fliesenzahl} = \frac{1.625 \text{ mm}}{153 \text{ mm}} = \underline{10{,}62}$$

*d. h.: 10 Fliesen mit asymmetrischer Restfliese, da …, **62** ≥ 0,5*

Fliesenrestbreite = 1.625 mm – 10 x 153 mm
= **95 mm**

in Querrichtung:

Verlegelänge = 1.260 mm – 2 x 5 mm = 1.250 mm

$$\text{Fliesenzahl} = \frac{1.250 \text{ mm}}{153 \text{ mm}} = \underline{8{,}17}$$

*d. h.: 7 Fliesen mit symmetrischen Restfliesen, da …,**17** < 0,5*

Fliesenrestbreiten = 1.250 mm – 7 x 153 mm – **3 mm**
= 176 mm : **2** = **88 mm**

Klasse:	Name:	Datum:	142

	Lernfeld 6:	Fliesen und Platten Fliesenverlegung (Kap. 5) **Fliesenverlegeplan (1)**	**Proj**
	Bekleiden und Beschichten eines Bauteiles		**Ma/TK**

„Unser" Ferienhaus *(aus dem Fachbuch):*

In unserem Haus gibt es viele Möglichkeiten, Verlegepläne für Boden- und Wandverfliesung zu erstellen: z. B.

- *Bodenverfliesung im Wohnraum,*
- *Fliesenspiegel in der Küche,*
- *Bodenverfliesung im Flur*

und besonders:

Wand- und Bodenverfliesung im Bad.

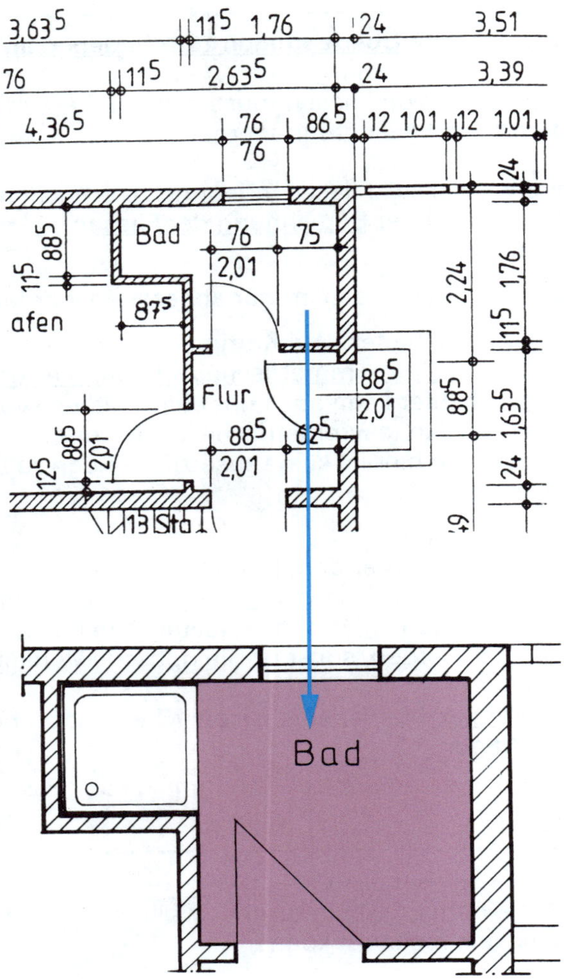

Aufgaben:

1. Erstellen Sie einen Verlegeplan für die Bodenverfliesung im Bad.
   Der Bereich der Duschkabine wird nicht verfliest.

Vorgaben:

- STZ-Fliesen 20 x 20 cm
- Dehnfugenbreite = 3 mm
- Fugenbreite = 3 mm

2. Fertigen Sie eine kleine Verlegeskizze (ohne Maßstab) an.

Berechnungen:

Verlegeskizze:

Klasse:	Name:	Datum:	143

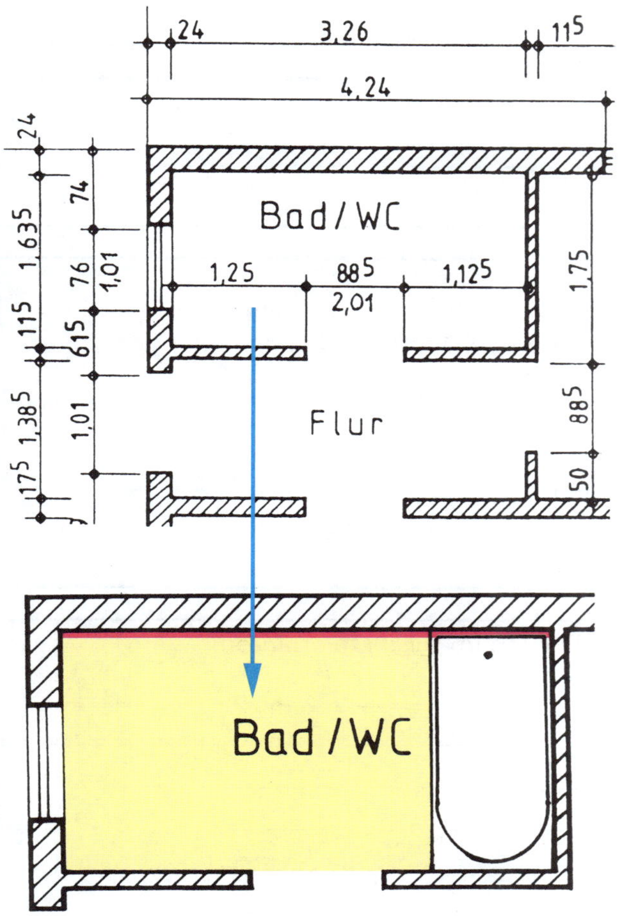

Ferienhaus Familie Huber:

Auch das Bad/WC im „Huberhaus“ wird komplett verfliest.

Aufgaben:

1. Erstellen Sie einen nach Länge und Breite symmetrischen Verlegeplan für die Bodenverfliesung im Bad/WC, wobei rechts vom Eingang eine Badewanne (l = 1,60 m, b = 0,80 m, h = 0,56 m) eingebaut wird. Diese Fläche wird nicht verfliest.

Vorgaben:
- STZ-Fliesen 20 x 20 cm
- Dehnfugen und Fliesenfugen je 3 mm

2. Erstellen Sie ebenfalls einen symmetrischen Verlegeplan in Länge und Höhe für die Wandverfliesung der 3,26 m langen Außen-Wandseite *(Putzarbeiten sind schon berücksichtigt)*

Vorgaben: – STG-Fliesen 20 x 20 cm
- Als 8. Reihe werden Dekorfliese 6 x 20 cm eingeschoben
- Dehnfugen und Fliesenfugen je 3 mm
- Rohbauwandhöhe = 2,50 m

Achtung! Für den Fußbodenaufbau sind noch insgesamt **7 cm** zu berücksichtigen.

Berechnungen, evtl. Extrablatt verwenden

3. Erstellen Sie jeweils eine Verlegeskizze (ohne Maßstab aber mit Angaben der Teilfliesengrößen) für die Boden- und Wandverfliesung! *EXTRABLATT*

Klasse:	Name:	Datum:	**144**

1. Wozu dient der Verlegeplan?

2. Welche 2 Regeln sollen bei Verlegearbeiten beachtet werden?

3. Erstellen Sie einen Verlegeplan.
<u>Gesucht:</u> Verlegelänge, Anzahl der ganzen Fliesen, Teilfliesenbreite (symmetrische Aufteilung)
<u>Gegeben:</u> STG 20 x 20, Fugenbreite + seitliche Dehnfugenbreite: 3 mm, Rohbauinnenlänge: 1,26 m.

a) Verlegelänge:

b) Anzahl der ganzen Fliesen:

c) Teilfliesenbreite:

4. Beschreiben Sie den Herstellungsgang einer Wandverfliesung im <u>Dickbett</u>verfahren.

5. Beschreiben Sie den Herstellungsgang einer Wandverfliesung im <u>Dünnbett</u>verfahren.

6. Wie heißen die dargestellten Werkzeuge und wozu dienen sie?

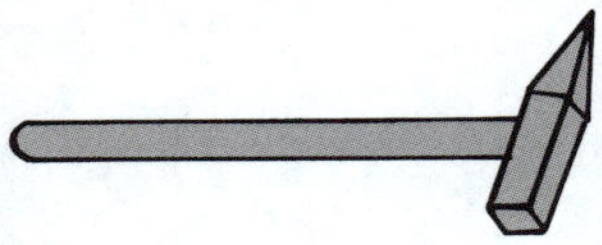

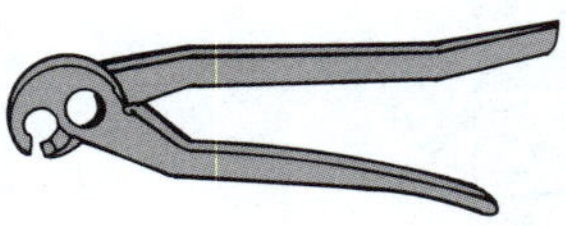

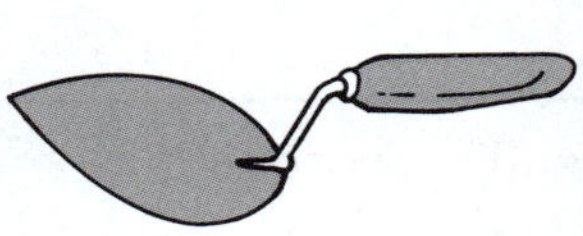

Klasse:	Name:	Datum:	145

So könnte ein Kurztest bzw. eine Klassenarbeit zum Lernabschnitt „Fliesen und Platten" aussehen.
Hilfsmittel: Taschenrechner Zeit: .... Minuten Ankreuzen und freie Beantwortung.

1. Die grobkeramischen Platten gehören zu den ...

- ☐ ... Natursteinplatten
- ☐ ... bindemittelgebundenen Platten
- ☐ ... Fliesen
- ☐ ... feinkeramischen Platten
- ☐ ... gebrannten Platten

2. Keramikplatten bestehen vorwiegend aus

- ☐ Ton und Feldspat
- ☐ Ton, Quarz und Feldspat
- ☐ Kalk, Quarz und Feldspat
- ☐ Quarz und Feldspat
- ☐ Kalk, Ton und Gips

3. Die Fugenbreite bei einer Wand- und Bodenverfliesung kann zwischen folgenden Werten liegen

- ☐ 1 – 2 mm
- ☐ 10 – 20 mm
- ☐ 20 – 60 mm
- ☐ 2 – 6 mm
- ☐ 4 – 7 mm

4. Der Spritzbewurf beim Dickbettverfahren sollte folgendes Mischungsverhältnis haben

- ☐ 1 : 1
- ☐ 1 : 2
- ☐ 1 : 3
- ☐ 1 : 6
- ☐ 1 : 8

5. Welche der aufgeführten Plattenarten gehören zu den Natursteinplatten
(Mehrfachankreuzungen möglich)

☐ Betonplatten	☐ Ziegelplatten
☐ Asphaltplatten	☐ Marmorplatten
☐ Spanplatten	☐ Hartschaumplatten
☐ Spaltplatten	☐ Klinkerplatten
☐ Sandsteinplatten	☐ Fliesen
☐ Schieferplatten	☐ Waschbetonplatten

6. Was ist der Unterschied zwischen feinkeramischen und grobkeramischen Platten?

____

____

____

____

7. Erstellen Sie einen Verlegeplan.
Gesucht: Verlegelänge, Anzahl der ganzen Fliesen, Teilfliesenbreite (Aufteilung?)
Gegeben: STG 15 x 15, Fugenbreite + seitliche Dehnfugenbreite: 2 mm, Rohbauinnenlänge: 1,51 m

a) Verlegelänge: ______________________________

b) Anzahl der ganzen Fliesen: ______________________________

____

____

c) Teilfliesenbreite: ______________________________

8. Was bedeutet die Kennzeichnung (STG 15 x 30; I. Sorte) auf der Fliesenpackung?

____

9. Wie dick sollte der Kleber beim Dünnbettverfahren (Wandverfliesung) aufgetragen werden?

____

10. Welche Eigenschaften haben Steinzeugfliesen?

____

____

____

Klasse:	Name:	Datum:	146

1. Benennen Sie die dargestellten Dachformen.

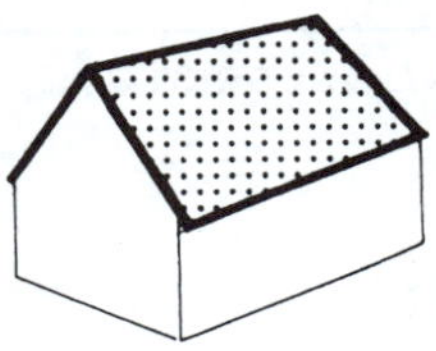
______

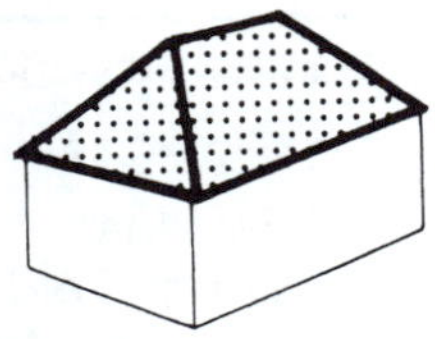
______

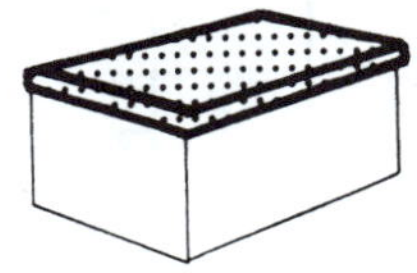
______

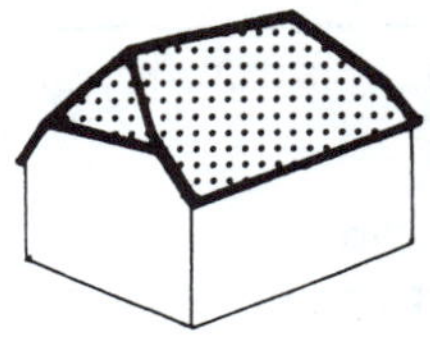
______

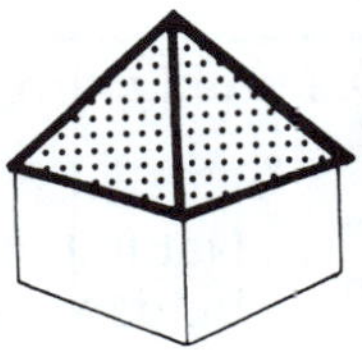
______

Überlegen Sie.

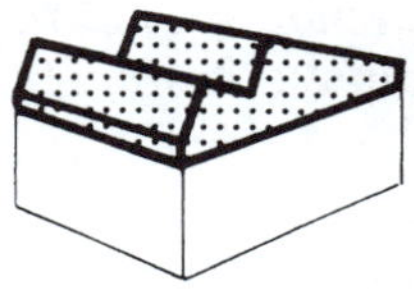
______

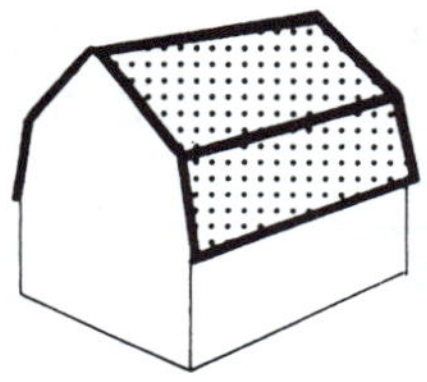
______

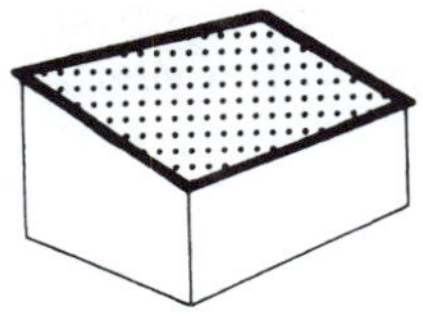
______

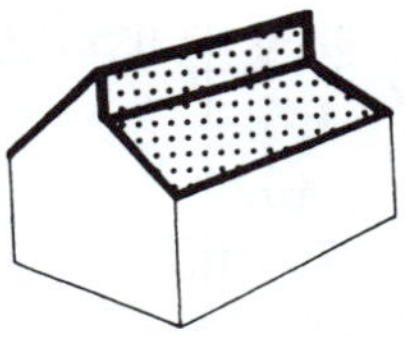
______

2. Benennen Sie die Dachteile.

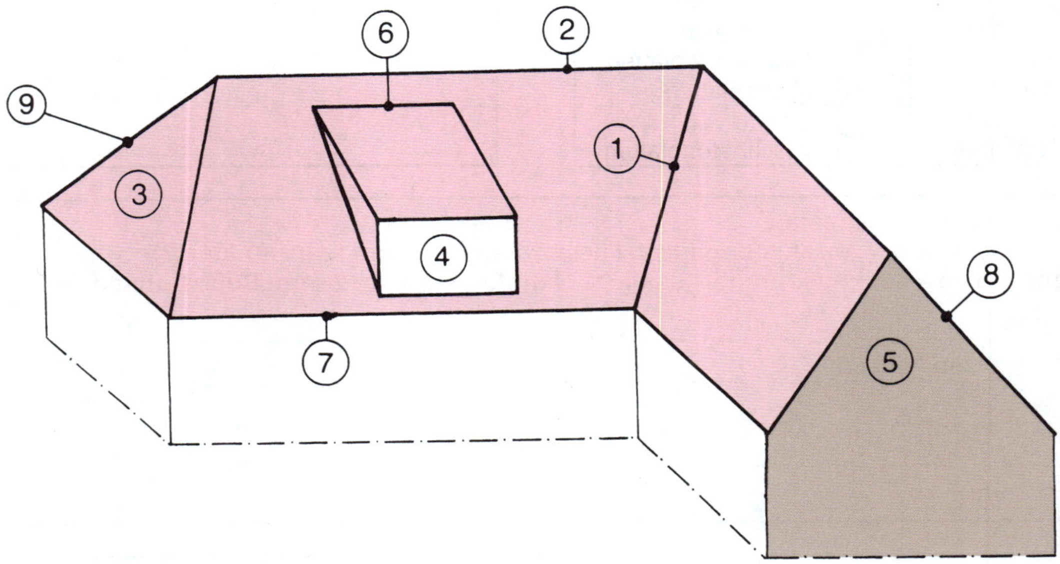

① = ______	④ = ______	⑦ = ______
② = ______	⑤ = ______	⑧ = ______
③ = ______	⑥ = ______	⑨ = ______

3. Beschreiben Sie kurz den Unterschied zwischen wasserdichter und wasserableitender Dachdeckung.

______

______

______

______

Klasse:	Name:	Datum:	163

Bei Dachflächen müssen (fast immer) schräge Längen – z. B. für die Sparren – ermittelt werden. Dieses ist nicht immer einfach.

1. Sparrendach

Für das dargestellte Satteldach soll berechnet werden:

a) die Sparrenlänge (Lsp),
Formelsammlung „Pythagoras"

Jetzt wird es schwieriger:

b) der Neigungswinkel α des Satteldaches,
(Machen Sie dazu eine Skizze.)
Formelsammlung „Rechnen mit Winkeln"

c) die Gesamtdachfläche (ohne Giebel),

d) die Anzahl der Sparren, wenn 75 cm Sparrenabstand vorgegeben sind.

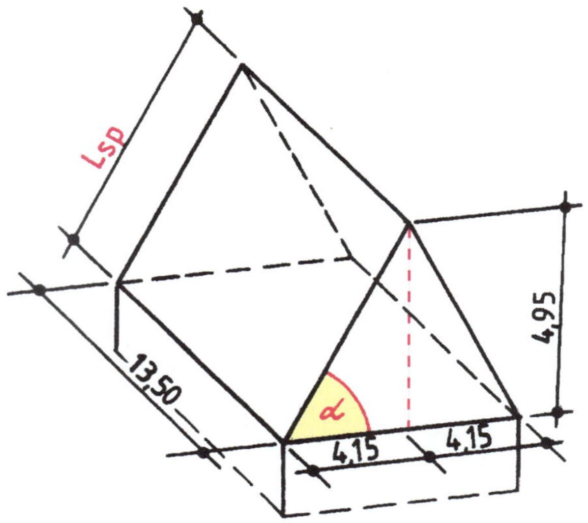

Berechnungen:

Skizze zu b):

2. Zeltdach

Berechnen Sie für das dargestellte Zeltdach:

a) die Sparrenlängen Sp1, Sp2 und den Gratsparren Gsp., *Formelsammlung „Pythagoras"*

b) die Gesamtdachfläche des Zeltdaches.

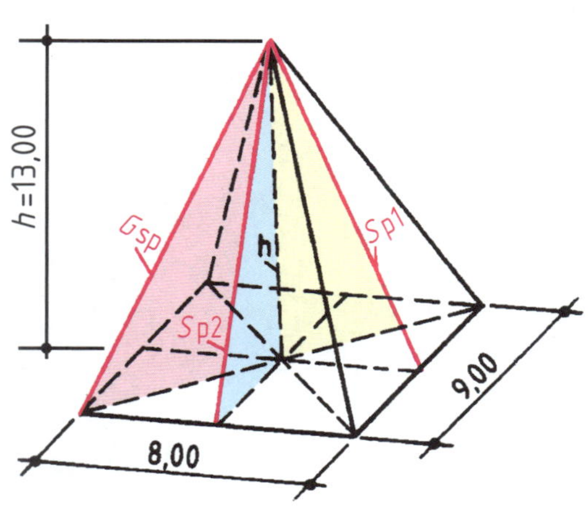

Berechnungen:

Klasse:	Name:	Datum:	164

3. Walmdach

Berechnen Sie für das dargestellte Walmdach:

a) die Sparrenlängen Sp1, Sp2 und den Gratsparren Gsp,
Formelsammlung „Pythagoras"

b) die Gesamtdachfläche des Walmdaches.

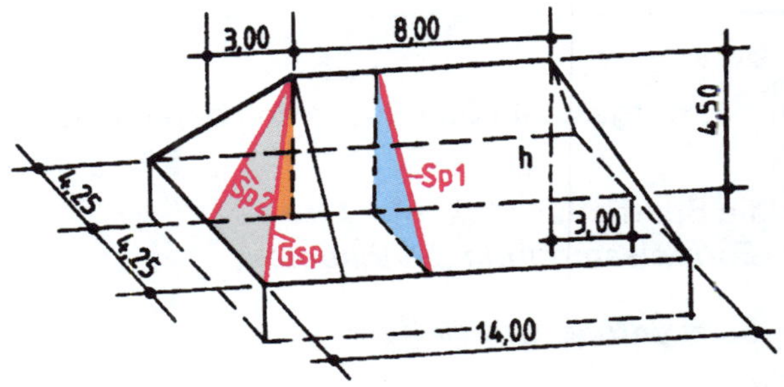

Berechnungen:

4. Versetztes Pultdach

Berechnen Sie für das dargestellte Pultdach:

a) die Sparrenlängen Sp1 und Sp2,
b) die Gesamtdachfläche,
c) den Dachneigungswinkel α.
Formelsammlung „Rechnen mit Winkeln"

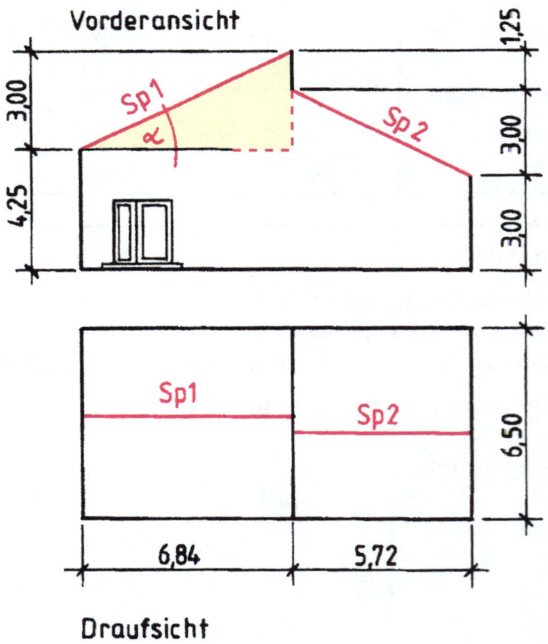

Berechnungen:

Projekt: **Ferienhaus mit Swimmingpool**

Das Ferienhaus der Familie Meier wird mit einem Satteldach hergestellt.

Angaben zum Bauvorhaben:
- Betondachsteine mit hochliegendem Längsfalz,
- Firstlattmaß = 4 cm,
- Trauflattmaß = 32 cm,
- Lattweite = gemäß Fachregeln (Fachbuch)

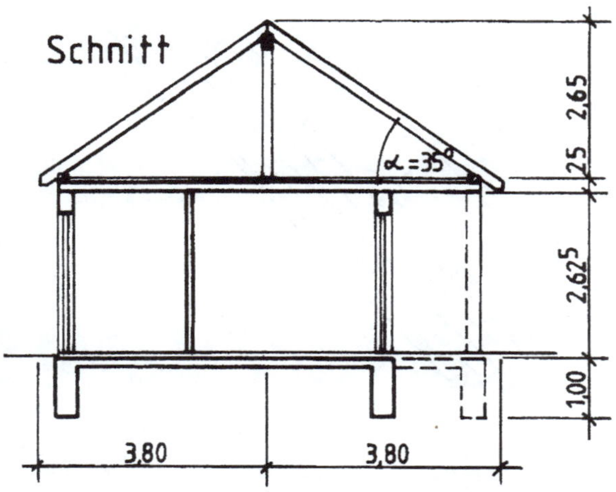

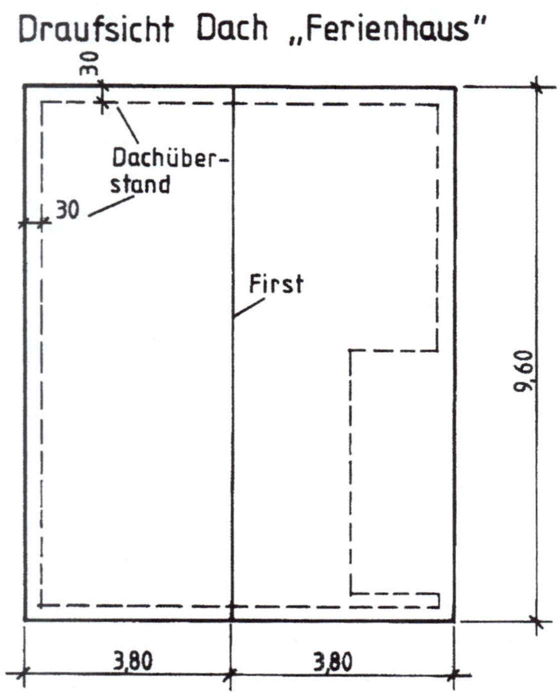

Berechnen Sie:

a) die Sparrenlänge,

b) die Anzahl der benötigten Dachsparren, wenn der Sparrenabstand höchstens 75 cm betragen darf,

c) den genauen Sparrenabstand in cm.

Berechnungen:

Lösen Sie die folgenden Aufgaben mithilfe der Übersicht auf Seite 167.

d) die tatsächliche Lattweite,

e) die Anzahl der Dachsteine, die in der Höhe je Reihe benötigt werden,

f) die Anzahl der Dachsteine in der Deckbreite je Reihe. Berücksichtigen Sie dabei die Ortgangsteine!

g) die benötigten Dachsteine, Ortgangsteine und Firststeine (3 Stück pro lfd. m) für das gesamte Dach. Dabei sollen 5 % für Bruch und Verschnitt einkalkuliert werden.

Klasse:	Name:	Datum:	166

Einteilung der Sparrenlänge

Dachneigung		Grad
Höchstlattweite (lt. Fachregeln)		cm
Gemessene Sparrenlänge		cm
Abzug (–) Firstlattmaß		cm
Abzug (–) Trauflattmaß		cm
Einzuteilende Sparrenlänge		cm

LATTEINTEILUNG

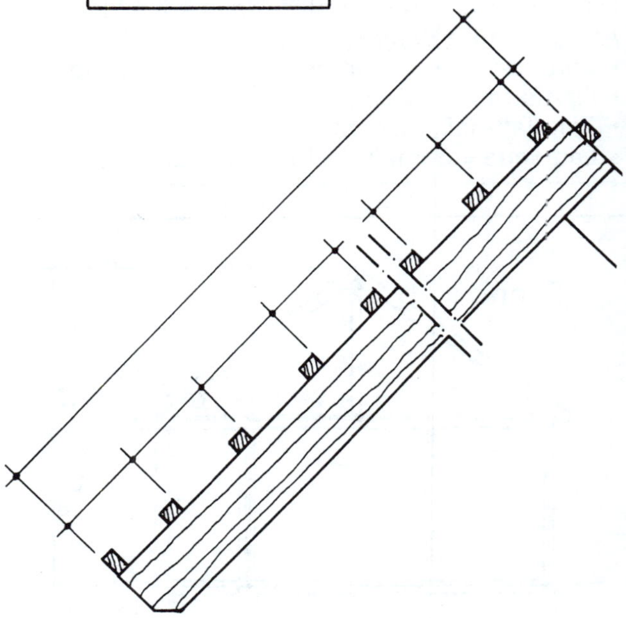

Berechnung der Lattweite

Anzahl der Lattweiten		
Gewählte Anzahl der Lattweiten		
Tatsächliche Lattweite		
		cm

3. Anzahl der Dachsteine je REIHE

Aus Anzahl der Lattweiten		Stück
Aus Trauflattmaß		Stück

DECKFLÄCHE

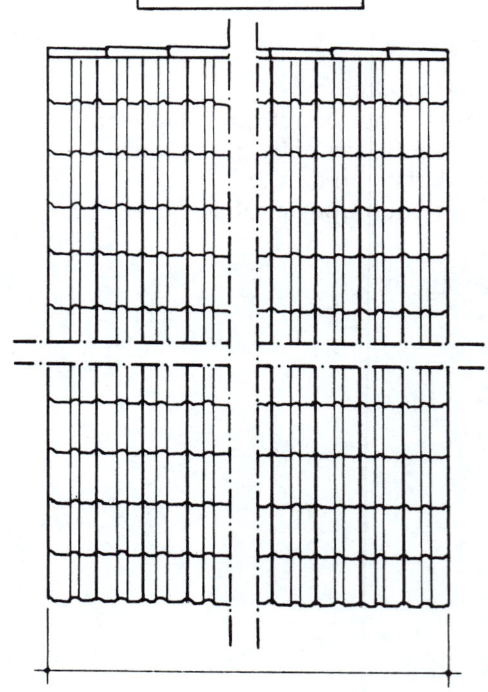

4. Einteilung der Deckbreite

Gemessene Deckbreite		cm
Deckbreite eines ganzen Dachsteines		cm
Anzahl der Dachsteine pro Reihe		
		Stück

gewählt:

Ganze Dachsteine		Stück
Halbe Dachsteine		Stück
Ortgangstein, links		Stück
Ortgangstein, rechts		Stück

5. Materialberechnung für 2 Dachflächen

Ganze Dachsteine	2 x	=	Stück
Halbe Dachsteine	2 x	=	Stück
Ortgangsteine, links	2 x	=	Stück
Ortgangsteine, rechts	2 x	=	Stück
Firstziegel	1 x	=	Stück
Dachlatten	2 x	=	Meter

Klasse:	Name:	Datum:

So könnte ein Kurztest bzw. eine Klassenarbeit zum Lernabschnitt „Dachdeckung" aussehen.
Hilfsmittel: keine Zeit: .... Minuten Freie Beantwortung.

1. Nennen Sie 5 Formsteine für die Betondachsteindeckung.

2. Nennen Sie 6 Dachformen.

3. Nennen Sie 4 Dachdeckungsmaterialien.

4. Benennen Sie die Dachteile in der Zeichnung.

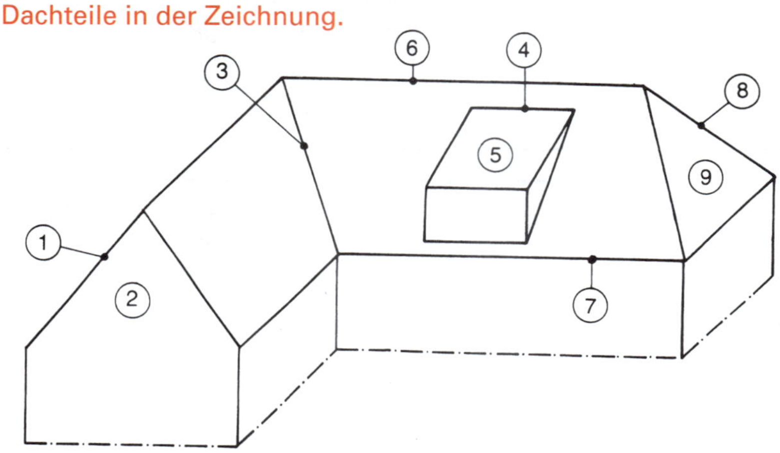

5. Erklären Sie **a)** ableitende und **b)** abdichtende Dachdeckung.

6. Wie werden Dächer entsprechend der Dachneigung eingeteilt?

7. Was ist der Unterschied zwischen Dachziegeln und Betondachsteinen bezüglich der Herstellung?

Empfehlung.
Üben Sie noch einmal die Berechnung von Dächern (Sparrenlänge, Lattweiten, Steinbedarf usw.)
Könnte evtl. Teil einer „scharfen" Arbeit sein.

Klasse: | Name: | Datum: | **168**

Dachstühle und Holzbalkendecken werden seit einiger Zeit sowohl von Zimmerern als auch von Dachdeckern hergestellt. Zur Kurzwiederholung dienen die nachfolgenden Darstellungen.

1. Benennen Sie die Teile am Pfettendach *(in die grünen Felder eintragen).*

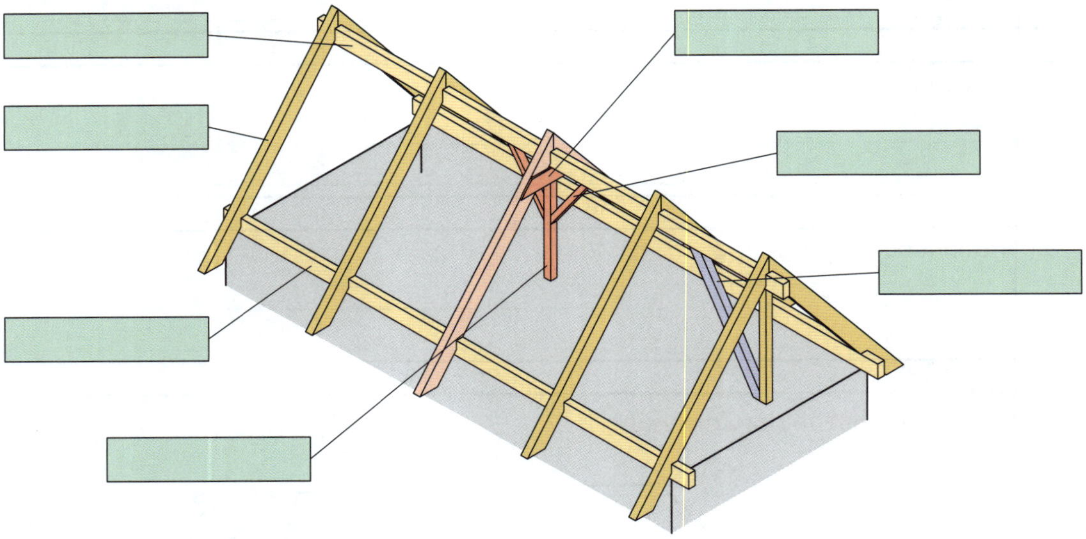

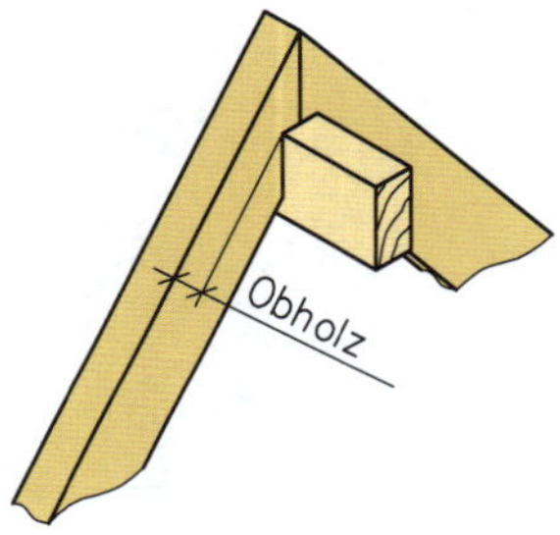

2. Wie groß ist die Obholzlänge, wenn die Sparrenhöhe 18 cm beträgt?

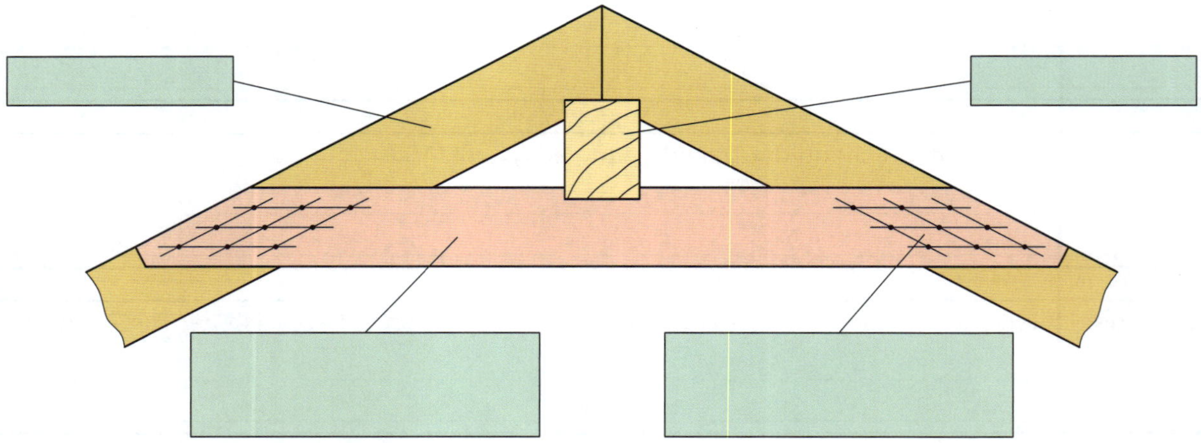

3. a) Benennen Sie die Holzteile *(grüne Felder).*
b) Um was für eine Verbindung handelt es sich im blauen Feld?

Klasse:	Name:	Datum:	169

Wenn der Dachraum besser ausgenutzt werden soll, bietet sich der Einbau eines Drempels (Kniestocks) an.

4. a) Benennen Sie die gekennzeichneten Teile *(grüne Felder)*

b) Berechnen Sie die Sparrenkerbenhöhe bei einer Sparrenhöhe von 18 cm. *(weißes Feld)*

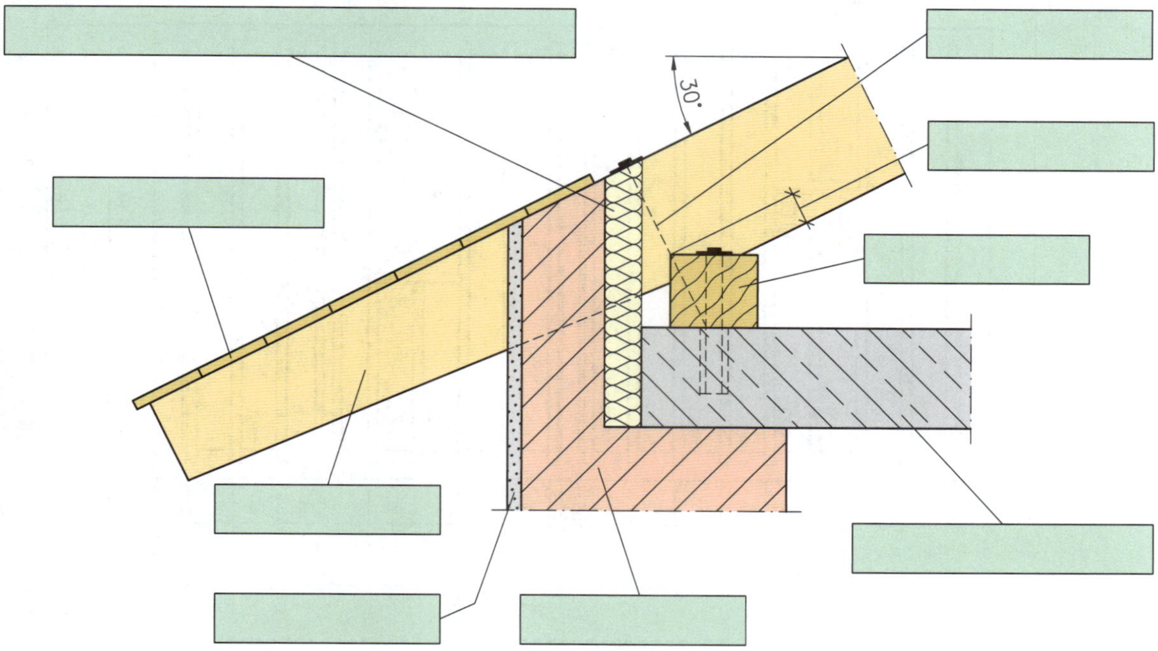

Zu b):

So könnte der Fußpunkt eines Sparrendaches ausgebildet sein, welches auf einer Holzbalkendecke aufgelagert wird.

5. Benennen Sie die gekennzeichneten Teile. *(grüne Felder)*

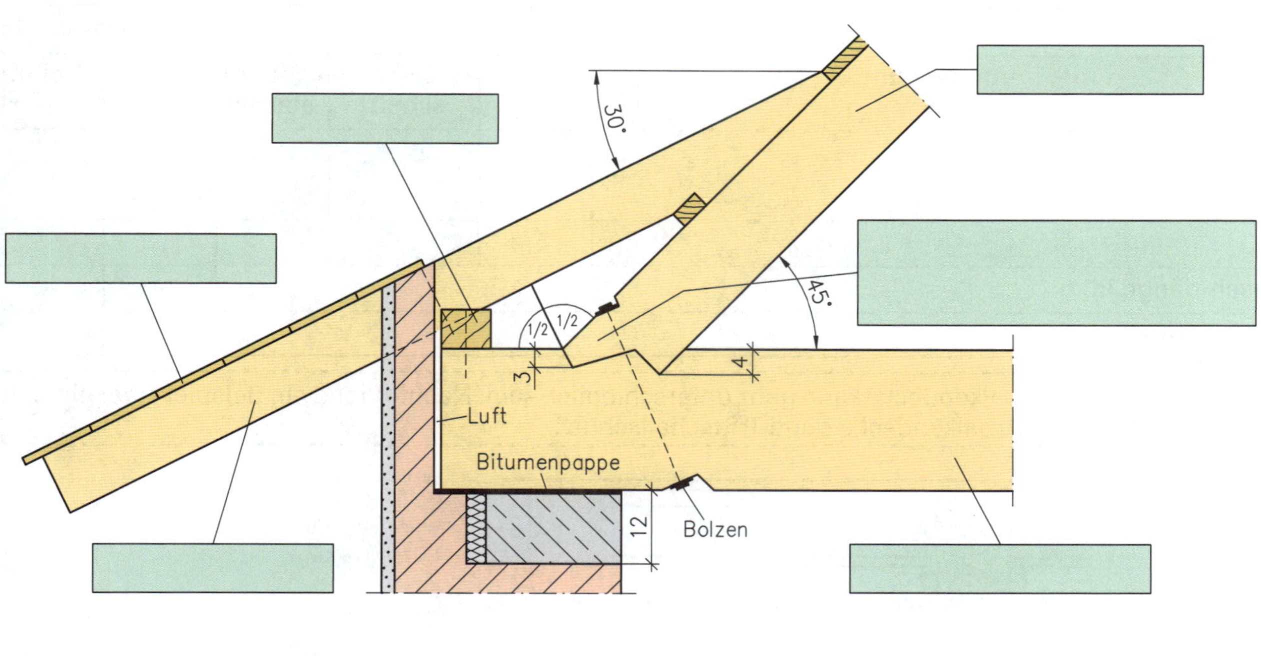

Klasse:	Name:	Datum:	170

Rechenhilfe: *(Zimmerer- und Dachdeckungsarbeiten, hier: Holzbalkendecke)*

Das tragende Gerüst einer Holzbalkendecke ist die Balkenlage. Sie dient auf der Oberseite als Auflager für Fußböden und an der Unterseite werden Putzdecken oder andere Unterdeckenkonstruktionen befestigt.

Bezeichnungen an einer Holzbalkendecke

Beispiel:

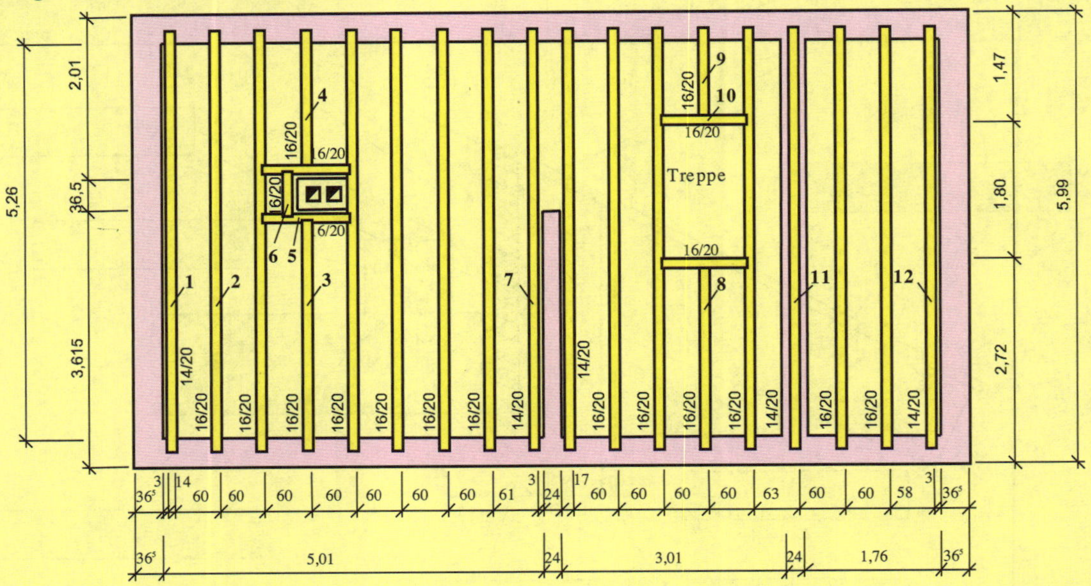

Balkenbezeichnung

Pos.-Nr.	Bezeichnung	Pos.-Nr.	Bezeichnung
1	Ort- oder Giebelbalken	7	Streichbalken
2	Zwischenbalken	8	Stichbalken an der Treppe
3	Stichbalken am Schornstein	9	Stichbalken an der Treppe
4	Stichbalken am Schornstein	10	Wechsel an der Treppe
5	Wechsel am Schornstein	11	Wandbalken
6	Füllholz am Schornstein	12	Ort- oder Giebelbalken

Mittels der Zeichnung muss eine Holzliste erstellt werden. In dieser Holzliste werden dann die genauen Bezeichnungen sowie die Größen der Balken und das Volumen des Holzes ermittelt.

Holzliste Güteklasse: Na. II

Nr.	Benennung	Stück	Querschnitt	Länge (m) einzeln	Länge (m) zus.	Volumen (m³)
1, 12						
Gesamtlänge in m						—
Gesamtinhalt in m³						

Der Aufbau einer Holzbalkendecke kann ganz unterschiedlich sein. Nachfolgend ein Beispiel einer einfachen Konstruktion einer Holzbalkendecke ohne Trittschallschutz.

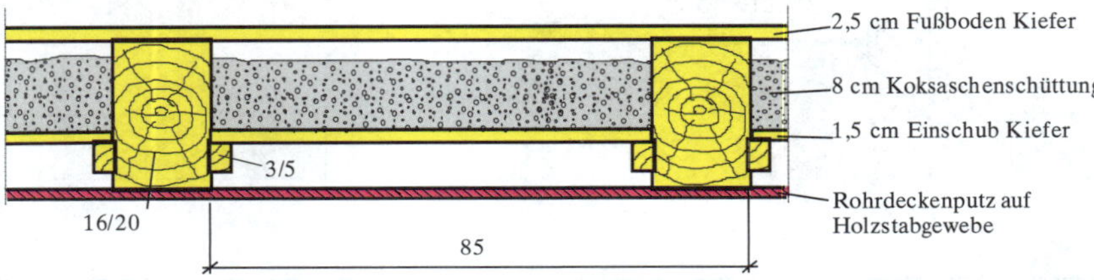

Klasse:	Name:	Datum:	171

Aufgabe:
Erstellen Sie anhand der vorliegenden Zeichnung die Holzliste für die Holzbalkendecke.
Nummerieren Sie vorher die einzelnen Hölzer. *(gemäß Blatt 171)*

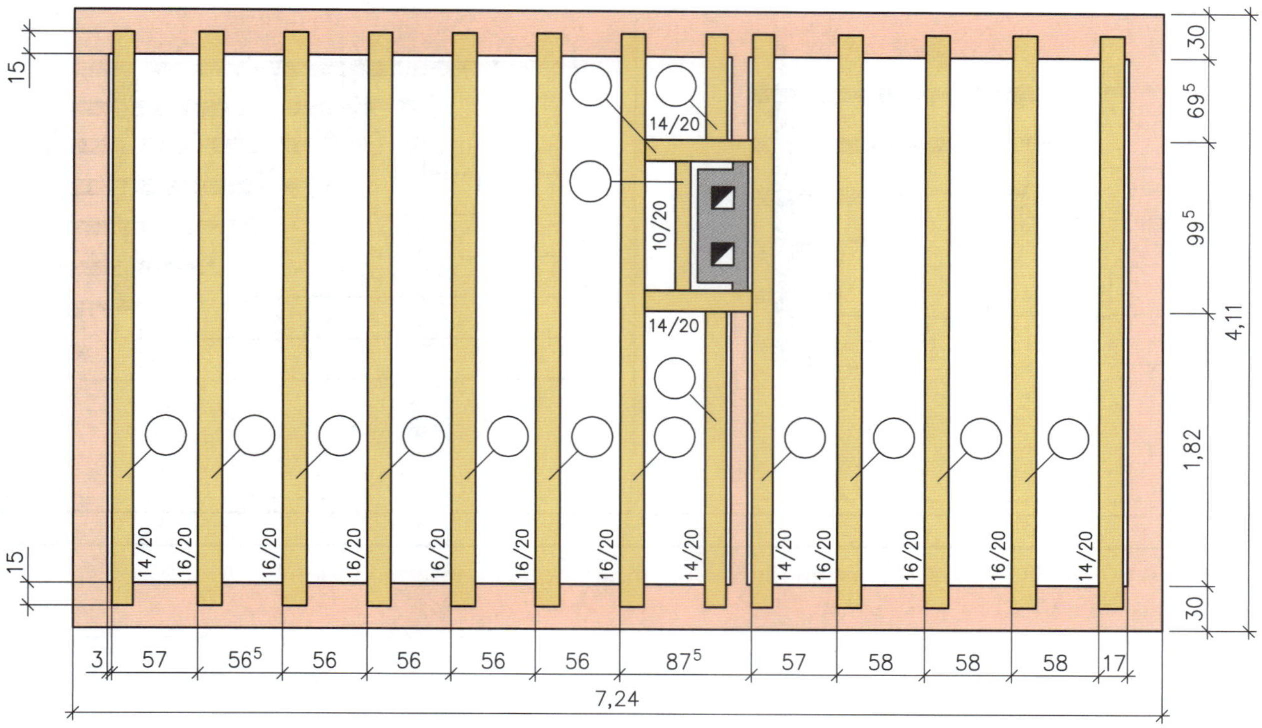

Holzliste							Güteklasse: Na. II
Nr.	**Benennung**	**Stück**	**Quer-schnitt**	**Länge (m) einzeln**	**zus.**	**Volumen (m³)**	
1							
2							
3							
4							
5							
6							
Gesamtlänge in m							
Gesamtinhalt in m³							

Klasse:	Name:	Datum:	172

1. Welche Materialien werden vorwiegend für Außenwandbekleidungen und -verschalungen verwendet?

2. Welche Deckungsarten mit Faserzementplatten sind hier dargestellt?

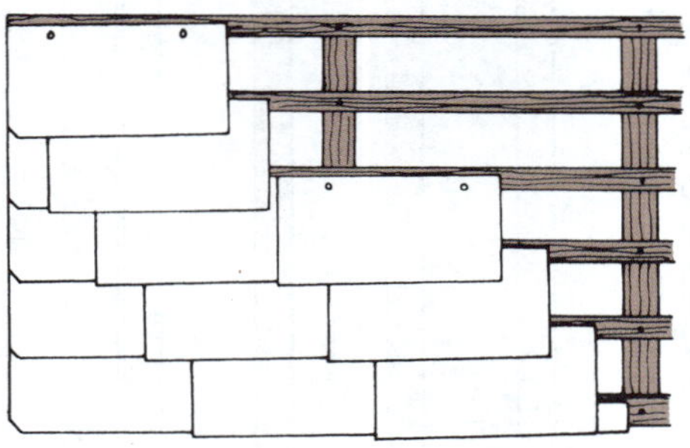

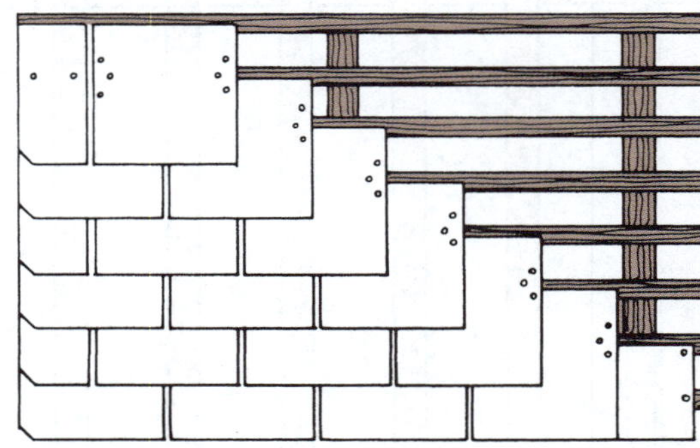

3. Welche 3 Punkte sind bei Deckungen dieser Art unbedingt zu berücksichtigen?

4. Welche Abbildung stellt eine Stülpschalung dar?

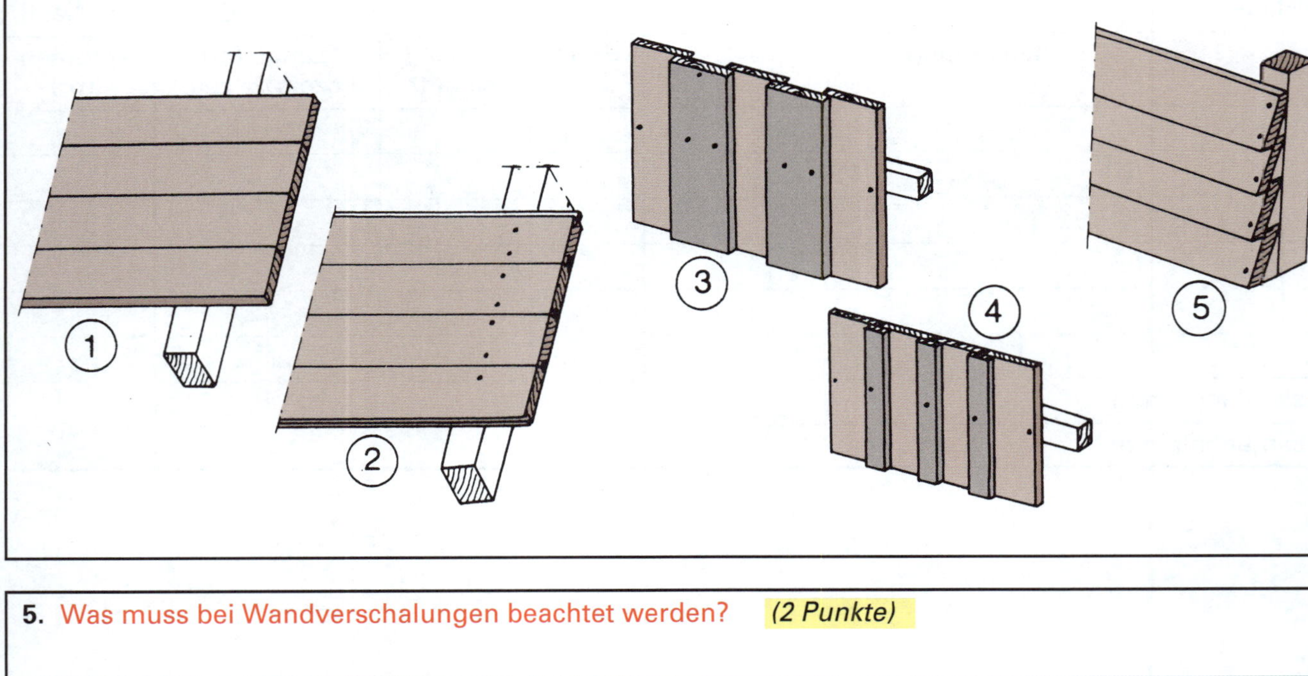

5. Was muss bei Wandverschalungen beachtet werden? *(2 Punkte)*

Klasse:	Name:	Datum:	173

Die Giebelfläche eines Einfamilienhauses soll eine gefälzte Brettschalung erhalten.

a) Wieviel m^2 Brettschalung sind erforderlich, wenn der Zuschlag für Verschnitt 11 % beträgt?

b) Wieviel lfd. Meter Unterkonstruktion 3/5 cm werden benötigt, wenn für 1 m^2 Brettschalung 2,5 lfd. Meter Latten erforderlich sind und für Verschnitt 5 % zu berücksichtigen sind?

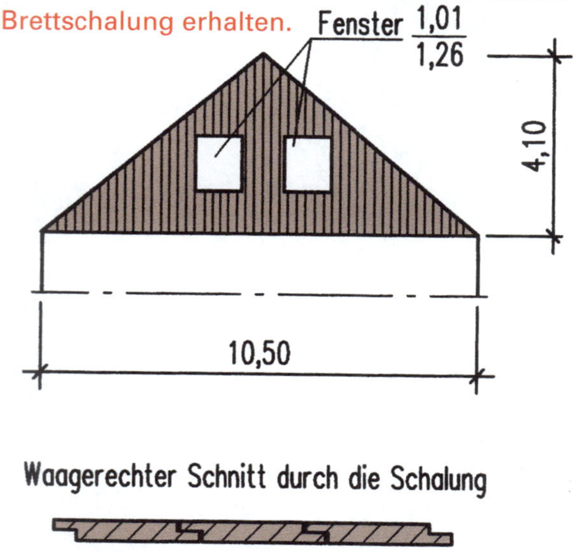

Berechnungen:

Die Giebelfläche eines Mansardenhauses soll eine senkrechte Verbretterung erhalten.

Vorgaben:

Materialpreise:
- Profilbretter inkl. Unterkonstruktion = 17,50 EUR/m^2
- Wärmedämmung d = 60 mm = 8,90 EUR/m^2

Arbeitszeitrichtwerte
- Verbretterung + Unterkonstruktion = 0,65 Std./m^2
- Wärmedämmung anbringen = 0,20 Std./m^2

Lohnkosten
- Facharbeiterlohn = 35,00 EUR/Std.

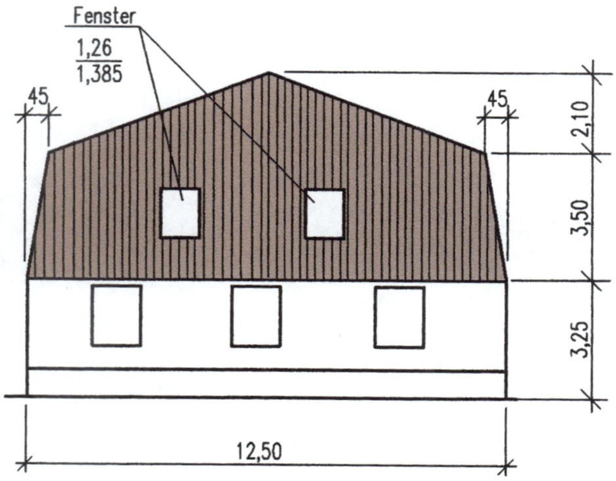

a) Wieviel m^2 Profilbretter müssen bestellt werden, wenn für Verschnitt 10,5 % zu berücksichtigen sind?

b) Ermitteln Sie die Angebotssumme für die Giebelverbretterung einschließlich Wärmedämmung.

Berechnungen:

Klasse:	Name:	Datum:	174

Berechnungen:

Die Giebelfläche eines Nebengebäudes soll eine Deckelschalung erhalten.

Vorgaben:
- Deckelbrett $b = 12$ cm,
- Schlupfbrett $b = 16$ cm,
- Überdeckung = 2,0 cm,
- Verschnitt = 10,5 %

a) Wie viel m^2 an 12 cm Deckelbretter werden benötigt?
b) Wie viel m^2 an 16 cm Schlupfbretter werden benötigt?

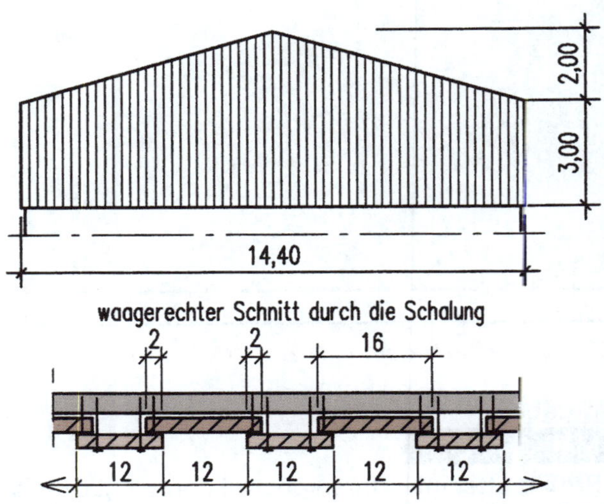

Anmerkungen:
16 cm Schlupfbrett = Deckbreite nur **12 cm**!
Die Fläche wird je zur Hälfte von Deckelbrettern und Schlupfbrettern bedeckt.

Berechnungen:

Klasse: | Name: | Datum:

Die Holzbalkendecke vom Ferienhaus Meier soll wärmegedämmt werden.

Vorgaben:
- 18 cm Wärmedämmung
- Der Schornstein wird bei der Flächenermittlung nicht berücksichtigt!

Materialpreise:
- Mineralwolle 5,80 EUR/m^2,
- Dampfsperre – Folie 0,30 EUR/m^2,

Arbeitszeitrichtwerte:
- Dämmung einbauen 0,22 Std./m^2,
- Folie anbringen 0,05 Std./m^2,

Lohnkosten:
- Facharbeiterlohn 38,00 EUR/h

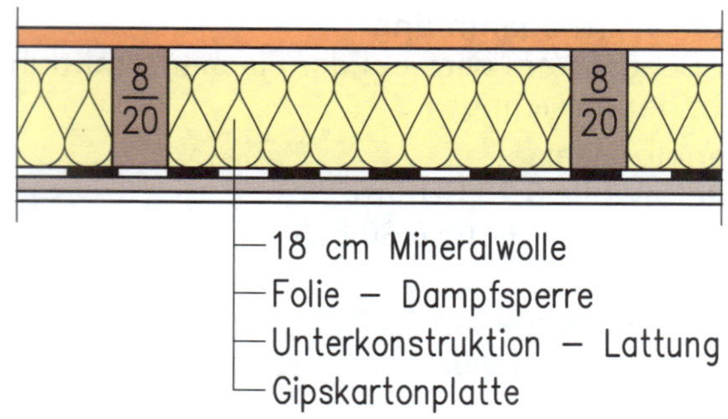

Arbeitsauftrag:

a) Welche Breite ergeben 10 Deckenbalken?

b) Wie viel m^2 Mineralwolle werden benötigt, wenn die Mineralwolle zwischen den Holzbalken und dem aufgehenden Mauerwerk verlegt wird?

c) Wie viel m^2 Folie werden benötigt, wenn die Folie unterhalb der Holzbalken angebracht wird und für die Überlappung ein Zuschlag von 5 % vorzusehen ist?

d) Ermitteln Sie die Gesamtkosten für diese Arbeit.

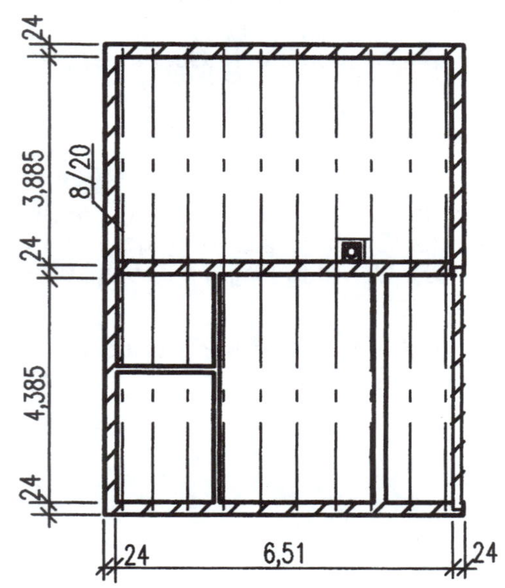

Berechnungen:

Der Dachraum vom Ferienhaus „Meier“ soll eine Zwischensparrendämmung erhalten.

Vorgaben:
- 18 cm Wärmedämmung
- Der Schornstein wird bei der Flächenermittlung nicht berücksichtigt.

Materialpreise:
- Mineralwolle 6,20 EUR/m^2,
- Dampfsperre – Folie 0,30 EUR/m^2

Arbeitszeitrichtwerte:
- Dämmung einbauen 0,22 h/m^2
- Folie anbringen 0,05 h/m^2

Lohnkosten:
- Facharbeiterlohn 38,00 EUR/h

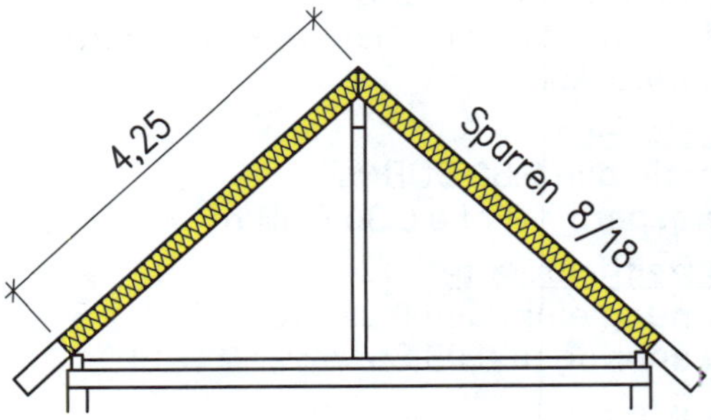

Arbeitsauftrag: *(Könnte ein Test sein.)*

a) Welche Breite ergeben 11 Gespärre?

b) Wie viel m^2 Mineralwolle werden benötigt, wenn die Mineralwolle zwischen den Sparren verlegt wird?

c) Wie viel m^2 Folie werden benötigt, wenn die Folie unterhalb der Sparren angebracht wird und für die Überlappung ein Zuschlag von 5 % vorzusehen ist?

d) Ermitteln Sie die Gesamtkosten für diese Arbeit (Material und Lohn).

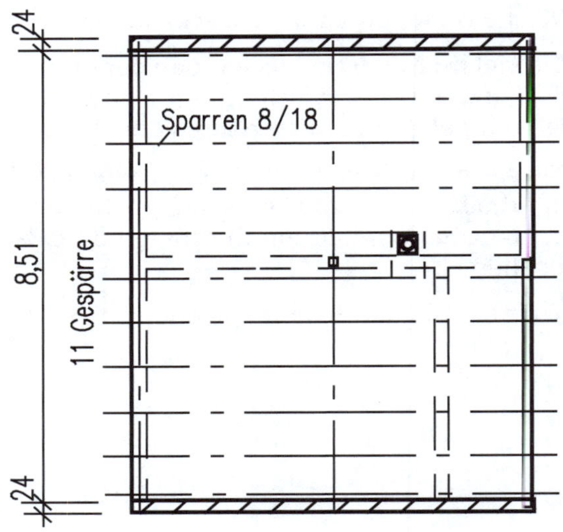

Berechnungen:

Klasse: | Name: | Datum:

Zusatzinfo über Baumetalle

1. Benennen Sie die dargestellten Baustähle.

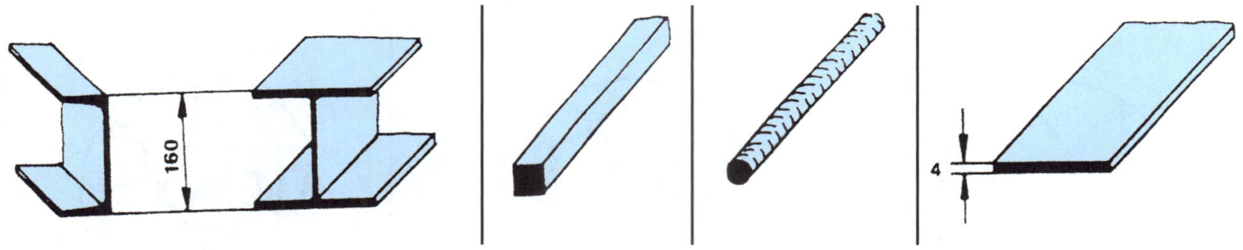

2. Nennen Sie 3 wichtige Eigenschaften des Baustahles.

3. Aluminium und Kupfer sind 2 wichtige Nichteisen-Metalle am Bau.

	Aluminium	Kupfer
a) Was ist beim Einbau zu beachten?		
b) Welcher Korrosionsschutz ist vorhanden?		

4. Überlegen Sie! Welche Falzverbindung wurde wohl richtig verlegt? Begründen Sie Ihre Entscheidung!

Begründung:

5. Welche Aussagen über das Verhalten von Nichteisen-Metallen und Eisenwerkstoffen sind richtig?

- ☐ Stahl wird durch Rost vor Korrosion geschützt.
- ☐ Nichteisen-Metalle bilden eine dichte und feste Schutzschicht.
- ☐ Nichteisen-Metalle bilden beim Einwirken von Luft oder Säuren zwar eine Schutzschicht, doch wird unter dieser Schutzschicht das Metall durch Korrosion trotzdem zerstört.
- ☐ Stahl und Roheisen sind so hart, dass trotz Rostbildung eine Zerstörung unmöglich ist.
- ☐ Stahl und Roheisen müssen durch Schutzmaßnahmen vor Korrosion geschützt werden.

Zusatzinfo über Kunststoffe

1. Die dargestellten Bilder zeigen den Molekülaufbau verschiedener Kunststoffgruppen. Für welche Kunststoffgruppe ist der jeweilige Molekülaufbau kennzeichnend?

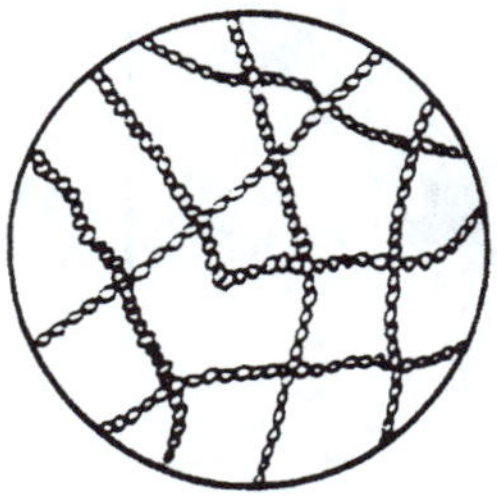

2. Welche Möglichkeiten zur Kunststoffverarbeitung gibt es?

3. Was ist beim Umgang mit lösungsmittelhaltigen Klebern zu beachten?

4. Was ist der Unterschied beim Kleben von Plastomeren und Duromeren?

Plastomere	Duromere

5. Welche Kunststoffgruppe ist schweißbar?

6. Nummerieren Sie in der richtigen Reihenfolge die Arbeitsschritte, die beim Kleben von PIB-Folien („Quellschweißen") erforderlich sind.

	Die Naht wird unter Druck abgerollt.
	Luftblasen und überschüssiges Lösungsmittel werden mit dem Nahtroller herausgedrückt.
	Die übereinander gelegten Folienränder werden mit Lösungsmittel bestrichen.
	Anschließend wird die Verklebung des Nahtrandes mit einer Prüfnadel geprüft.
	Folienränder leicht andrücken.
	Lösungsmittel mit Pinsel aufnehmen.

Klasse:	Name:	Datum:	179

Projekt 1: Ferienhaus aus dem Fachbuch

Schnitt M 1:100 (m, cm)
(in der Darstellung verkleinert)

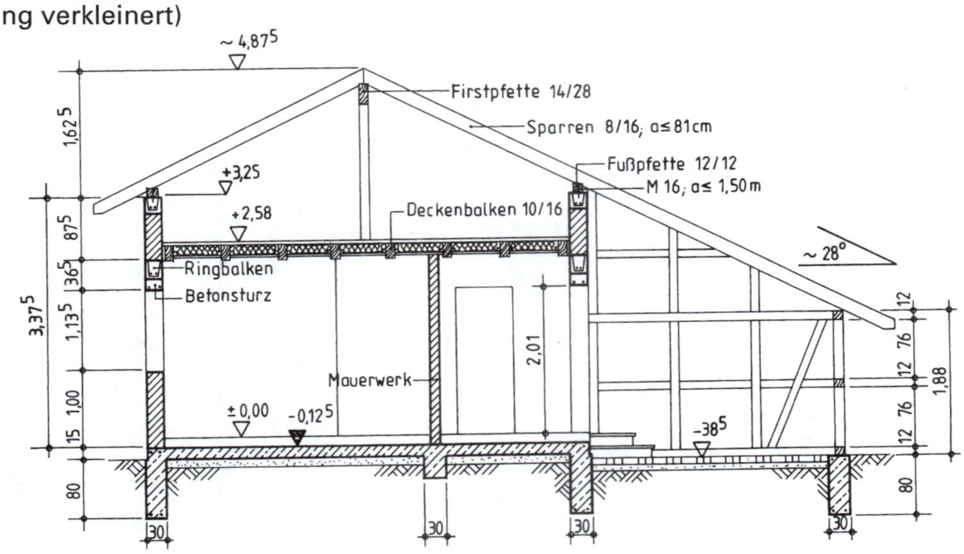

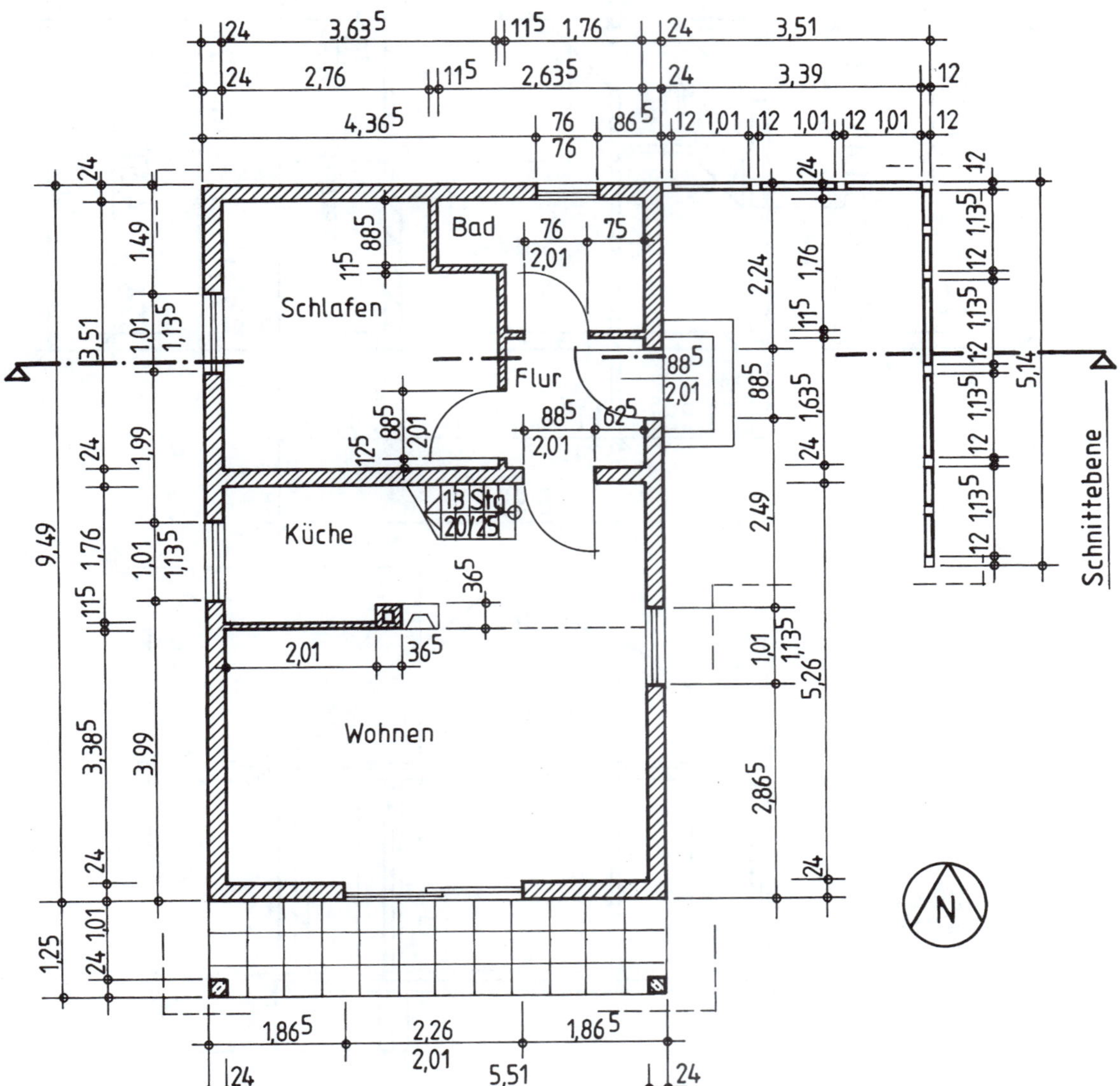

Grundriss M 1:100 (m, cm)
(in der Darstellung verkleinert)

Projekt 2: Ferienhaus „Meier“

Grundriss M 1:100 (m, cm)

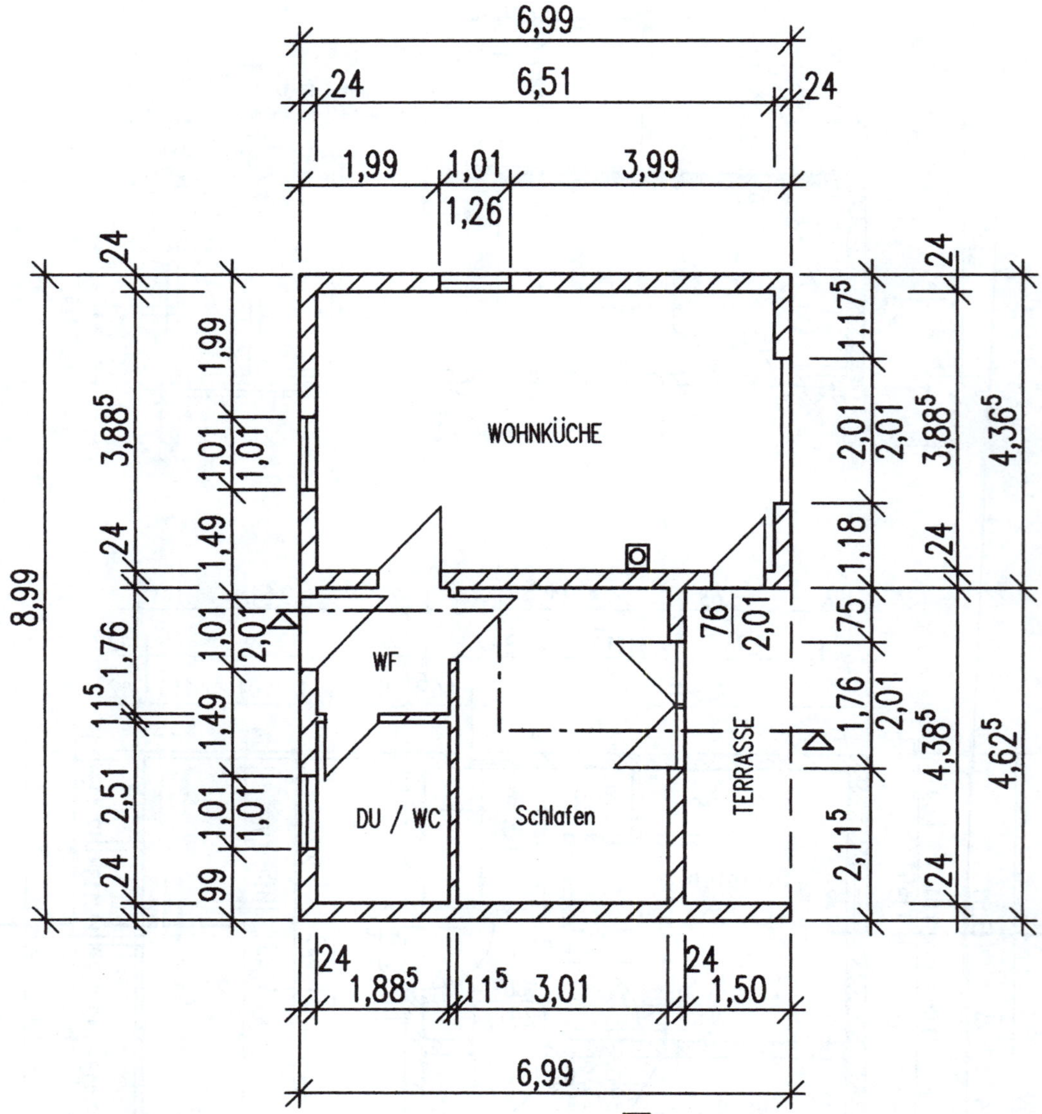

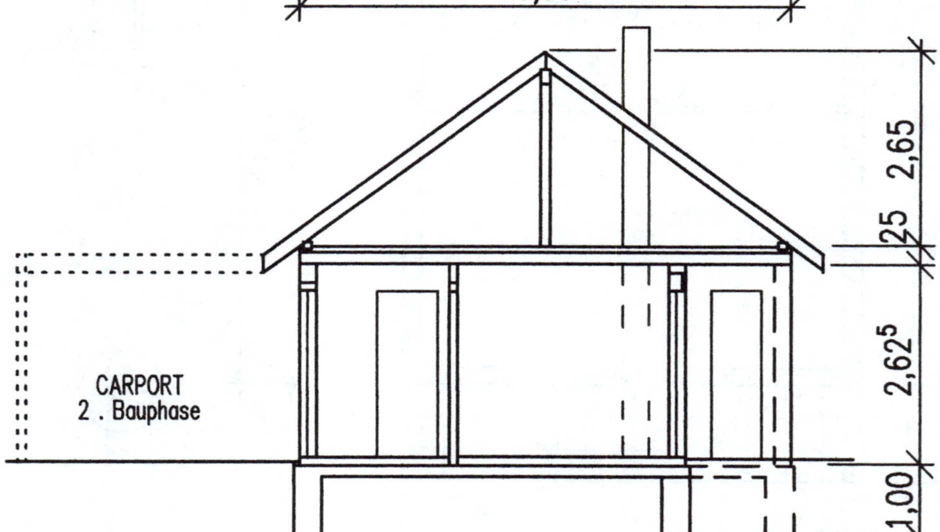

Schnitt M 1:100 (m, cm)

Projekt 3: Ferienhaus „Huber“

Grundriss M: ohne

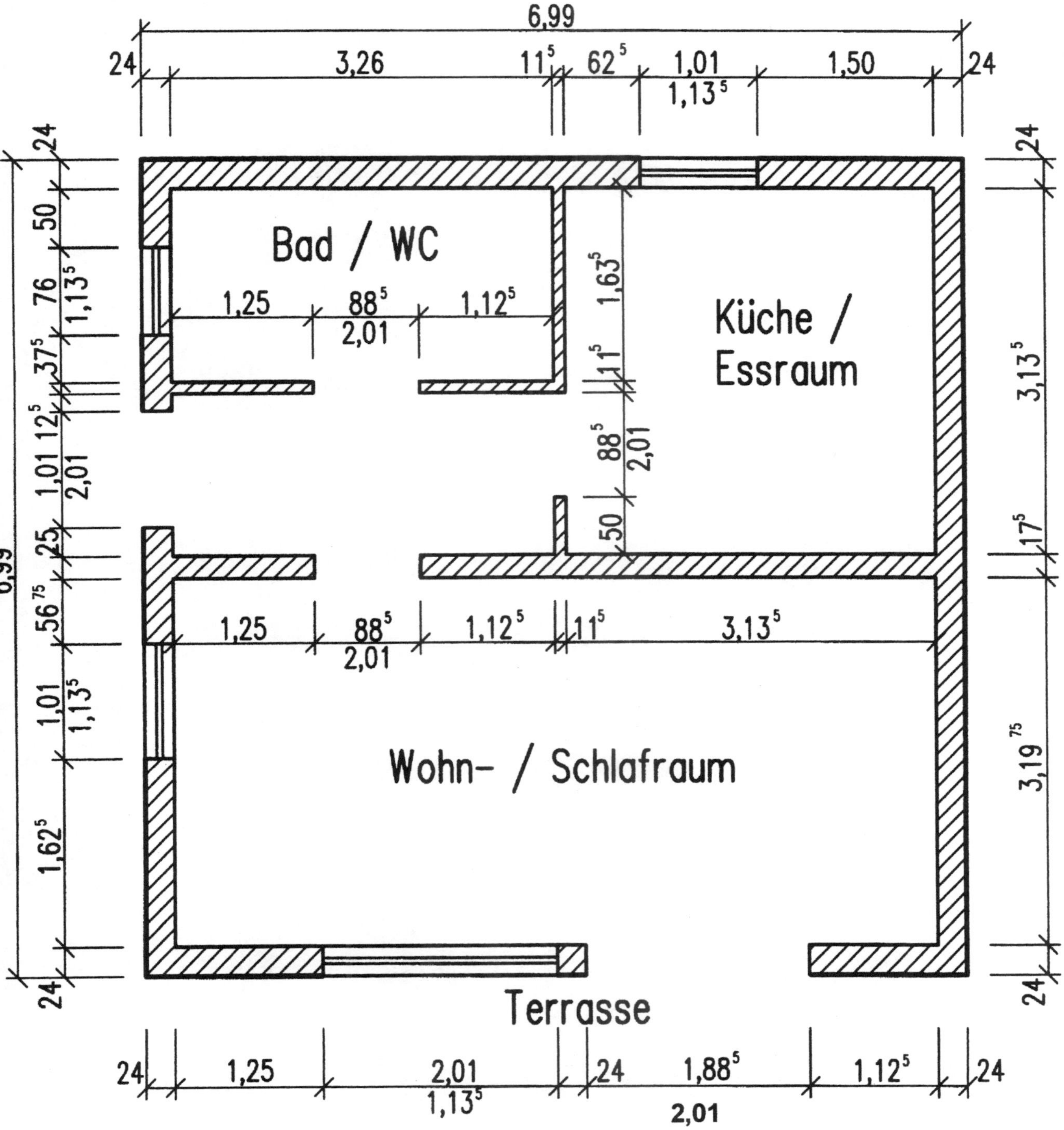

Alle Mauerhöhen: 2,75 m